钢中夹杂物尺寸控制理论与技术

王国承　著

北　京
冶　金　工　业　出　版　社
2015

内 容 提 要

夹杂物控制是现代高品质洁净钢冶炼过程中的关键问题。本书针对钢中夹杂物的控制问题，阐述了作者近年来通过细化夹杂物尺寸，从而变害为利的相关研究成果。核心内容包括：夹杂物形成过程的微观物理化学理论（团簇热力学、纳米尺度热力学、动力学等）；按尺度处理夹杂物的技术方法；超细夹杂物的表征手段；外加超细粒子控制夹杂物的形成。

本书适合冶金行业，特别是钢铁冶炼行业的生产技术人员、研究人员及高等学校高年级学生阅读。

图书在版编目(CIP)数据

钢中夹杂物尺寸控制理论与技术/王国承著. —北京：冶金工业出版社，2015. 1

ISBN 978-7-5024-6823-1

Ⅰ. ①钢… Ⅱ. ①王… Ⅲ. ①钢—夹杂(金属缺陷)—研究 Ⅳ. ①TG142. 1

中国版本图书馆 CIP 数据核字(2014) 第 280265 号

出 版 人　谭学余
地　　址　北京市东城区嵩祝院北巷 39 号　邮编　100009　电话　(010)64027926
网　　址　www. cnmip. com. cn　电子信箱　yjcbs@ cnmip. com. cn
责任编辑　常国平　美术编辑　彭子赫　版式设计　孙跃红
责任校对　禹　蕊　责任印制　牛晓波
ISBN 978-7-5024-6823-1
冶金工业出版社出版发行；各地新华书店经销；三河市双峰印刷装订有限公司印刷
2015 年 1 月第 1 版，2015 年 1 月第 1 次印刷
169mm×239mm；14 印张；292 千字；214 页
42. 00 元

冶金工业出版社　投稿电话　(010)64027932　投稿信箱　tougao@cnmip. com. cn
冶金工业出版社营销中心　电话　(010)64044283　传真　(010)64027893
冶金书店　地址　北京市东四西大街 46 号(100010)　电话　(010)65289081(兼传真)
冶金工业出版社天猫旗舰店　yjgy. tmall. com
（本书如有印装质量问题，本社营销中心负责退换）

前　言

炼钢过程中非金属夹杂物的生成、演变行为以及控制技术，一直是冶金工作者密切关注的问题之一。当前的夹杂物控制主要是基于成分控制以改变其物理性质，如塑性和熔点等，来减轻危害的思路，所采用的技术有钙处理和基于炉渣-夹杂物-钢液平衡控制两类。然而，对于高品质钢和特殊性能钢材而言，不仅对夹杂物的性质有要求，更是对其尺寸的细小化有明确要求。目前的办法是“去除”的思路，即在炼钢过程中通过各种措施尽可能地去除已长大的夹杂物颗粒，而基于“直接控制尺寸”思路的技术还没有，甚至鲜见该类研究工作。仅氧化物冶金技术和薄板坯连铸连轧工艺中的析出物控制算是与尺寸控制相关的工作，但它们并未涉及如何直接控制夹杂物尺寸的问题。

基于此，近年来笔者致力于直接控制夹杂物尺寸方法的研究，希望在研究清楚夹杂物形成过程具体机制的基础上，获得通过控制长大过程来实现尺寸直接控制的方法。本书是对夹杂物形成机制的理论探索和对采用外加纳米颗粒控制研究工作的总结。第 1 章绪论引出本书的思路。第 2 章是本书的主要理论创新之处，基于二步形核机制，借助密度泛函理论，计算了脱氧产物形成过程的多步形核机制、形核过程的结构演变和性质关系、核在纳米尺度生长过程的能量变化等，解释了过剩氧的存在和转变机理，诠释了一次和二次内生夹杂物形成的结构和能量变化机制。第 3 章和第 4 章分别阐述了通过外加纳米颗粒控制的实验室和工业试验研究结果。第 5 章论述了钢中夹杂物和第二相的无损伤分离萃取方法。

本书主要特点在于对现有的夹杂物形成机理进行了一定程度的丰

富和补充，并尝试了通过外加纳米颗粒来控制夹杂物的技术。本书适合的读者对象主要为高等学校和科研院所的研究人员、高年级本科生和研究生以及钢铁企业的技术研发人员。

本书的部分研究成果是在笔者主持的国家自然科学基金（高洁净钢液中纳米尺度夹杂物形成及演变过程的热力学研究，51004054）的资助下完成的。本书的出版得到了辽宁科技大学出版基金的资助。在本书的前期研究和成书过程中，得到了北京科技大学张立峰教授和方克明教授，辽宁科技大学汪琦教授、李胜利教授和张崇民教授等的指导；同时，赵昌明博士，云茂帆、肖远悠和宋玉来等研究生给予了许多帮助，在此一并表示感谢。

本书虽然在夹杂物的形成机理和控制方法上做了一些新的探索，但还远远不够，无论是理论上还是控制方法上均有许多工作需要进一步探索和研究。同时，成书过程仓促，难免有失误和不足之处，希望读者不吝赐教、批评指正。

王国承

2014 年 10 月于辽宁科技大学

目　录

1 绪 论

1.1 钢中的非金属夹杂物

钢是由铁、碳元素以及其他合金或杂质元素组成的多相多晶合金材料，钢铁材料是人类社会使用最广泛和最主要的结构材料和功能材料。钢的主要基体组织是由铁和碳元素构成的不同结构和形态的固溶体相组成，如铁素体、奥氏体、珠光体和马氏体等。基体组织占据了钢的主要组成部分，是决定钢材性能和用途的主要因素。但是，除基体组织之外，钢中还存在成分、结构和形态复杂多样的非基体相粒子，基体组织与各种非基体相粒子之间通常由明显的相界面分开。在基体组织确定之后，非基体相粒子就成为决定钢材质量的关键因素。

在钢的制造和服役过程中，非基体相粒子主要是通过影响钢液的物理化学性质、破坏固体钢基体组织的连续性，对钢液的流动、浇铸和凝固性能，钢的加工性能和钢材的延展、韧性、抗疲劳破坏性能和耐蚀性能等产生不利影响。因此，如何合理地控制钢液以及固体钢中非基体相粒子的成分、形态、数量、尺寸大小以及分布等，以减轻其危害，并尽可能地利用各种粒子的特性来改善钢的组织，提高钢的力学性能，是冶金和材料工作者密切关注和亟待解决的问题。例如，氧化物或夹杂物冶金技术、薄板坯连铸连轧钢中的超细第二相粒子的综合强韧化作用，称为非基体相粒子的功能化综合利用。

一般意义上，钢中的非基体相粒子包括第二相粒子和非金属夹杂物两大类。第二相粒子一般是指钢材在固态加工相变过程中析出的碳化物、氮化物、硫化物、单质（如铜）以及各种金属间化合物、间隙相和间隙化合物等。从晶格匹配角度看，第二相粒子与基体相的晶体结构之间存在共格、半共格和非共格等三种界面结合关系。第二相粒子的研究背景通常是轧钢和热处理等工艺过程，不属于本书的研究范围。非金属夹杂物（以下简称夹杂物）通常是指由于炼钢工艺需要和受工艺条件影响而导致的存在于凝固后的铸坯或铸锭中的氧化物、硫化物、氮化物或其复杂化合物等。在有些情况下，第二相粒子和非金属夹杂物是指同一个意思，如在钢中形成温度较低的硫化物或氮化物粒子等。

1.1.1 夹杂物的来源和种类

钢中的夹杂物按来源或形成原因可以分为两大类：第一类为内生夹杂物，是指在钢液或固体钢内部产生的各种化合物成分，主要为脱氧操作等过程形成的化学反应产物在钢液凝固之前仍未能排除以及浇铸过程中重新析出形成的反应产物；第二类为外来夹杂物，是由于钢液所接触的外部工艺条件和环境影响而产生的各种化合物成分，包括冶炼或浇铸过程中卷入的渣滴、耐火材料侵蚀脱落卷入的颗粒及其与钢液作用的产物、钢液二次氧化产物以及脱氧剂或合金材料本身带入的各种杂质等。因此，从形成条件、形成的工艺路径和形成机理等多方面来看，内生夹杂物和外来夹杂物完全不同，而且两类夹杂物在成分、形态和尺寸等参数上也有很大不同。所以，从夹杂物来源角度对夹杂物进行分类，对探究钢中夹杂物的形成机理，进而发展夹杂物的源头工艺控制方法具有针对性的指导意义。

1.1.1.1 内生夹杂物

在长期的炼钢生产实践和实验研究中发现，不同种类的内生夹杂物的形成时间、工艺条件以及工艺途径不尽相同，夹杂物的形成机制十分复杂，受到钢液成分、炉渣组分、脱氧程度和状况、凝固冷却条件等多重因素的耦合作用影响。通常，依据内生夹杂物是在钢的液相中还是在固相中开始形成的，将其划分为一次夹杂物和二次夹杂物。

(1) 一次夹杂物。是指在钢液中通过高温多相化学反应（主要为脱氧反应）、反应产物形核以及晶核的原位扩散长大、布朗运动、奥斯瓦尔德熟化和碰撞长大等过程形成的化合物颗粒，直至达到钢液-夹杂物颗粒平衡，此处不仅是指达到化学反应平衡，更重要的是达到结晶过程的平衡。例如，钢液脱氧过程中，铝脱氧的一次产物为 α-Al_2O_3 晶体，硅锰脱氧的一次产物为 SiO_2 晶体和 MnO 及其复合氧化物夹杂。由于一次夹杂物的形成过程基本上是在高温钢液中得以完成的，因此，一次夹杂物通常在冶炼过程中均充分结晶为稳定的晶体状态。同时，由于钢液的对流作用导致夹杂物颗粒聚集长大成较大尺寸和各种不同形态的夹杂物。图 1-1(a)为铝脱氧形成的不同形态的氧化铝一次夹杂物形貌[1]。

(2) 二次夹杂物。是指在钢液的浇铸和凝固过程中，由于热力学驱动力不够而在高温钢液中不能够进行的化学反应，由于温度下降，在钢的液相线或固相线以下温度区域得以继续反应而形成的夹杂物。二次夹杂物有时是以一次夹杂物为现成核心，进一步通过长大和不同程度的晶化作用而形成与一次夹杂物成分相同、但晶体结构不同的夹杂物。例如，铝脱氧的二次夹杂物有 δ-Al_2O_3 和 γ-Al_2O_3 的晶体，硅脱氧产物存在玻璃态的氧化硅等；同时，在降温和凝固过程中将可能析出各种硫化物、氮化物等夹杂物颗粒（或第二相粒子）。所以，钢中的二次夹杂物通常尺寸比较细小，形状不规则，分布于晶内或晶界上。图 1-1(b)为铝脱氧产生的不同形态、结构和尺寸的氧化铝二次夹杂物形貌。

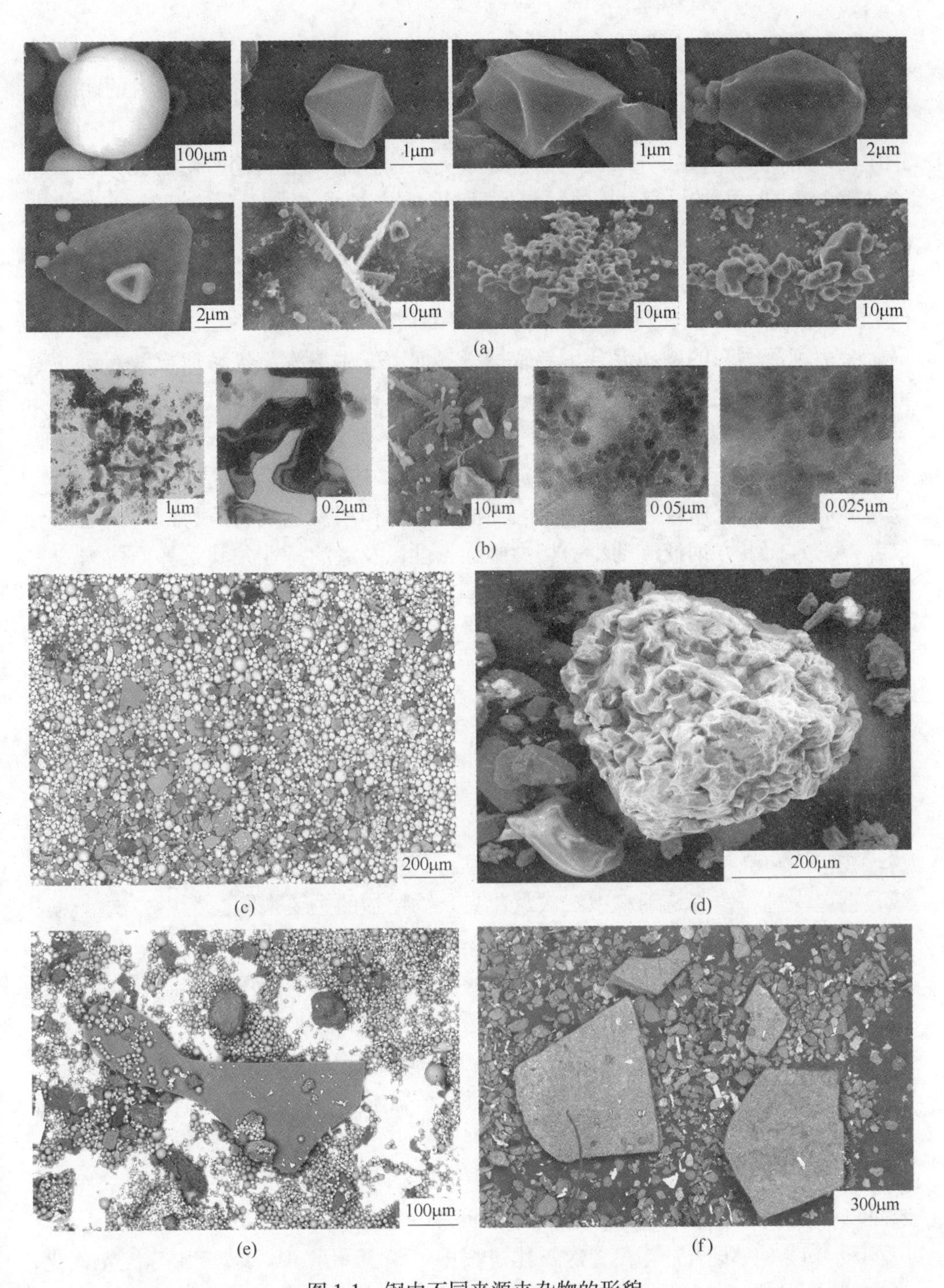

图 1-1 钢中不同来源夹杂物的形貌

(a) 铝脱氧形成不同形态的氧化铝一次夹杂物[1]；(b) 铝脱氧产生的不同形态、结构和尺寸的氧化铝二次夹杂物；(c) 球形内生夹杂和不规则外来夹杂物；(d) 真空下炉衬侵蚀形成的镁铝尖晶石夹杂物；(e) 大型高熔点不规则状外来夹杂物；(f) 大型高熔点不规则状外来夹杂物

1.1.1.2 外来夹杂物

外来夹杂物通常是指在冶炼、浇铸过程中，混入钢液并滞留其中的耐火材料、熔渣或两者的反应产物以及灰尘微粒等。它们的颗粒较大，外形不规则，在钢中出现带有偶然性，分布无规律。外来夹杂物包括二次氧化产生的夹杂物、卷渣造成的夹杂物、包衬耐火材料侵蚀/腐蚀造成的夹杂物、化学反应产生的夹杂物。

(1) 卷渣及包衬耐火材料侵蚀造成的外来夹杂物。在钢水冶炼或传递操作过程中，尤其是从一种容器倒入另一种容器时，当搅拌气体超过临界气体流量时，会引起渣钢间的剧烈混合，导致钢渣界面上发生湍流，容易造成液态渣滴被卷入钢液中形成夹杂物。渣的卷入一般包括：炼钢炉渣、中间包保护炉渣、结晶器保护炉渣。通常，卷渣形成的夹杂物尺寸一般为 10 ~ 300μm，含有大量的 CaO、MgO、Al_2O_3、SiO_2 成分，熔点低，在钢水中呈液态和球形。连铸过程中，钢渣界面上钢水流速较大以及钢水表面渣的乳化作用易造成卷渣；同时，卷渣与结晶器弯月面下方钢液流动、剪切力施加长度以及渣的特性尤其是界面张力和黏度有关。另外，炼钢过程中，由于磨损、热振动、钢水或炉渣对耐火材料的侵蚀可能造成容器内衬耐火材料的破损脱落进入钢液中形成夹杂物。耐火材料的侵蚀物包括砖块上的砂粒、松散的脏物、破损的砖块以及陶瓷类的内衬颗粒，是一类极为常见的典型固态的大型外来夹杂物的来源，与钢包和中间包本身材料有关。该类夹杂物一般熔点较高，在钢液中呈固态，形状不规则。

(2) 钢水发生二次氧化产生的外来夹杂物。二次氧化是指钢水中的合金元素与空气中的氧或者炉渣、耐火材料中的氧化物发生化学反应，生成新的氧化物。在精炼和浇铸过程中，钢水脱氧前后，空气、高氧势钢包渣、不稳定的渣线、钢包内衬和残渣是钢水中二次氧化夹杂物增加的主要来源。钢中二次氧化产生的大型夹杂物最常见的是点簇状 Al_2O_3。空气作为二次氧化的共同来源，以下述方式进入钢液：1) 钢水注入处强烈的湍流，造成中间包钢水表面吸入空气，流动的钢液表面形成的氧化薄膜重新卷入钢液后形成很薄的氧化物颗粒带。2) 钢水从钢包进入中间包以及从中间包进入结晶器的过程中水口连接处吸入空气。3) 浇铸过程中铸流与空气接触吸氧、铸流卷入空气吸氧、钢水裸露吸氧。4) 钢水与炉渣、钢包顶渣、中间渣包覆盖剂、连铸保护渣等也会发生二次氧化。5) 炉渣及包衬材料中的 SiO_2、FeO 和 MnO 与钢水中的脱氧元素 Al、Ca 和 Si 等发生二次氧化产生大尺寸复杂成分的夹杂物，$(SiO_2/FeO/MnO) + [Al] \rightarrow [Si]/[Fe]/[Mn] + (Al_2O_3)_s$。在二次氧化过程中，脱氧元素 Al、Ca、Si 等优先氧化，产物发展成为非金属夹杂物，其尺寸通常比脱氧夹杂物大 1 ~ 2 个数量级。在浇铸过程中防止钢液发生二次氧化措施有：在长水口和浸入式水口连接处采用钢环或透气砖环吹入惰性气体形成气幕保护；新中间包使用前内充保护气体，浇铸过程中间包钢液表面采用气体保护；控制钢包气体避免形成裸眼；钢液表面覆盖保护渣；采用内装式中包水口；为防止渣和耐火材料对钢液的二次氧化，应最大限度地减小耐火材料中 FeO、MnO 和 SiO_2 的含量。

外来夹杂物一般具有以下几个特征：

(1) 尺寸较大，通常耐火材料侵蚀或卷渣所引起的夹杂物的尺寸大于内生夹杂物的尺寸，因此对钢材性能危害更大。

(2) 多元多相复杂成分及结构，通常为渣中的 SiO_2、FeO 和 MnO 以及炉衬材料与钢液之间发生多相反应形成，夹杂物在上浮运动过程中容易捕获脱氧产物形成复杂成分夹杂物，同时，固体夹杂物容易成为后续新生夹杂物的结晶核心或是与渣滴、耐火材料反应形成大尺寸夹杂物颗粒。

(3) 形状多样化，有各种非球形复杂形状和球形。通常，球形的外来夹杂物为多相结构，且尺寸较大（>50μm），如渣滴或低熔点复合夹杂物，而球形的脱氧产物（内生夹杂物）通常尺寸较小且为单相。

(4) 偶然性发生。与内生夹杂物相比，产生外来夹杂物具有一定偶然性，所以，外来夹杂物数量较少且在钢中零星分布；另外，大部分夹杂物可以在钢液凝固之前上浮排出并为熔渣所吸收，所以，它们经常出现在铸坯的表层附近。

外来夹杂物与炼钢过程的实际操作工艺有关，可根据它们的尺寸和化学成分大致判断其来源，如卷渣、耐火材料或是二次氧化。图 1-1 中(c)~(f)所示大颗粒夹杂物为不同来源下形成的外来夹杂物。

1.1.2 夹杂物的分类和性质

钢中的夹杂物可以分别根据化学成分、变形性能和形态等不同而分为不同的类型。美国 ASTM E45—1997 标准和 GB 10561—1989 标准中，根据夹杂物形态和分布把其分为四类[2]：A 类硫化物、B 类氧化铝、C 类硅酸盐和 D 类球状氧化物。ISO 4967—1998 标准在上述四种之外还增加了 DS 夹杂物（单颗粒球类）。其中，A 类硫化物具有高的延展性，单个灰色颗粒有较大的压缩比（长度/宽度），一般尾端呈钝角；B 类氧化铝大多数没有变形、角状，一般压缩比小于 3，黑色或黑蓝颗粒，至少 3 个颗粒沿轧制方向排成一行；C 类硅酸盐具有高延展性，单个呈黑色或深灰色颗粒，压缩比一般大于或等于 3，一般尾端呈尖角；D 类球状氧化物为不变形、角状或圆形和任意分布的颗粒，黑色或蓝黑色，一般压缩比小于 3；DS 类夹杂物呈圆形或近圆形，直径大于或等于 13μm 的单颗粒夹杂物。此外，在 ASTM E45—1997 标准中还定义“String”为一个单独的夹杂物沿变形方向被大大地拉伸，或者三个或三个以上的 B 类或 C 类夹杂物在一个平面内呈直线排列，并与热加工方向平行，彼此之间偏离不大于 15μm，且两个相邻夹杂物之间的间距小于 40μm。

（1）按化学成分分类。

1）简单氧化物，如 Al_2O_3、SiO_2、MnO、Ti_xO_y、FeO 等。在铝脱氧钢中的简单氧化物主要为 Al_2O_3 成分，而在 Si-Mn 弱脱氧钢中的简单氧化物主要为 SiO_2 和 MnO 成分，但这些简单氧化物有时出现不同的晶体结构，如 Al_2O_3 夹杂物有 α-Al_2O_3、δ-Al_2O_3 和 γ-Al_2O_3 等不同晶体结构，SiO_2 夹杂物有玻璃态和晶体等不同结构。

2）复杂氧化物，包括尖晶石类（$AO \cdot B_2O_3$）、钙或镁的铝酸盐类（xCaO（MgO）$\cdot y Al_2O_3$）、硅酸盐及硅酸盐玻璃（$x\mathrm{CaO} \cdot y\mathrm{MnO} \cdot p\mathrm{Al_2O_3} \cdot q\mathrm{SiO_2}$）等复合氧化物。常见的尖晶石类夹杂物有 $MgO \cdot Al_2O_3$、$FeO \cdot Al_2O_3$、$MnO \cdot Al_2O_3$、$FeO \cdot Fe_2O_3$ 夹杂物等，大部分尖晶石类夹杂物熔点高、硬度高，对钢材性能特别是薄或细小规格钢材影响显著。铝酸盐类多存在于铝脱氧钢中，当采用钙处理、高碱度炉渣精炼或真空精炼的钢中可能形成钙或镁的铝硅酸盐夹杂物，如镁铝尖晶石即为一类铝酸盐夹杂物。硅酸盐类夹杂物多存在于 Si-Mn 弱脱氧的钢中，其成分较为复杂，取决于钢液氧含量、脱氧剂和精炼用炉渣的成分等多种因素。图 1-2 所示为 GCr15 钢中两种不同的复杂氧化物夹杂物形貌。

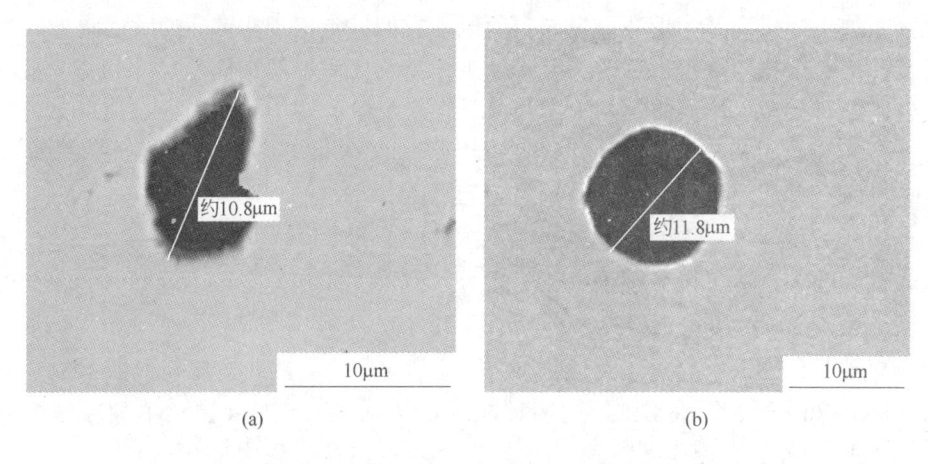

图 1-2　GCr15 钢中的镁铝尖晶石夹杂物形貌（a）和铝酸钙夹杂物形貌（b）[3]

3）硫化物，主要有 MnS、CaS 以及它们的复合硫化物等。为了避免硫化铁的低熔点共晶体引起的热脆危害，绝大多数钢种冶炼要求钢水的[Mn]/[S]大于 7；同时，对于较高级别的管线钢和船板钢等部分钢类，要求对 MnS 夹杂物进行钙或稀土进行变质处理，以降低 MnS 的塑性变形能力，减轻其对钢材力学性能的各向异性破坏。Sims 提出按硫化物的形状和分布不同分为三类[4]：①Ⅰ类，夹杂物呈球状，尺寸较大，无规则分布，有时也分布在树枝晶间，常常与氧化物复合成多相硫化物，多存在于氧含量高、不用铝脱氧的钢中，[Al]少于 0.001%；②Ⅱ类，沿晶界以链状或很细的析出物分布或呈扇形状分布，常被称为晶界硫化物，该类硫化物常存在于没有过剩铝的铝脱氧钢中，[Al]大约为0.003%；③Ⅲ类，块状，有棱角，在钢中无规则分布，而且与第Ⅰ类夹杂物类似，但常为单相夹杂物，在过量铝脱氧钢中最常见，[Al]大约为0.038%。另外，把棒状或树枝状称为Ⅳ类硫化物。铸态钢中硫化物常有三种形态：①第Ⅰ类为常存在于Si-Mn脱氧或铝脱氧不充分的钢中的球形硫化物或氧化物-硫化物复合夹杂物；②第Ⅱ类常存在于铝充分脱氧钢中，以细小球状颗粒和薄膜状形态排列成链状形式分布在晶界处；③第Ⅲ类通常存在于过量铝脱氧钢中，呈块状和不规则状随机地分布在基体中。图1-3所示为三类硫化夹杂物的形貌。

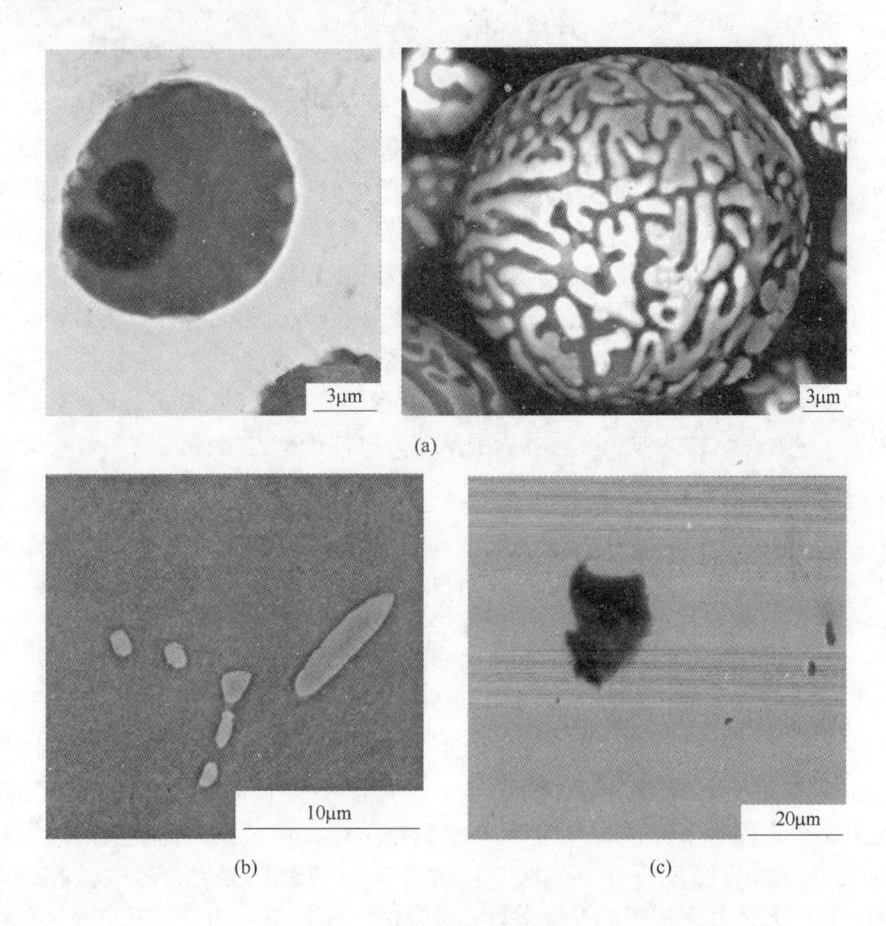

图1-3 三类硫化夹杂物的形貌
(a) 第Ⅰ类硫化物；(b) 第Ⅱ类硫化物[5]；(c) 第Ⅲ类硫化物[6]

4）氮化物。在微合金化钢中，与氮亲和力较大的合金元素可能与氮反应形成TiN、NbN、VN和AlN等化合物。不同成分的氮化物形成温度不同，在钢的液相线附近温度形成的氮化物通常可以长大至较大的尺寸，在钢的固相线较低温度下呈固相析出的氮化物通常尺寸细小，甚至为纳米级。图 1-4 所示为氮化钛夹杂物形貌。

图 1-4 氮化钛夹杂物形貌

（2）按变形性能分类。不同种类夹杂物在热加工温度下有不同的塑性，变形后钢材中的夹杂物呈现不同的形态，以此可分为四类[7]：1）塑性夹杂物。热加工时沿加工方向延伸成条带状，包括 FeS、MnS 及 SiO_2 含量较低的（40% ~60%）低熔点硅酸盐夹杂物。2）脆性夹杂物。热加工时不变形，沿加工方向破裂成串，包括 Al_2O_3 和尖晶石型复合氧化物及各种氮化物等高熔点高硬度夹杂物。3）不变形夹杂物。热加工时保持原来的球点状，如 SiO_2、含 SiO_2 高（>70%）的硅酸盐、钙铝酸盐及高熔点硫化物 RE_2S_3、RE_2O_2S 和 CaS 等。4）半塑性夹杂物。主要是各种复相铝硅酸盐，基底相铝硅酸盐一般在热加工时具有塑性，但基底上分布的析出相（如刚玉、尖晶石等）不具塑性。

热加工中夹杂物的变性能力是决定钢断裂性能的重要因素。变性能力一般用 T. Malkiewicz 和 S. Rudnik[8] 提出的夹杂物变形能力指数（Deformability Index）ν 来表示。ν 为夹杂物的伸长率与其周围基体金属伸长率之比：

$$\nu = \frac{\varepsilon_{\text{inclusion}}}{\varepsilon_{\text{steel}}} = K\frac{\ln a/b}{\ln f_0/f_1} \tag{1-1}$$

式中 a ——基体变形后，夹杂物长轴与短轴之比的平均值；

b ——铸态时夹杂物长轴与短轴之比的平均值；

f_0/f_1 ——钢材压延比，即加工前后的横截面积比；

K ——与基体材料形变方式相关的常数。

R. Kiessling[9]归纳了一些夹杂物的变形能力指数（又称为形变指数）与热加工温度的关系，如图 1-5 所示。FeO、（Fe，Mn）O 在低温下有较强的变形能力，温度升高变形能力下降；Al_2O_3 和钙铝酸盐在整个温度范围内都不变形；尖晶石夹杂在较高加热温度下（>1280℃）时有一定的变形能力；硅酸盐在 800 ~1300℃范围内依其组成不同形变指数上升较快；MnS 在 1000℃以下与钢具有相同的变形能力，温度再升高变形能力下降。S. Malm[10] 对稀土夹杂物的变形能力进行研究指出稀土铝酸盐 $REAl_{11}O_8$ 和 $REAlO_3$ 的性质与 Al_2O_3 十分相似，在钢中呈细串链状分布，无塑性的稀土铝酸盐夹杂物细颗粒在串链中或单独存在或与 MnS 一起构成复合夹杂物；稀土铝氧硫化物 RE_2O_2S 通常具有一定的变形能力，颗粒较稀土铝酸盐大，也呈串链状出现；$RE(Al,Si)_{11}O_{18}$、$RE(Al,Si)O_3$ 等含硅的稀

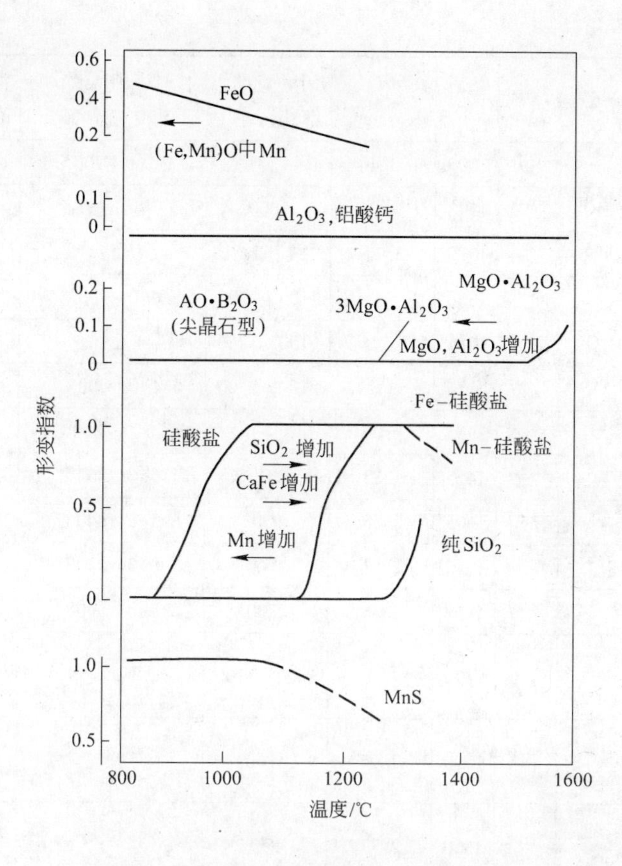

图 1-5 夹杂物的形变指数和温度的关系

土铝氧化合物具有较好的变形能力。S. Rudnik[11] 研究指出，夹杂物的形变指数 $\nu=0.5\sim1.0$ 时，在钢与夹杂物的界面上很少产生形变裂纹；$\nu=0.03\sim0.5$ 时，经常产生带有锥形间隙的鱼尾形裂纹；$\nu=0$ 时，锥形间隙与热撕裂常见。表 1-1 是钢中一些常见夹杂物的结构和物理性质[12~15]。

表 1-1 钢中常见夹杂物的结构和物理性质

夹杂物名称	晶系	熔点 /℃	密度 /g·cm^{-3}	HV 硬度 /kg·mm^{-2}	线膨胀系数 ($\times10^{-6}$)α/K^{-1}	泊松比 /ν	杨氏模量 E/GPa
刚玉 Al_2O_3	立方	2050	3.96	3000~4500	8.0(20~550℃)	0.25	3.891
方石英 SiO_2	正方	1723	2.3	1600			
硫化锰 α-MnS	立方	1610	3.99	170	18.1(0~700℃)	0.3	1.382
硫化钙 CaS	立方	2525	2.15	2.5	14.8(0~850℃)	0.3	1.382
氮化钛 TiN	立方	2930	5.43	3000	9.40(0~800℃)	0.19	3.165
绿铬矿 Cr_2O	六方	2400		1500	7.90(0~700℃)		

续表 1-1

夹杂物名称	晶系	熔点 /℃	密度 /g·cm^{-3}	HV 硬度 /kg·mm^{-2}	线膨胀系数 ($\times10^{-6}$)α/K^{-1}	泊松比 /ν	杨氏模量 E/GPa
氧化钙 CaO	立方	2605	3.4		13.5(0~700℃)		
伪硅灰石 α-CaO·SiO_2	三斜	1548	2.9	1000			
蔷薇灰石 MnO·SiO_2	三斜	1370	3.72	750			
锰尖晶石 MnO·Al_2O_3	立方	1850		1100~1500	8.0(0~700℃)		
铁尖晶石 FeO·Al_2O_3	立方	1780		1150~1750			
尖晶石 MgO·Al_2O_3	立方	2135		2100~2400	8.4(0~700℃)	0.26	2.705
铝酸钙 3CaO·Al_2O_3	立方	1535	3.04		10.0(0~800℃)		
12C·7A	立方	1455	2.83		7.6(0~800℃)		
C·A	单斜	1605	2.89	930	6.5(0~800℃)		
C·2A	单斜	1750	2.91	1100	5.0(0~850℃)	0.25	2.754
C·6A	六方	1850	3.38	2200	8.8(0~800℃)		
锰铝榴石 3MnO·Al_2O_3·SiO_2	立方	1195	4.18	1000~1100			
钙铝黄长石 2CaO·Al_2O_3·SiO_2		1590	3.04	1200	9.1		
钙斜长石 CaO·Al_2O_3·2SiO_2		1550	2.77	850			
硫氧化铈 Ce_2O_2S	六方	1950			11.5		

1.2 洁净钢及对夹杂物的要求

1.2.1 洁净钢的定义

20 世纪 60~70 年代，随着欧美等发达国家和地区石油和天然气工业的快速发展，对高性能钢材（低硫钢）的要求日益苛刻，需求也日益提高，迫使钢铁工业生产更加洁净化的钢铁材料以提高产品质量。应该说，钢铁工业的发展是由下游产业需求来引导的，如油气工业、汽车工业等。此后，世界钢铁工业先后逐步建立了洁净钢的生产理念，开发了一系列具有真正意义的洁净钢生产装备，如 LF-VD、RH-OB、RH-KTB 和 CAS-OB 等炉外精炼方法，把洁净钢的生产技术推进到快速发展阶段，奠定了洁净钢生产的技术基础。进入 21 世纪以来，随着中国等发展中国家经济的快速发展，洁净钢的需求和生产技术得到快速发展。低成本高效率的洁净钢生产平台技术成为当前和今后钢铁冶金工业的重要核心集成技术和发展方向之一。

尽管洁净钢的实践至今已有半个世纪之久，并被钢铁工业界和下游的应用行业广泛认可，但是，从学术角度上讲，关于纯净钢（purity steel）或洁净钢（clean steel）的概念和内涵，目前国内外仍无统一的定论或明确的界限。一般都认为洁净钢是指对钢中的夹杂物（主要是氧化物、硫化物）进行了严格控制的钢种，主要包括：钢中总氧含量低；夹杂物的数量少、尺寸较小、分布均匀；脆性夹杂物少以及合适的夹杂物形状。对于钢材用户来讲，要求的是满足现阶段对材料的制造要求和标准，即可认为是洁净钢，因此，对钢铁工业来讲，具体的讲只要把那些尺寸大于严重影响性能的“临界值”的夹杂物控制好就是洁净钢，有经济成本要求。实际上，这个夹杂物的“临界值”是随经济社会发展而不断提高的。近年来，随着用户对钢材性能要求的日益提高，夹杂物对钢材质量的影响也日益显现，成为国际钢铁工业界和学术界的重要课题。为此，国际钢铁协会对洁净钢给出的诠释是：当钢中的夹杂物直接或间接地影响产品的生产性能或使用性能时，该钢就不能成为洁净钢；而如果夹杂物的数量、尺寸及其分布对产品性能没有明显影响，那么这种钢可以被认为是洁净钢。一般根据最终产品的应用来对洁净钢进行定义，最终产品越薄，则对钢的洁净度要求越高。而一般来讲，纯净钢是一个理论上的概念，不考虑生产成本等经济因素，仅从材料的性能和质量角度出发，是指除对钢中夹杂物进行严格控制以外，钢中其他杂质元素含量也少的钢种。

钢中的杂质元素一般是指 S、P、O 和 N、H。1962 年 Kiessling 把钢中存在的微量级的 Pb、As、Sb、Bi、Cu、Sn 等元素也包括在杂质元素之列，主要是因为炼钢过程中上述微量元素难以去除，随着废钢循环利用，这些元素在钢中不断富集，含量增加，因而有害作用也日益突出。理论研究和生产实践都证明：钢材的纯净度越高，其性能越好，使用寿命也越长。钢中杂质含量降低到一定水平，钢材的性能将发生质变。如钢中碳含量（质量分数）从 40×10^{-6} 降低到 20×10^{-6}，深冲钢的伸长率可增加 7%。提高钢的纯净度还可以给予钢新的性能（如提高耐磨、耐蚀性等）。因此，纯净钢已成为生产各种高附加值产品的基础，并且具有巨大的经济效益和社会效益。需要指出的是，不同钢种中的杂质元素的种类是不同的，如硫在一般钢中都被视为杂质元素，但在易切削钢中却是有益元素；IF 钢中氮是杂质元素，但在不锈钢中可以代替一部分镍和其他贵重合金元素，其固溶强化和弥散强化作用可提高钢的强度。认识钢中溶质元素所起的作用，以及不同钢种由于用途不同所希望的是利用还是避免溶质元素的作用。目前，典型的纯净钢对钢中杂质元素和非金属夹杂物的含量有一定要求，不同钢种对钢的纯净度和洁净度的要求是不一样的。如汽车板对溶质元素 C、N 有较高的要求，但其容许的最大夹杂物尺寸是 100μm；显像管阴罩用钢要求夹杂物尺寸小于 5μm，这主要是因钢的使用条件和级别而异。随着社会的发展，对钢材的要求越来越高，即使是大量生产的常用产品也因使用条件的恶化而提出了更高的要求。表1-2为我国钢铁研究者提出的关于新一代钢铁材料的洁净度建议。

表1-2 新一代钢铁材料的洁净度建议[16] （%）

钢 类	钢材类别	$w_{[P]}$	$w_{[S]}$	$w_{[O]}$	$w_{[N]}$
400MPa级	长 材	≤0.030	≤0.025	≤0.004	≤0.007
	板 材	≤0.030	≤0.010	≤0.004	≤0.007
800MPa级	板 材	≤0.015	≤0.005	≤0.004	≤0.005
	抗HIC管线钢	≤0.005	≤0.0005	≤0.003	≤0.004
1500MPa级	长 材	≤0.015	≤0.015	≤0.003	≤0.005

1.2.2 高品质洁净钢对夹杂物的要求

当材料的纯净度达到一定程度时，其性能会发生某些突变，如超纯铁（$w[Fe]>99.995\%$）的耐酸侵蚀能力与金或铂的抗腐蚀能力相当；18Cr2NiMo不锈钢中$w[P]$从0.026%降低到0.002%时，其耐硝酸的腐蚀能力提高100倍以上[7]。钢中夹杂物的控制一直是钢铁冶金技术研究的重点，对夹杂物的要求主要是体现在三方面：（1）含量要低；（2）尺寸要小；（3）特殊钢如轴承钢和硬线、帘线钢等要求硬脆性和不变形夹杂物要少。

洁净钢（夹杂物含量低的钢）生产涉及多个工序环节，以转炉炼钢流程为例，通常由铁水预处理、复吹转炉炼钢、出钢挡渣、炉外精炼和保护浇铸等组成，关键技术主要有：（1）炼钢终点控制技术，吹炼终点成分和温度的控制命中率高大90%，避免由于终点控制不好，多次补吹造成的钢水氧含量增加。（2）钢水真空处理技术（RH、VOD、LF-VD等），钢水在未脱氧情况下进行真空碳脱氧，然后进行脱氧、合金化，脱氧产物上浮。真空处理后的高碳钢液中总氧量即可降低到0.001%以下，低碳钢的钢液总氧含量可降低到0.003%～0.004%以下。（3）严密的保护浇铸，杜绝了由于钢液与空气接触造成的二次氧化。（4）在连铸中间包、结晶器等处设置电磁、机械等钢水流动控制装置，处使钢液中微细夹杂物碰撞、聚合、上浮，防止结晶器保护渣卷入铸坯。

现行工业在减少非金属夹杂物方面存在的问题主要有：（1）绝大多数钢种需用铝脱氧（铝的脱氧能力强、脱氧产物上浮快）。但氧化铝为不变形夹杂物，对某些钢的性能危害较大。（2）对于洁净钢，钢中存在的夹杂物尺寸多小于25μm，可能不再很好地遵循Stokes定律或者在钢液中上浮速度很慢，在炼钢阶段的时间范围内很难进一步去除。减少微米夹杂物是目前研究的重点，日本川崎制铁千叶厂的4号板坯连铸机中间包采用了电磁旋转离心搅动促进微细家族群上浮的技术，取得了较好的去除夹杂物的效果。

从对夹杂物的要求可以看出，钢板越薄，对夹杂物尺寸的要求越严格。考虑到普通热轧钢材的尺寸均较厚，通常情况下脱氧产物残留在钢中形成的夹杂物绝大多数尺寸小于100μm，因此可以认为，凝固前钢液中的内生夹杂物对普通热轧钢材表面质量不会有明显的不良影响。

1988 年日本钢铁学会举办了一次洁净钢专题的西山纪念技术讲座，内堀秀男等在报告中给出了某些典型高洁净钢材对杂质元素含量和非金属夹杂物的要求（表 1-3），表中给出的有关数据至今仍被广泛引用。由表 1-3 可以看出，不同类钢材对洁净度要求不同，与冷轧薄板、轴承钢、帘线钢相比，高品质热轧钢板对［S］、［P］含量要求严格，但对非金属夹杂物要求较宽（没有提出具体要求）。

表 1-3 典型类钢材对钢材中杂质元素和夹杂物的要求

钢材类型	成品名称	钢 种	代表尺寸/mm	成品性能要求	炼钢控制要点		
					夹杂物	偏析	成 分
薄板	DI 罐材	低碳铝镇静钢	0.2 ~ 0.3	防止冲罐时裂纹	$<40\mu m$	—	—
	超深冲钢	超低碳铝镇静钢	0.2 ~ 0.6	$r>1.8\sim2.0$	$<100\mu m$	—	$[C]<20\times10^{-4}\%$ $[N]<30\times10^{-4}\%$
	显像管阴罩材	低碳铝镇静钢	0.1 ~ 0.2	防止光刻蚀边部不良	$<5\mu m$	#	低硫
厚板、管线钢板	耐酸性介质腐蚀钢	X52、X20 级低合金钢	10 ~ 40	抗氢致裂纹	形态控制	#	超低硫化，$[S]<10\times10^{-4}\%$
	低温用钢	9% Ni 钢	10 ~ 40	抗低温脆化	—	#	$[P]<0.003\%$
	耐层向撕裂钢	高强度结构钢	10 ~ 40	抗层向撕裂	—	#	$[S]<0.001\%$，低磷、低硫化
无缝钢管	轴承座圈	轴承钢（SUJ-2）	$\phi50\sim300$	高转动疲劳寿命	减少 ASLM-B、D 系夹杂物	—	$[O]<10\times10^{-4}\%$， $[Ti]<20\times10^{-4}\%$
棒材	轴承钢	轴承钢（SUJ-2）	$\phi30\sim65$	高转动疲劳寿命	减少 ASLM-B、D 系夹杂物	#	$[O]<10\times10^{-4}\%$， $[Ti]<15\times10^{-4}\%$
线材	轮胎子午线	SWRH72.82A	$\phi0.1\sim0.4$	防止拉丝断裂、高抗疲劳特性	减少不变形夹杂物，$d<20\mu m$	#	—

注：“#”表明对该符号标注的项目有严格要求；“—”表明没有要求。

1.3 钢液中夹杂物颗粒的去除

钢液中夹杂物的上浮排出是一个动力学过程，夹杂物能否上浮及上浮速度的快慢与夹杂物的物态、大小、润湿性、钢液黏度以及夹杂物-钢液间界面张力等许多因素有关。实践证明，加强钢液搅拌有助于夹杂物的去除。文献[17,18]指出，在没有搅拌的钢液中，氧化物经5～15min后才能析出，在搅拌的钢液中，则为3～5min。现代炼钢普遍采用精炼炉和中间包吹氩、电磁搅拌以及各种脱气精炼方式来加强钢液的搅拌，促进夹杂物分离上浮。

固态夹杂物颗粒和液态夹杂物上浮的斯托克斯公式分别为[19]：

$$v_{固夹} = \frac{2}{9}gr^2\frac{\rho_s - \rho_i}{\eta_s} \tag{1-2}$$

式中 $v_{固夹}$——上浮速度；
g——重力加速度；
r——夹杂物半径；
ρ——密度；
η——黏度系数；
s，i——分别代表钢和夹杂物。

$$v_{液夹} = \frac{2}{3}gr^2\frac{\rho_s - \rho_i}{\eta_s}\frac{\eta_s + \eta_i}{2\eta_s + 3\eta_i} \tag{1-3}$$

可以看出，夹杂物的半径越大、密度越小时，上浮速度越快。另外，钢液与夹杂物之间的界面张力越大，上浮越快。然而，夹杂物越细小，界面张力的作用越显著，斯托克斯公式没有考虑界面张力的作用。

夹杂物上浮过程中，颗粒的合并长大是夹杂物上浮速度加快的重要因素，夹杂物的合并与其物态和表面性质有关。液态夹杂物一般通过凝并实现，固体夹杂物通过颗粒聚结来实现。这两种过程都要有碰撞才能发生。对于氧化物颗粒，由于不被钢液润湿，所以这个过程很容易实现。在发生合并的过程时，自由能的变化等于[20]：

$$\Delta G = \sigma_{s\text{-}i}\Delta S \tag{1-4}$$

C、Si、P、S等表面活性物质降低钢液与夹杂物之间的界面张力，对合并不利。钢中常见夹杂物的界面张力由大到小大致为：Al_2O_3、$FeO\cdot Al_2O_3$、$MgO\cdot Al_2O_3$、铝硅酸盐、钛氧化物、SiO_2、硅酸铁、MnS、FeS。夹杂物合并后群体上浮速度可表示为[7]：

$$v_{夹杂群} = \frac{g(\rho_{钢} - \rho_{夹杂群})}{18\eta_{钢}}D_{平} \tag{1-5}$$

对于搅拌去除夹杂物，目前主要有以下几方面的手段：

（1）气体搅拌。气体搅拌手段可分为如下几种：

1）钢包吹氩：钢包炉重要的精炼手段之一。在钢包底部通过透气砖吹入氩气，氩气对钢液进行了搅拌，促使夹杂物碰撞长大，然后氩气在上浮的过程中对夹杂物进行捕获，从而带出钢液，达到净化效果。

2）中间包气幕挡墙：通过埋设于中间包底部的透气管或透气梁向钢液中吹入气泡，与流经此处的钢液中的夹杂物颗粒相互碰撞聚合吸附，同时也增加了夹杂物的垂直向上运动，从而达到净化钢液的目的。

3）加压减压法：是日本钢管公司开发的精炼法，采用顶吹喷枪和包底透气砖吹氮和氢，将气体强制性地溶解在钢水中，使钢中的氮或氢增到$(150 \sim 400) \times 10^{-6}$，然后在RH真空循环脱气装置中脱气去夹杂物。钢中过饱和的氮或氢在迅速减压过程中析出，形成微小气泡促使夹杂物上浮。与传统的钢包吹氩相比，钢中夹杂物平均尺寸明显减小，且直径在10μm以上的夹杂颗粒全部去除。

（2）电磁搅拌。电磁搅拌分为钢包电磁搅拌、中间包离心分离、结晶器电磁制动。一般来讲，电磁搅拌比气体搅拌更容易准确掌握，和气体搅拌相比，对钢渣界面的搅动强度还不够大。电磁搅拌使钢液的流动比较稳定、均衡，避免钢水流速过大导致的卷渣。但电磁搅拌不能提供促使夹杂物上浮的气泡。

（3）渣洗。渣洗通过控制炉渣成分处理钢液，是最早出现的炉外精炼方法，由于精炼渣可以吸附夹杂物，为了保证渣洗的效果，一般要进行搅拌。渣洗通常与其他工艺操作配合使用。

（4）过滤器。过滤器主要通过机械拦截、表面吸附的作用去除夹杂物。目前，过滤器的工艺制作比较复杂，生产成本较高，过滤器的比表面积有限，难以满足钢水连续过滤的要求，也仅限应用于高纯净度、高价位钢材的生产。

1.4 夹杂物成分和形态控制

完全去除钢中非金属夹杂物对工业生产来讲是不现实的。随着冶金材料研究不断深入，发现夹杂物对钢的性能存在有利的一面。例如，当其尺寸很细小时能起到细化晶粒、沉淀强化等作用。所以在追求高洁净的同时注重对夹杂物的改造，使其转变为对钢性能有利的状态。夹杂物的改造主要包括夹杂物改性（如改变化学成分提高夹杂物变形性、塑性）、夹杂物球化[4,21~25]以及氧化物冶金（oxides metallurgy）[26~33]等。

1.4.1 夹杂物的钙处理

1.4.1.1 钙处理工艺简介

钙处理是指通过往钢水中加入钙的金属或者合金，用来进行沉淀脱氧、脱硫以及非金属夹杂物的变性处理。关于钢水中Al-Ca-S的三元摩尔分数图如图1-6所示[34]。

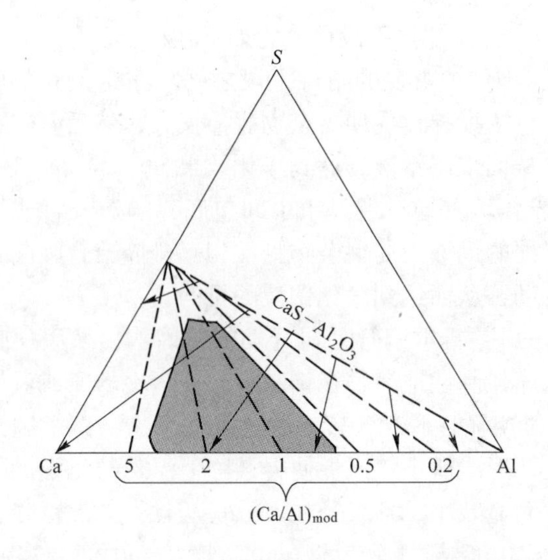

图 1-6 钢水中 Al-Ca-S 的三元摩尔分数图

通过沉淀脱氧工艺后的钢水中，夹杂物大部分为氧化物，其中氧化铝及其复合物、尖晶石等复杂氧化物的熔点和硬度都很高，其形态如图 1-7 所示。这些夹杂物不仅对钢材的力学性能有重要影响，同时也影响着钢材的切削加工性能，特别是对薄或细小规格钢材的力学性能的影响显著，而且这些脱氧产物形成的高熔点物质很容易在水口处聚集造成水口堵塞[35~37]。这就需要对这些夹杂物进行变性处理，而钙处理则是一个比较好的选择。

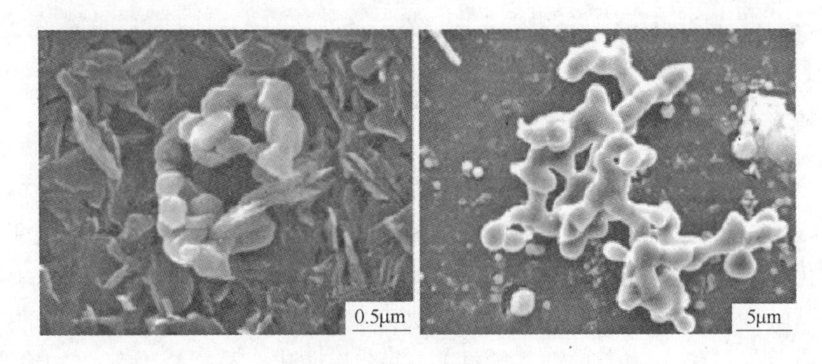

图 1-7 氧化铝聚合物

在工业生产中，1600℃条件下，钙的蒸气压为 1.97×10^5Pa，钙在钢中的溶解度很小，1600℃和 $p_{Ca}=4\times10^5$Pa 时，钙的饱和溶解度为 0.032%。由于钙的沸点低，无法加入钢中，通常以合金的形式加入。

通常采用的降低夹杂物危害的措施有：（1）减少酸溶铝含量；（2）喂钙线或者合金粉剂。通过这两种手段，来控制夹杂物朝着液态的铝酸钙形态进行转变。1550℃时 $AlO_{1.5}$-MgO-CaO 的部分三元相图如图 1-8 所示。在图 1-8[38] 中可以看到，在钢液中进行钙处理时，会有不确定的多种钙铝酸盐生成的可能，不同的钙铝酸盐的性能见表 1-4[39]。

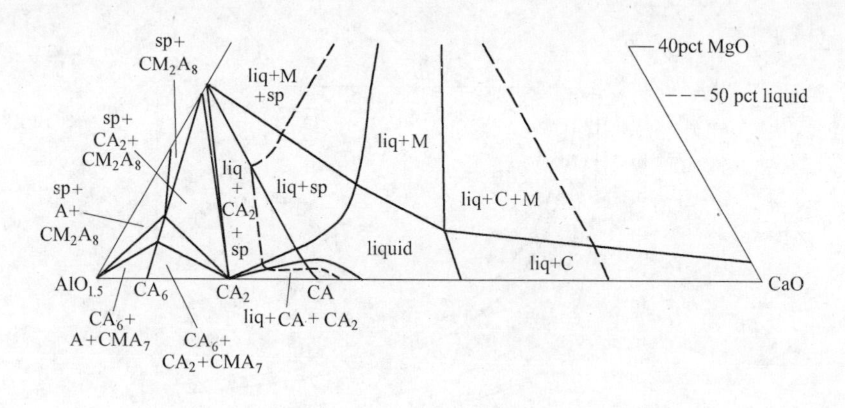

图 1-8 1550℃时 $AlO_{1.5}$-MgO-CaO 的部分三元相图

表 1-4 钙铝酸盐的性能

化合物	熔点/℃	密度/$kg \cdot m^{-3}$	显微硬度/$kN \cdot mm^{-2}$
$3CaO \cdot Al_2O_3$	1535	3040	—
$12CaO \cdot 7Al_2O_3$	1455	2830	—
$CaO \cdot Al_2O_3$	1605	2980	9.3
$CaO \cdot 2Al_2O_3$	约 1750	2980	11
$CaO \cdot 6Al_2O_3$	约 1850	3380	22
Al_2O_3	约 2020	3960	30 ~ 40

1.4.1.2 钙处理的工艺理论

钢水钙处理可以脱氧、脱硫，改变夹杂物的形态，清洁钢水，保证浇铸顺行。要想处理 Al_2O_3 夹杂物，必须有合适的 Ca/Al 比；要想处理硫化物夹杂物，对钢中的 Ca/S 比也有要求，钢中 Ca/Al≥0.14 即可达到钙处理目的，钢中 Ca/S≥1.2 才能取得满意的处理效果，由于钙在 1489℃就沸腾，因此它在钢中的溶解度很低，要想达到一定的 Ca/Al 和 Ca/S，必须把钢中的硫和钢中的氧脱得很低，才能实现[40]。

A [Al]-[O]的化学平衡

铝脱氧钢液钙处理后，钢中夹杂物主要是铝酸钙夹杂和硫化钙夹杂。炼钢温度 1600℃下，$12CaO \cdot 7Al_2O_3$、$3CaO \cdot Al_2O_3$ 夹杂为液态，而 CaO-Al_2O_3 夹杂物在靠近 $12CaO \cdot 7Al_2O_3$ 区域为液态，因此，通过热力学计算，结合 CaO-Al_2O_3 体系的二元相图，可以分析出夹杂物的形态。1600℃下的[Al]-[O]平衡图如图 1-9

(一特定钢号)[41]所示。从图1-9中可知，要使得夹杂物为液态，必须把［Al］含量和［O］含量控制在C/L～L/CA的区域内，最好位于$12CaO \cdot 7Al_2O_3$附近。如在钢中w(Al)为0.02%～0.04%时，钢中的w(O)需控制在$2.5 \times 10^{-6} \sim 4 \times 10^{-6}$为宜。

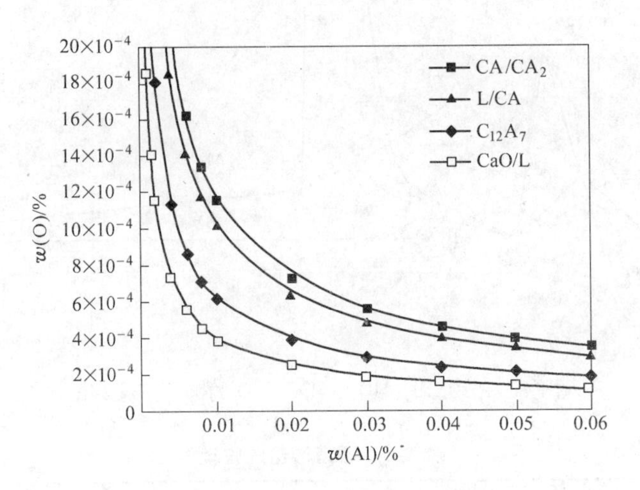

图1-9　1600℃下的[Al]-[O]平衡图

B　[Al]-[Ca]的化学平衡

1600℃下的[Al]-[Ca]平衡图如图1-10所示。从图1-10中可知，为使Al_2O_3变性为L/CA，所需加入钙量是很小的，且钙的加入量再多，氧化物夹杂物也处于L/CA～C/L成分之间，在钢中酸溶铝一定的情况下，为使Al_2O_3变性为液态，钢中溶解钙的变化范围较大。钢中w(Al)=0.03%，夹杂物变性为液态时，钢中

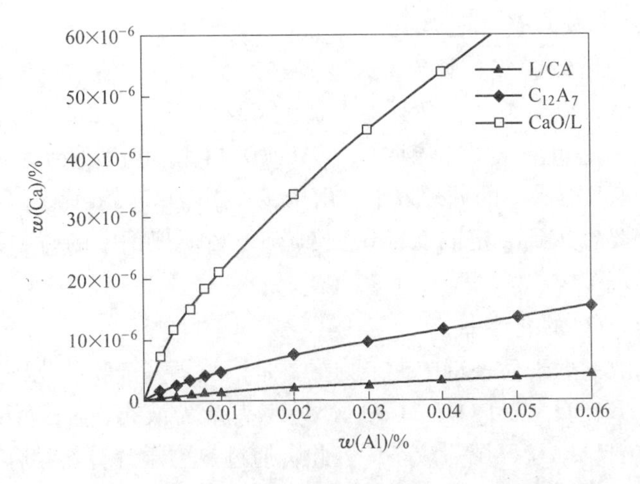

图1-10　[Al]-[Ca]平衡图

溶解 $w(Ca)$ 的变化范围在 $5\times10^{-6}\sim4.5\times10^{-5}$ 之间。钢中的 $w(Ca)/w(Al)$ 在 0.02～0.15 之间。实际生产中一般应将 $w(Ca)/w(Al)$ 控制在 0.09～0.14 之间。钢中溶解 $w(Ca)$ 位于 $C_{12}A_7$ 与 L/CA 之间。即在生产实践中，通常加入相对过量的钙使 Al_2O_3 完全变性，改善钢水的流动性。

C　[Al]-[S]的化学平衡

CaS 夹杂物也易在水口部位聚集，导致结瘤或加剧 Al_2O_3 水口结瘤。为保证钙处理的效果，钙的加入量须满足生成液态铝酸钙夹杂物，避免 CaS 夹杂物析出。通过热力学计算可得到 Al-S 平衡图，如图 1-11 所示。从图 1-11 中可知，在一定［Al］含量的情况下，为避免钙处理时生成高熔点铝酸钙，［S］含量要求处于 C/L～L/CA 之间。喂钙线处理时，如果［S］、［Al］含量位于 L/CA 线以上，则 Ca 先与 S 反应，直到［S］含量降到 L/CA 平衡曲线下，剩余的［Ca］才会与 Al_2O_3 反应，生成液态铝酸钙。因此进行钙处理时，为了把 Al_2O_3 系夹杂物改质为液态 $C_{12}A_7$，同时又不希望先析出易在水口部位聚集结瘤的 CaS，必须控制［S］含量。要求把［Al］及［S］含量降低到与 $C_{12}A_7$ 平衡的值以下进行钙处理。特别是对于［Al］含量高的钢种，把钙处理前的［S］含量降得低一些更有利。

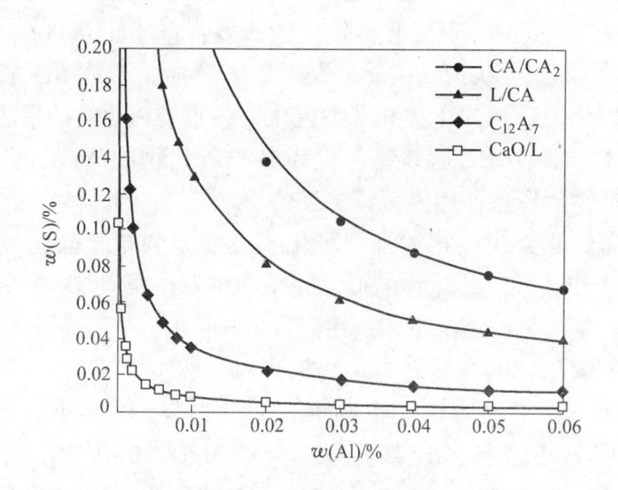

图 1-11　1600℃下的[Al]-[S]平衡图

总而言之，在钙处理过程，其反应机理较为复杂，不同学者研究的结果不完全相同。但可以概括为：

（1）利用喂入的钙对高熔点的 Al_2O_3、镁铝尖晶石进行变质处理，即形成液态低熔点的钙铝酸盐或钙镁铝酸盐类夹杂物，一方面避免形成高熔点固态物质，从而减轻水口堵塞[34～36,42]；另一方面促进夹杂物的上浮，使钢水得到净化，使钢材得到优化。

(2) 金属钙与元素氧和硫的亲和力都很强，对钢水进行钙处理，不仅可以降低钢中有害元素氧和硫的含量，在钢水凝固过程中提前形成的高熔点 CaS 可以抑制钢水在此过程中产生 MnS；再者，形成的高熔点的微细颗粒对随后轧制过程中沿轧制方向发生大变形量的 MnS 夹杂物起到碾断分割和剥离的作用，进一步缩小了变形后 MnS 夹杂物的尺寸，降低了对钢材性能可能产生的危害程度，从而优化钢材性能。

1.4.2 炉渣-夹杂物-钢液相互作用

近些年来不少学者对钢液与夹杂物的作用做了研究。G. Bernard[43] 研究给出了 $MnO-SiO_2-Al_2O_3$ 和 $CaO-SiO_2-Al_2O_3$ 三元系夹杂物的变性能力与温度的关系。研究得出[16]，为使夹杂物塑性化，对 $MnO-SiO_2-Al_2O_3$ 渣系，应将夹杂物中 Al_2O_3 含量控制在 12% ~27% 之间，即 [Al] 含量控制在 0.0003% ~0.0005%，(Al_2O_3) 含量控制在 4% ~8% 之间；对 $CaO-MgO-SiO_2-Al_2O_3$ 四元渣系，炉渣碱度应控制在 0.7 ~1 之间，[Al] 含量应控制在 0.0003% ~0.0004% 之间，(Al_2O_3) 含量控制在 5% 以下。Ecghem[21] 等进一步定量地说明铝脱氧钢中氧含量与硫化物形态的关系：氧含量大于 0.012% 时，形成 Ⅰ 类硫化物；氧含量在 0.012% ~0.008% 之间时，形成Ⅱ类硫化物；氧含量小于 0.008% 时，形成Ⅲ类硫化物。Baker[22] 等研究认为：氧含量大于 0.02% 时，形成 Ⅰ 类硫化物；氧含量为 0.02% ~0.01% 时，形成 Ⅰ 类和Ⅱ类硫化物；Ⅲ类硫化物的形成还受其他元素影响，C、Si、P、Ca、Cr 等含量高时促使Ⅲ类硫化物的形成。多年来人们对稀土改变钢中夹杂物的形态作用做了许多研究[23~25,44]。文献[11]指出，钢中加 Ce 后使沿晶界分布的Ⅱ类或块状的Ⅲ类硫化物改变为分布于晶内的球状 Ⅰ 类硫化物。Luyckx[25] 提出要控制硫化物的形态完全为球状，需使 Ce/S 为 1.5 左右，但这应是钢中氧含量很低的情况下才适用。

对于钢液中氧化物的含量对夹杂物的影响，张博、王福明等[45] 以阀门弹簧钢 60Si2CrA 为例，通过热力学软件 Fact-Sage 对 $CaO-Al_2O_3-SiO_2-MgO$ 系液相投影图、低熔点区域大小进行了计算分析，发现 MgO、CaO、Al_2O_3、SiO_2 含量对 $CaO-Al_2O_3-SiO_2-MgO$ 系低熔点夹杂物的生成有重要影响，结果如图 1-12 所示。其中 MgO 和 Al_2O_3 含量对 $CaO-SiO_2-Al_2O_3-MgO$ 系夹杂物低熔点区域大小的影响都是随着含量的增加，夹杂物低熔点区域都是先增大后减小，当 MgO 含量为 15% 和 Al_2O_3 含量为 20% 左右时，低熔点区域面积最大；CaO 则可以很大程度地增大低熔点区域，CaO 从零增加到 40%，低熔点区域几乎呈直线增加；SiO_2 含量的变化对低熔点区的面积变化影响不大。

钢精炼过程中，炉渣的成分与含量对夹杂物的影响很大，不同渣系产生的夹杂物也不尽相同。如 Nishi 和 Shimme[46]，对铝脱氧 Fe-18% Cr-8% Ni 不锈钢中尖

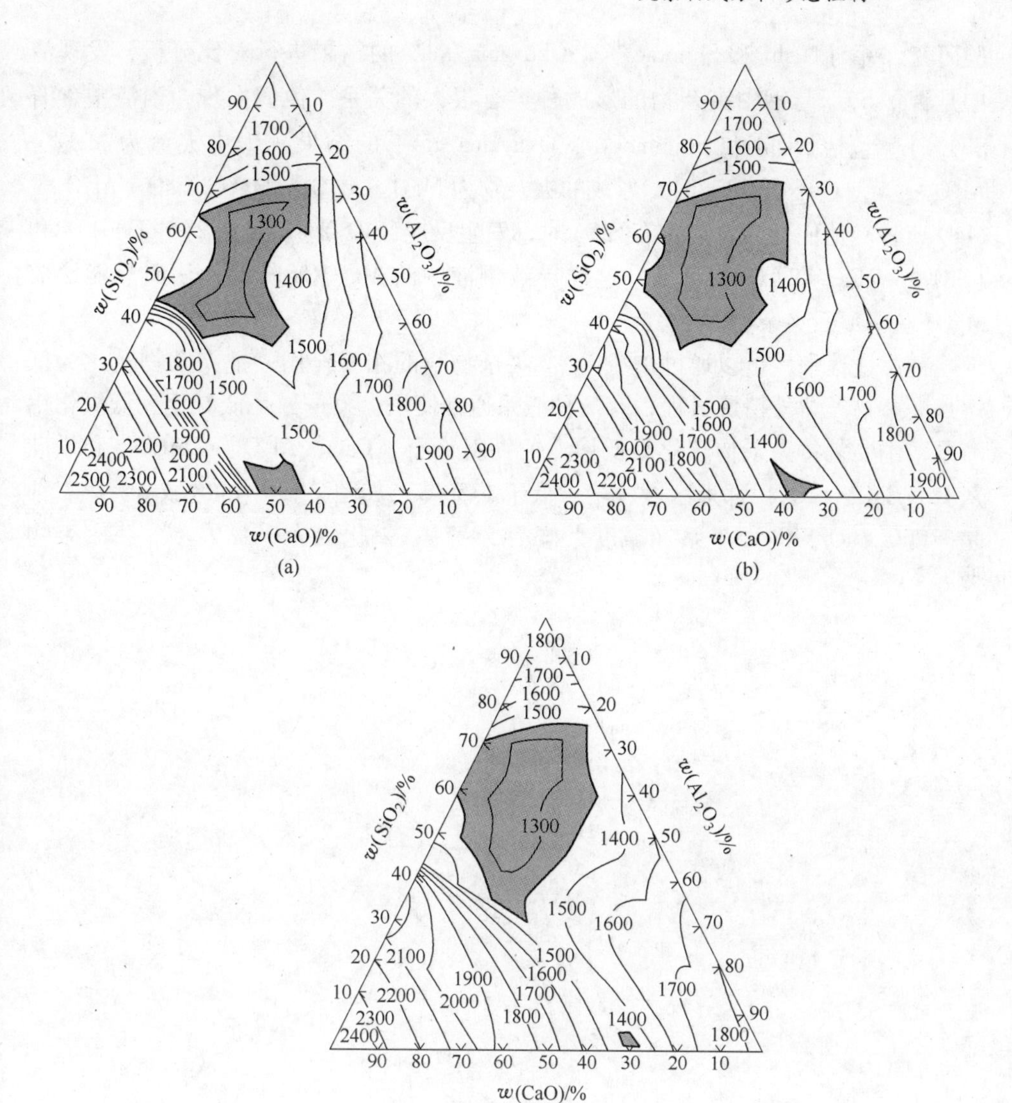

图 1-12 不同 MgO 含量的 $CaO-Al_2O_3-SiO_2-MgO$ 系的液相线投影图

(a) 5%；(b) 10%；(c) 15%[44]

晶石夹杂物的形成进行了研究，他认为夹杂物从氧化铝变成尖晶石与高碱度有关，Okuyama[47]等对铝脱氧 Fe-16%Cr 不锈钢中夹杂物分析，也认为尖晶石夹杂物的形成与碱度有关，且都认为碱度高有利于尖晶石夹杂物的形成。而且，他们都认为，控制尖晶石夹杂物形成的速率与钢中 Mg 含量有关，而钢中的 Mg 是通过 Al 来把渣中的 MgO 转化 Mg 的，即 $3(MgO)+2Al=(Al_2O_3)+3Mg$。Hidekazu Todoroki 和 Kenji Mizuno[48]做了进一步的研究，他们先后采用不同的渣系进行实验研究，并与 Nishi 和 Shimme[46]、Okuyama 等[47] 的结果进行对比分析，发现渣中是否含 SiO_2 与钢中夹杂物的形成种类有很大的关系。他们发现，当渣中含有 SiO_2 时（包括 Nishi 和 Shimme[46]、Okuyama 等[47] 的结果）钢中夹渣为 $MgO \cdot Al_2O_3$；当渣中不含 SiO_2 时，形成的夹杂物为 $MgO \cdot Al_2O_3$、MgO、$CaO \cdot Al_2O_3 \cdot MgO$ 三种。他们认为，当含有 SiO_2 时，发生反应 $(SiO_2) + 2Mg = 2(MgO) + Si$ 和 $(SiO_2) + 2Ca = 2(CaO) + Si$，这样导致钢液中的 Mg、Ca 降低，从而只能形成 $MgO \cdot Al_2O_3$ 系夹杂物。

精炼过程中，可以通过炉渣-钢液-夹杂物间的相互作用，把夹杂物转化为低熔点夹杂物。炉外精炼过程，有两种渣系通常使用：第一种是低碱度、低氧化铝渣系，主要是将夹杂物转化为低熔点的钙斜长石（$CaO \cdot Al_2O_3 \cdot 2SiO_2$）和假硅灰石（$CaO \cdot SiO_2$）邻近区域，熔点低于1350℃，如图1-13中的区域A。第二种是碱度（CaO/SiO_2）渣系（碱度大概为5~7），氧化铝为20%左右，将夹杂物

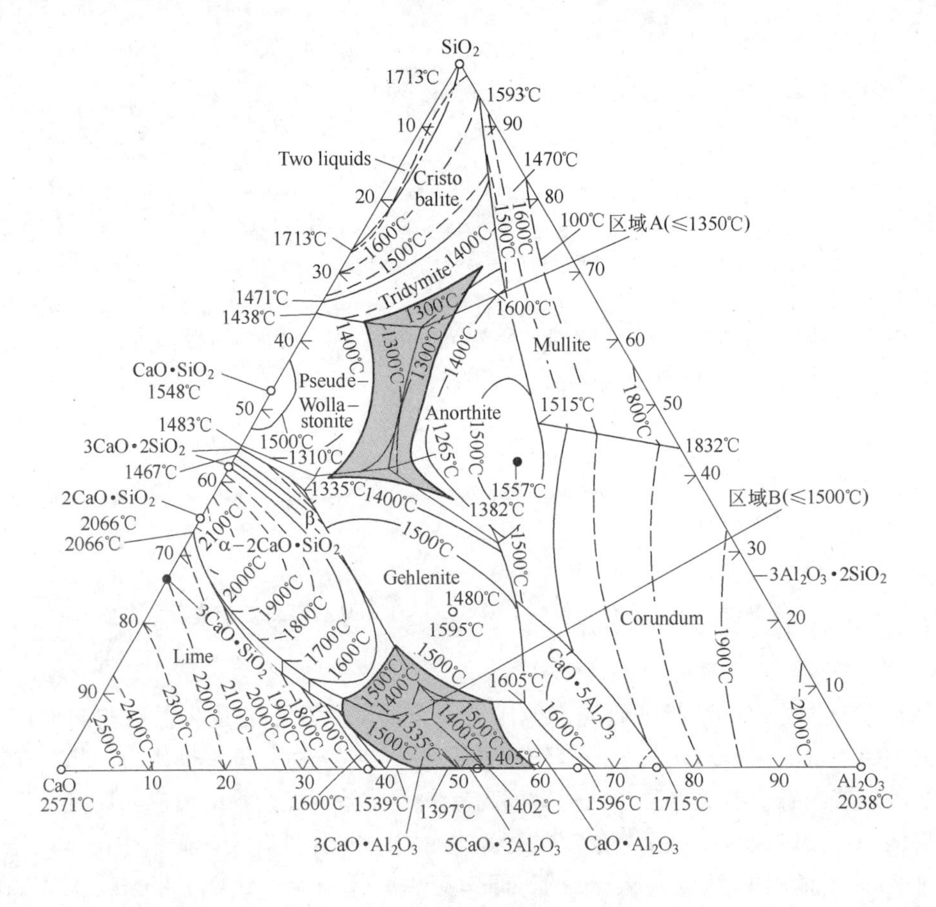

图1-13 $CaO-SiO_2-Al_2O_3$ 系低熔点区域[50]

转为与铝酸三钙（$3CaO \cdot Al_2O_3$）、铝酸钙（$CaO \cdot Al_2O_3$）相邻的成分区域，熔点低于1500℃，如图1-13中的B区域。对于第二种低熔点区域，王新华等[49,50]通过炉渣-钢液-夹杂物间相互作用进行了实验室研究。实验室研究中，其采用高Al_2O_3含量和高碱度炉渣，通过渣-钢间反应促进钢中生成较低熔点的非金属夹杂物，对渣-钢反应时间、炉渣成分等对钢中非金属夹杂物的影响进行了分析讨论得出以下结论：

（1）钢中非金属夹杂物中MgO-Al_2O_3系高熔点夹杂物的比率随渣-钢反应时间增加而降低，当渣-钢反应时间由30min增加至90min时，绝大多数夹杂物转变为较低熔点的CaO-MgO-Al_2O_3-SiO_2系夹杂物。其机理为，铝脱氧产物Al_2O_3与渣中的MgO反应生成MgO-Al_2O_3夹杂物，随渣-钢间反应进行，炉渣中部分CaO被还原，少量［Ca］进入钢液，并与MgO-Al_2O_3系夹杂物反应，置换出部分MgO，生成CaO-MgO-Al_2O_3-SiO_2系夹杂物。

（2）炉渣Al_2O_3质量分数在40%左右，$(CaO + MgO)/SiO_2$比在6.2~9.1之间，采用高$(CaO + MgO)/SiO_2$比炉渣有利于钢中生成较低熔点的CaO-MgO-Al_2O_3-SiO_2系夹杂物。而采用Al_2O_3的质量分数为20%和CaO/SiO_2在5左右的炉渣，发现不利于生产低熔点夹杂物，生产的CaO-MgO-Al_2O_3-SiO_2低熔点夹杂物所占的比例明显下降。

由以上分析可以看出，增加Al_2O_3和碱度（CaO/SiO_2的含量），通过与钢液反应可使［Al］和［Ca］含量增加，从而使夹杂物中Al_2O_3和CaO含量提高，利于向低熔点成分区靠拢。

可见，钢液中夹杂物的成分、形状、尺寸等与很多因素有关。首先与钢液的状态有关。包括钢液中的成分，如钢液中的氧含量对硫化夹杂的形貌有密切关系、钢液中的铝含量与钢液中氧化物（氧化铝、氧化钙、氧化镁等）的含量直接就影响低熔点夹杂物的产生。夹杂物的状况还与炉渣的成分有很大的关系。渣中氧化钙、氧化铝、氧化镁、炉渣的碱度等都与夹杂物有关，炉渣的成分不同直接导致产生不同的夹杂物，上面说的两个低熔点区，就是通过调控炉渣成分来达到的。炉渣主要是通过下面两方面作用的：（1）炉渣中的成分直接影响了钢液的成分，如钢液中的杂质元素、钢液中的氧化物都与炉渣有很大的关系，从而影响夹杂物的成分。（2）炉渣的成分直接影响了炉渣对夹杂物的吸收能力，从而调控夹杂物的形貌成分。一般炉渣和钢液相互作用对夹杂物进行影响，它们的化学成分及含量，以及渣钢间的反应时间等，对夹杂物都影响很大。所以炼钢在于炼渣，可见炉渣对炼钢的重要。当然，炉渣和钢液对夹杂物的影响，不仅仅是通过化学成分来影响，炉渣和钢液的动力学性能对夹杂物状况也有很大的影响，如夹杂物的传递性等对最终钢中夹杂物的影响，本书不具体谈。

1.5 夹杂物尺寸

1.5.1 夹杂物尺寸划分

随着洁净钢技术发展，钢中夹杂物逐渐呈现细小化的趋势。特别是对于高级别的特殊钢种，在冶炼和浇铸过程中如何控制夹杂物的尺寸成为炼钢工作者日益关注的关键问题。如 X60 管线钢，根据检测结果，各取样中 0 ~ 10μm 的夹杂物占 73.5% ~ 85.6%，11 ~ 20μm 的占 10.3% ~ 20.4%，21 ~ 30μm 的占 1.6% ~ 5.1%，大于 30μm 的占 0.49% ~ 3.4%。可见，从金相检验结果来看，微小夹杂物占绝大多数。但个别区域也发现大颗粒夹杂物，直径最大的为 438.4μm，出现在结晶器后期钢坯中，钢中夹杂物主要由硫化物或复合硫化物、氧化物、铝酸盐、复合铝酸盐、硅酸盐、复合夹杂物、大颗粒复相夹杂物、氮化物等组成，其形成与以 Al、Mn、Si 为主要成分的脱氧剂、以 Al_2O_3、MgO 为主要成分的耐火材料、碱度极低的各类钢液覆盖剂、含有 Na 和 K 元素的结晶器保护渣等有关。

因此，许多学者利用尺寸特征对夹杂物进行了不同的分类。早年瑞典将尺寸为 1 ~ 100μm 夹杂划为“显微夹杂物”。随材料科学的发展，不少材料要求夹杂物尺寸小于 20μm，随着需要，概念有了变化，近年较多著作将 1 ~ 20μm 定为显微夹杂物。李正邦[51]将夹杂物尺寸小于 1μm 且高度弥散分布的钢定义为零夹杂钢。

总结近年关于夹杂物控制与利用的研究，本书将其尺寸大致划分为：

（1）纳米级夹杂物。薄板钢生产实践证明，该尺度夹杂物对钢的力学性能完全无害，当然，有研究发现纳米级 MnS 可能对特殊耐腐蚀钢的点蚀性能有害[52]；针对该类夹杂物，目前应积极研究其功能化的有益作用和实现技术。当然，从当前的工艺条件来看，完全实现夹杂物尺寸的纳米化几乎是不可能的，但这应是一个夹杂物源头控制的方向。

（2）超显微夹杂物，指均匀分布在钢中尺寸小于 1μm 的夹杂物，包括钢液凝固过程中析出或者在热轧、热处理相变过程中析出的氮化物、氧化物、硫化物等第二相粒子。

（3）氧化物冶金技术所利用的功能性夹杂物，尺寸要求基本为 2 ~ 6μm，成分应根据钢种成分和脱氧方式来进行设计，如钛的氧化物、硫化物等，以发挥其对钢组织的细化和调控作用。

（4）弱有害夹杂物，颗粒尺寸基本上应小于 20μm，如尺寸细小的脱氧产物，该类夹杂物形成和尺寸与钢中的溶解［O］含量有关。

（5）内生的宏观夹杂物，如脱氧产物，其颗粒尺寸大于 20μm，有球形和不规则状，对钢材性能有很大危害；在炼钢过程中，应尽可能地使其上浮去除；同时，不能去除的该尺度夹杂物是现代炼钢夹杂物控制的重点，如氧化铝夹杂物通过钙处理减轻危害，高熔点类型夹杂物通过钢液-炉渣-夹杂物交互平衡进行成分和形貌控制。

（6）大颗粒外来夹杂物，这种夹杂物尺寸大，最大可达几百微米，且大多数夹杂物形状不规则，但数量少，在钢中曾偶然性分布，对钢材质量影响最大；对于大尺寸的外来夹杂物，在炼钢生产中应尽可能地加以避免、防止产生和去除。

1.5.2 临界尺寸

金属材料的加工性能、疲劳性能和韧性等主要决定于材料中夹杂物的性质、尺寸和数量。Keissling 提出洁净钢中夹杂物的“临界尺寸”的概念[53]。夹杂物的临界尺寸通常定义为对钢的性能产生危害时的最小尺寸[53]，这一定义对洁净钢的发展有着十分重要的意义，给了洁净钢一个极限。加拿大 A. Mitchell 研究指出，只有当夹杂物的尺寸小于 1μm，且其数量少到彼此间距大于 10μm 时，夹杂物才不会对金属材料的宏观力学性能产生影响[54]。随着冶金技术、材料科学和夹杂物研究的不断深入，对夹杂物的临界尺寸提出了更加苛刻的要求。钢中夹杂物的临界尺寸与其本身的种类以及钢的各种不同性能有关，如疲劳、焊接、断裂、热加工和腐蚀等不同的性能对不同种类的夹杂物的临界尺寸要求不一样[55~58]。

对常规金属结构材料，其疲劳极限与抗拉强度的比值 K 通常小于 0.5，但当钢中非金属夹杂物处于极限状态时，K 值的大小将如何变化是一个需要研究的课题。制造航空发动机涡轮盘的超级合金对氧化物夹杂物的尺寸和氧化物夹杂物颗粒数量是有严格的要求，这就迫使冶金专家去开发极限夹杂物含量的钢。当金属材料的晶粒度从几十微米级降到微米级，甚至亚微米级、纳米级时，材料的性能会发生质的变化。对这样的细晶粒和超细晶粒材料，非金属夹杂物的尺寸和数量将如何影响其性能是一个急需解决的问题，这对以晶粒超细化为特征的新一代钢铁材料的研发、生产、推广和应用具有重要意义。而“超显微夹杂”钢或者“零夹杂”钢的生产制备是进行上述研究的基础。

近年来，加拿大 A. Mitchell[54] 和新日铁 S. Fukumoto[59] 提出了“零夹杂”钢的概念。所谓“零夹杂”钢并不是钢中没有夹杂物存在，而是指钢液在凝固以前不析出任何非金属夹杂物的钢，或者可能是在固相状态下析出的夹杂物是高度弥散分布的且尺寸小于 1μm，这些夹杂物在光学显微镜下作常规检验时已观察不到，预示钢的抗疲劳性能将有大幅度提高。因此，“零夹杂”钢实际上是含亚微米夹杂物的钢。根据断裂韧性 KIC 的要求，夹杂物“临界尺寸”为 5～8μm，当夹杂物小于 5μm 时，钢材在负荷条件下，不再发生裂纹扩展。Kiessling 和 Nordberg 认为应将大于临界尺寸的夹杂物称为宏观夹杂物，小于临界尺寸的夹杂物称为显微夹杂物[60]。日本神户制钢的 Nishi 和 Ogawa 等[61]用真空感应炉（VIF）熔炼出航空工业用的250 马氏体时效钢时，钢中的夹杂物尺寸最大为 6 ~ 8μm，主要分布在 2 ~ 4μm 之间。为了研究钢在极限夹杂物含量下的各项理化性能和力学性能，日本科技厅金属材料研究所用冷坩埚悬浮熔炼技术，通过去除夹杂物形成元素和钢中的夹杂物，生产超高洁净钢材料[62]。

Duckwoith 等提出影响钢材疲劳性能的夹杂物临界尺寸的概念，假定夹杂物不在表面并且大于临界尺寸，则材料的强度降低因子 K_f 与夹杂物直径 d 的立方根成比例，若夹杂物尺寸小于其临界尺寸，则对疲劳寿命无影响[63]。有研究指出，当夹杂物尺寸小于几个微米时，夹杂物萌生疲劳裂纹的几率非常小，但当夹杂物尺寸大于 10μm 时，疲劳裂纹则在夹杂物周围萌生。大量研究表明[55~58]，轴承钢的疲劳失效与夹杂物尺寸及离表面的距离有关，当夹杂物在十分接近表面处，临界尺寸大约 10μm；当夹杂物在表面下 100μm 处时，临界尺寸提高至 30μm 左右。临界夹杂物尺寸可以根据钢的断裂强度来估算[53]，首先把夹杂物看作与裂纹相似的基体缺陷。Klevebring 从理论上推导出夹杂物临界尺寸、金属变形度和变形指数之间关系：

$$r = f(H\nu)/\{k\sigma^*[\arcsin(e^{2H(1-\gamma)}+1)^{-1/2} - \arcsin(e^{2H(\gamma-1)}+1)^{-1/2}]\} \tag{1-6}$$

式中，H 为变形程度；σ^* 为夹杂物与金属边界处相间能量的强度；k 为比例系数。并计算了(Fe,Mn)O 颗粒的临界尺寸是 4 ~ 7μm，硅酸盐的临界尺寸是此值的 1/2。

由于不同类型夹杂物的临界尺寸与钢的具体性能要求、夹杂物在基体中的分布和数量等多种因素有关，因此，要准确评估钢中不同类型夹杂物的临界尺寸是十分困难的，也是一个值得追求探索的问题。鉴于此，冶金材料研究者首先着手对钢中最大颗粒夹杂物的尺寸及其位置进行评估，以保证钢材的使用性能。同时，基于临界尺寸的意义也可以看出，研究夹杂物的形成机理以及如何从源头对夹杂物进行细化控制是一项值得长期研究的课题。

1.5.3 微小尺寸夹杂物的作用

1.5.3.1 氧化物冶金

氧化物冶金最初是 1990 年由日本新日铁公司高村等人提出来的[64]，随后作为开发高强度、高韧性非调质钢的思路引起广泛关注[65~69]。在钢中形成弥散细小的氧化物，成为析出的核心，从而可以利用氧化物粒子细化晶粒、改善组织，这一技术就称为氧化物冶金。其思路是利用钢中的细小氧化物作为孕育剂来达到细化晶粒的目的。在精炼和凝固过程中通过对钢中析出的几个微米的氧化物分布及组成进行控制，将凝固后的析出物作为铁素体、奥氏体的析出核心，达到细化晶粒的效果。氧化物冶金目前已发展成为一个比较广泛的概念，可以通过对硫化物、碳化物、氮化物等夹杂物和第二相的析出进行控制，发挥其有利的作用。利用凝固过程产生的纳米级氧化物（ZrO_2、TiO_2）作为控制铁素体在奥氏体中形核长大手段细化晶粒，可使厚板钢韧性增加几倍以上。一些研究人员从氧化物冶金的角度出发，对出钢前自由氧在0.003%～0.004%(30～40ppm)的钢水进行不同加铝量试验，当钢中溶解铝在0.005%～0.03%范围内时，由于Al_2O_3与MnO、FeO形成复合氧化物，有利于MnS在其上析出。有的研究发现，氧化物夹杂$(Ti,Mn)_2O_3$颗粒上也有MnS和TiN依附析出的现象，并有促进晶内铁素体(IGF)形成的作用[68]。J. H. Shim[70]对中碳钢中非金属夹杂物作为晶内铁素体形核剂的作用做了研究，结果表明：单相SiO_2、MnO·SiO_2、Al_2O_3、TiN和MnS对晶内铁素体形核没有积极作用；含Mn钢中Ti_2O_3在奥氏体化时形成$(Ti,Mn)_2O_3$对晶内铁素体的形成有很好的诱导作用，在贫Mn钢中Ti_2O_3呈惰性，对形核没有作用；MnS和Al_2O_3在含V、N钢中对晶内铁素体的形核有很大潜力。新日铁公司利用氧化物冶金技术开发了如下成分的非调质钢[71]：C 0.33%，Si 1.25%，Mn 1.65%，S 0.06%，Cr 0.23%，V 0.105%，Ti 0.014%，N 0.012%。利用高温下固溶度非常小的细微TiN和MnS颗粒实现了1500K锻造温度下保持6号以上细晶组织的目的，钢的σ_b为966MPa、σ_s为724MPa、伸长率为20%、常温冲击韧性为45J/cm^2、低温冲击韧性为35J/cm^2。其原理是通过控制钢中氧化物的成分和数量析出大量细小的MnS作为VN析出形核位置，而VN又是IFG的形核位置，促进IFG的形成。

在研究焊缝金属的显微组织与强度韧性之间的关系时，发现当焊缝金属奥氏体晶内的非金属夹杂物周围有似针状的铁素体显微组织时，焊缝金属不仅具有高的强度，而且具有良好的低温冲击韧性。典型的晶内针状铁素体相呈扁豆状，交锁紧密排列，具有高角晶界和高位错密度，能有效提高强度和冲击韧性，抑制解理裂纹的快速蔓延。针状铁素体的最大化能促进钢材强度和韧性的匹配达到最优。针状铁素体是在奥氏体晶内形成的，又称为晶内铁素体。晶内铁素体总是在非金属夹杂物上形核。关于夹杂物诱导晶内形核的问题，已经提出了多种不同机制，主要涉及以下几方面：（1）夹杂物析出在其周围造成溶质贫乏区（贫锰区），使相变点提高，有利于铁素体相变；（2）夹杂物与基体的化学反应造成的碳成分变化，促进铁素体形成；（3）夹杂物与基体线膨胀系数不同导致的冷却过程中附加的应变能，促进铁素体形成；（4）夹杂物与母相之间的高界面能、与新相间低的界面能，促进铁素体形成；（5）氧化物夹杂物作为异质核心，导致铁素体非均质形核。晶内铁素体能自身细化。一定条件下，由非金属夹杂物诱导生成的晶内铁素体晶界上可以生长出新的晶内铁素体，这使得钢的晶粒更加细化，有很强的自身细化晶粒的能力。由非金属夹杂物诱导形核形成的晶内铁素体称为一次晶内铁素体，在一次晶内铁素体晶界上形成的晶内铁素体称为二次晶内铁素体。二次晶内铁素体的形核称为感生形核，由此形成的晶内铁素体又称为感生晶内铁素体。利用晶内铁素体感生形核具有自身细化晶粒的特点，可有效地解决焊接热影响区韧性下降的问题。

夹杂物是氧化物冶金型钢显微组织的重要组成部分，这时的非金属夹杂物是有益相，它们有以下几方面的作用：（1）在钢液中作为非自发形核核心，细化奥氏体晶粒；（2）沉淀于奥氏体晶界，阻止奥氏体晶粒的长大；（3）固溶于奥氏体晶内，影响奥氏体向铁素体的固相转变，诱导晶内铁素体形核、长大；（4）在焊接过程中，促进焊接热影响区粗晶区的晶内铁素体形核与感生形核。并不是所有的氧化物夹杂都能促进晶内针状铁素体的形成，只有某些特定的超细氧化物夹杂才能促进针状铁素体的形成[72]。总结前人的研究，高熔点的超细氧化物 TiO_x、ZrO_2、Al_2O_3、REO_x、(Ti-Mn-Si)-O_x、(Zr-Mn-Si)-O_x 是有效的针状铁素体形核核心；此外，晶内铁素体的形成与硫化物或氮化物在氧化物上的附着析出有着极大的关系，因此在氧化物冶金中，要求生成的氧化物既能作为针状铁素体的非均质形核核心，又能有利于氮化物或硫化物在其上析出。

氧化冶金技术有很多方面的应用，主要如下：

（1）改善焊接热影响区（HAZ）强度和韧性。利用大线能量焊接低合金高强度钢时，焊缝金属要发生局部重熔，焊后冷却过程中熔合线附近晶粒将粗化形成粗晶热影响区（CGHAZ），粗晶组织导致局部强度和韧性降低。氧化物冶金技术是利用高熔点的氧化物粒子钉扎奥氏体晶界以及分割奥氏体晶粒，从而改善钢材 HAZ 强度和韧性的。

（2）在非调质钢中的应用。尽管非调质钢被称作节能、高效、环保的“绿色钢材”，但是它的韧性堪忧。氧化物冶金技术利用细小的氧化物夹杂诱导晶内铁素体形核细化组织，提高钢材韧性的这一优点，弥补了非调质钢韧性差的这一缺点。

（3）氧化冶金在其他方面也得到应用，如新日铁综合运用 TMCP、微合金化和氧化物冶金技术开发了新的型钢生产工艺，已用于耐火、极厚以及低屈强比等 H 型钢的生产中。

1.5.3.2　薄板钢中夹杂物纳米化控制

自纳米技术（Nano-ST）诞生以来，很快就成为材料界关注的热点。目前，纳米技术在钢铁材料中的应用才刚刚开始，比如，利用钢中析出的纳米级第二相粒子强化钢铁材料[73]，钢的表面结构纳米化[74~78]以及纳米级微结构钢[79~82]的开发。据报道[83]，在快速凝固和冷却以及随后直接轧制的薄板坯连铸连轧（CSP）低碳钢中已观察到形成了尺寸小于 5nm 的弥散 MnS 析出。大量研究发现[85~87]，在 CSP 低碳钢中析出了含有纳米尺寸的氧化物、硫化物以及碳化物和其他沉淀相粒子。纳米氧化物粒子大多为不规则的四边形，总体来讲在同一块试样中粒子的分布很不均匀。纳米硫化物粒子一般呈球形，往往由2层甚至3层组成，推测可能是在先析出的细小氧化物上形核生长的，由于氧化物析出温度很高，可能先行析出，为硫化物的析出提供了形核质点，因此，硫化物的分布往往受到氧化物分布的影响。另外，在低碳钢中还观察到了纳米尺寸的硫化铜粒子[19]。

粒子对钢的强化作用机制主要有沉淀强化和细晶强化。其中，细化晶粒包括凝固结晶时的形核细化和后期加工过程中的再结晶细化。研究表明，纳米颗粒硫化物、氧化物等具有阻止晶粒长大、细化晶粒的作用。傅杰等[86~88]根据热力学计算推断，EAF-CSP工艺生产的低碳铝镇静钢ZJ-330中，纳米级硫化物和氧化物粒子是在CSP工艺均热前的连铸坯中开始析出的。由于EAF-CSP工艺的低碳钢洁净度较高，杂质元素、氧的含量较低，S%通常在十万分之几的水平，总氧量为$(20\sim30)\times10^{-4}\%$，因此硫化物和氧化物的析出温度通常比传统工艺低。而且在1100~1470℃范围，传统工艺厚板（250mm）的冷却速度平均约为9K/min，薄板坯则为120/min，两者相差十几倍。显然，薄板坯中氧化物与硫化物粒子的数目要多得多，面尺寸则小得多。在铸坯均热或者再加热时，由于加热温度以及保温时间不同，高温时形核生长的硫化物和小的氧化物粒子发生的粗化程度不同，会进一步扩大薄板坯与传统厚板坯中小沉淀尺寸和数量的差别。传统工艺厚板坯一般在加热到1200℃保持3h左右，而薄板坯的均热温度为1050~1100℃，均热时间为20~30min。与传统冷装工艺相比较，薄板坯的均热温度比较低而且保持时间短，由于扩散系数与温度有指数关系，在较低温度保温时沉淀粒子的粗化速度降低。工艺上的这种差别无疑会对硫化物和小的氧化物粒子的粗化行为产生重要的影响，导致高温长时间加热的钢中出现的硫化物、氧化物尺寸较大、个数较少，而较低温短时间均热的薄板坯中的硫化物、氧化物粒子的尺寸要比传统钢中的小得多，数量则多得多，使硫化物、氧化物以纳米尺寸形式较为弥散地分布在钢中。总之，钢的冷却速度越快、沉淀形核率越高，发生粗化的程度越小，则最总组织中存在的第二相粒子数目越多，其平均尺寸越小。CSP工艺生产过程中低碳钢由凝固到成品钢板所经历的转变包括：$\delta\to\gamma$相变；γ相的形变再结晶；γ相冷却时的分解以及在δ相、γ相、α相中可能发生的第二相粒子析出等。发生相变时，一个新相的形成包括形核、生长和粗化三个阶段。而变形金属发生再结晶时，则是通过新的再结晶晶粒的形核、生长和粗化过程实现的。因此不论是通过再结晶细化奥氏体晶粒，还是通过$\gamma\to\alpha$相变来细化组织，这两个不同温度范围的不同转变过程中实际上都涉及新晶粒（新相晶粒或再结晶晶粒）的形核、生长和粗化问题。因而细化晶粒的方法包括两个方面：（1）提高形核率、生成尽可能多的新相核心（或再结晶核心）。（2）限制新晶粒长大以及防止晶粒粗化。

进一步对纳米第二相的强化作用研究认为[86~89]，这些纳米第二相粒子能有效阻碍奥氏体晶粒长大而起到很好的细晶作用以及沉淀强化作用。沉淀强化是通过钢中细小的、弥散的沉淀相与位错发生交互作用，造成对位错运动的障碍，使钢的强度得以提高的一种强化机制。具有强化效果的粒子是低温时在奥氏体或铁素体内形成的。当运动的位错前方遇到沉淀相阻碍时，表现出两种不同类型的交互作用[87]：(1) 位错绕过沉淀相留下位错环，称为 Orowan 机制；(2) 位错切过第二相粒子，称为切过机制。位错与第二相粒子产生交互作用时，以哪一种机制起作用与粒子和钢的弹性模量、粒子尺寸等很多因素有关。一般认为，当沉淀相粒子的弹性模量大于或等于基体弹性模量时，Orowan 机制起作用，反之则是切过机制起作用。在粒子较小时，切过机制起作用，强化效应随质点尺寸的增大而增强，粒子较大时，Orowan 机制起作用，强化效应随粒子尺寸减小而增强。两者之间存在一个临界尺寸，此时发生强化机制的转换。第二相粒子越细小、越弥散、间距越小，则沉淀强化效果越好。研究得出[90]，在 CSP 工艺生产的低碳钢 ($w_C = 0.05\%$) 中，直径小于 36nm 的沉淀粒子的体积分数为 0.096%，其对该钢强度的贡献为 80MPa。当然，沉淀析出强化可能导致钢的韧性下降，不过这可由粒子的细晶强韧化得到弥补。有资料给出，若由于晶粒细化产生的强化效果低于屈服强度的 40%，其他强化机制如沉淀强化、固溶强化等产生的强化效果大于屈服强度的 60% 时，将使材料的韧性下降、断裂倾向增加，原因就是晶粒细化对韧性的有利作用抵消不了其他强化机制对韧性的不利作用，故使得韧性总体表现为降低。反之，当晶粒细化产生的强化效果大于屈服强度的 40% 时，将使得材料的韧性得到改善[29]。

1.6 小结

目前，工业生产上炼钢过程中夹杂物的控制方法基本上可以概括为两大思路：(1) 通过各种方法对钢液进行搅拌以尽可能地去除钢液中的夹杂物颗粒，基于的理论基础即为流体动力学理论。有研究表明，这种方法在炼钢生产液态工序时间允许范围内，约 20μm 以下的夹杂物颗粒难以上浮排出。(2) 对夹杂物进行钙质处理，主要包括利用钙处理和通过渣-金-夹杂物平衡来控制夹杂物成分、形态和性质，基于的理论基础为化学热力学和动力学，这类方法在一大类洁净钢和特殊钢生产中得到了应用。除此之外，冶金工作者希望借助的方法就是氧化物冶金或称为夹杂物冶金或夹杂物功能化利用技术，虽然国内外学者在这方面做了大量研究工作，取得较大进展，但目前该技术还未得到广泛的应用。

纵观夹杂物控制方法，目前使用的工业技术基本上是基于流体动力学的宏观尺度理论和基于化学热力学和动力学的微观反应理论，而基于熔体中多相反应-

夹杂物结晶（反应、形核、长大）机理的控制方法没有得到应用，或者说还完全没有掌握任何的基于控制夹杂物形成的技术方法。因此，基于此点出发，笔者撰写此书的主要目的之一是试图解释夹杂物的形成机理，试图从夹杂物形成源头上探索其尺寸控制方法。在研究过程中，借鉴了近年来人们在团簇理论、二步形核机理、分子动力学和纳米技术方面的理论和试验成果。

参 考 文 献

[1] Dekkers R, Blanpain B, Wollants P. Crystal growth in liquid steel during secondary metallurgy [J]. Metallurgical and Materials Transactions B, 2003, 348(161).

[2] GB 10561—1989. 钢中非金属夹杂物显微评定方法.

[3] 范植金，罗国华，等.120t 转炉-LF-VD-CC 流程生产 GCr15 轴承钢的夹杂物[J]. 金属热处理，2011，36(11).

[4] Sim C E. Trans. AIME, 1959, 215: 367.

[5] Sang-Chae Park, In-Ho Jung, Kyung-Shik OH and Hae-Geon LEE. Effect of Al on the evolution of non-metallic inclusions in the Mn-Si-Ti-Mg deoxidized steel during solidification: Experiments and thermodynamic calculations[J]. ISIJ International, 2004(44), 1016 ~ 1023.

[6] 姜锡山. 钢中非金属夹杂物[M]. 北京：冶金工业出版社，2011.

[7] 陈家祥. 钢铁冶金（炼钢部分）[M]. 北京：冶金工业出版社，1990.

[8] Malkiewicz T, Rudnik S. Deformation of non-metallic inclusion during rolling of steel[J]. Journal of the Iron & Steel institute, 1963(1): 33 ~ 38.

[9] Kiessling R. The influence of non-metallic inclusion on the properties of steel[J]. J. of Metals, 1969(10): 48 ~ 54.

[10] Malm S. On the precipitation of slag inclusions during solidification of high-carbon steel, deoxidized with aluminium and mish metal[J]. Scand. J. of metal., 1976, 15: 248 ~ 257.

[11] Rudnik S. Discontinuities in Hot-Rolled Steel Caused by Non-metallic inclusion[J]. ISIJ, 1966, 2004(4): 374 ~ 376.

[12] 李代锺. 钢中的非金属夹杂物[M]. 北京：科学出版社，1983.

[13] 薛正良. 弹簧钢氧化物夹杂成分及形态控制技术研究[D]. 北京：钢铁研究总院，2001.

[14] Brooksbank D, Andrews K W. Thermal expension of some inclusions found in steels and relation to tessellated stresses[J]. ISIJ, 1968(6): 595 ~ 599.

[15] Brooksbank D. Thermal expension of calcium-aluminate inclusions and relation to tessellated stresses[J]. ISIJ, 1970(5): 495 ~ 499.

[16] 翁宇庆. 超细晶钢——钢的组织化理论与控制技术[M]. 北京：冶金工业出版社，2003.

[17] F. 奥特斯. 钢铁冶金学[M]. 倪瑞明，张圣弼，项长详，译. 北京：冶金工业出版社，1997.

[18] Lener T. Slag-metal mass transfer in argon stirred melts[J]. Can. Metall. Q, 1981(20): 163 ~ 168.

[19] 翁宇庆．钢铁结构材料的高性能化[J]．中国工程科学，2002，4(3)：48～53.

[20] 李为谬．钢中的非金属夹杂物[M]．北京：冶金工业出版社，1988.

[21] Van Ecghem J，De Sy A. Modern Castings，1964，45 (4)：142.

[22] Baker T J，Charles J A. J. Iron and steel Inst.，1972，210 (9)：702.

[23] Mitsui H，Oikawa K，Ohnuma I，et al. Morphology of sulfide formed in the Fe_2Cr_2S ternary alloys[J]. ISIJ Int.，2002，42(11)：1297～1302.

[24] Tsunekage N，Tsubakino H. Effects of sulfur content and sulfide forming elements addition on impact properties of ferrite pearlitic microalloyed steels[J]. ISIJ Int.，2001，42(5)：498～505.

[25] Luyckx L，Bell J R，Mclean A，et. al. Sulfide shape control in high Strength alloy steels [J]. Met. Trans.，1970，1(11)：3341～3350.

[26] Chiang L K. The formation of As-Cast equiaxed grain structures in steel using titanium-based inoculation technology：State-of-the-art review. Workshop on new Generation Steel，Beijing，2001(11)：1～17.

[27] Bruce L，Bramfit T. The effect of carbide and nitride additions on the heterogeneous nucleation behavior of liquid iron[J]. Metallurgical Transactions，1970，1：1987～1995.

[28] 杨庆祥，廖波，崔占全，等．凝固温度对稀土夹杂物成为初生奥氏体非均质形核核心作用的影响[J]．材料研究学报，1999，13(4)：353～358.

[29] Zener C. Private communication to smith C S [J]. Trans Amer Inst Metall Engrs，1949，175：15～17.

[30] Gladman T. On the theory of precipitate particles on grain growth in metals [J]. Proc Roy Soc，1966，A294：298～309.

[31] Lifshiz I M，Slyozov V V. The kinetics of precipitate from supersaturated solid solutions[J]. J Phys Chem Solids，1961，19：35～50.

[32] Wagner C. Theory of precipitate change by redissolution [J]. Z Elektrochem，1961，65：581～591.

[33] Liu Delu，Wang Yuanli，Huo Xiangdong，et al. Electron microscopic study on nano-scaled precipitation in low carbon steels[J]. Journal of Chinese Electron Microscopy Society，2002，21(3)：283～286.

[34] N. Verma et al. Transient inclusion evolution during modification of alumina inclusions by calcium in liquid steel：Part Ⅱ. results and discussion[J]. Metallurgical and Materials Transactions B，2011，42(8)：721.

[35] Pretorius E B，Oltmann H G，Cash T. The effective modification of spinel inclusions by Ca treatment in LCAK steel[J]. Iron Steel Technol，2010，7(7)：31.

[36] Ohta H，Suito H. Activities in CaO-MgO-Al_2O_3 slags and deoxidation equilibria of Al，Mg and Ca[J]. ISIJ Int.，1996，36 (8)：983.

[37] 许中波．钙处理钢液中非金属夹杂物的形态[J]．北京科技大学学报，1995，17(2)：125.

[38] Neerav Verma，Petrus C，et al. Calcium modification of spinel inclusions in aluminum-killed

steel: Reaction steps[J]. Metallurgical and Materials Transactions B, 2012, 43(8): 830.
[39] 高泽平．炉外精炼[M]．北京：冶金工业出版社，2011.
[40] 任长波．钢水钙处理在生产中的应用 [J]．本钢技术，2011，5.
[41] 贺道中，等．铝脱氧钢水钙处理热力学分析与应用 [J]．湖南工业大学学报，2010，24(3).
[42] 孙彦辉，王春锋．高铝钢钙处理工艺热力学研究[J]．北京：北京科技大学学报，2011，33(S1).
[43] Bernard G, Ribound P V, Urbain G. Oxide inclusions plasticity [J]. La Revue de Metallurgie-CTT, Mai, 1981: 421 ~ 433.
[44] 王国承，张立恒，佟志芳，等．HP295 钢中含铈夹杂物形成的实验及热力学研究[J]．中国稀土学报，2003，31(2)：161 ~ 167.
[45] 张博，王福明，等．SiO_2-Al_2O_3-CaO-MgO 系夹杂物低熔点区域优化及控制的热力学计算[J]．钢铁，2011，46(1).
[46] Nishi T, Shimme K. Tetsu-to-Hagané, 1998(84), 837.
[47] Okuyama G, Yamaguchi K, Takeuchi S, Sorimachi K. ISIJ Int., 2000(40), 121.
[48] Hidekazu Todoroki, Kenji Mizuno. ISIJ, 2004(44): 1350 ~ 1357.
[49] 王新华，陈斌．渣-钢反应对高强度合金结构钢中生成较低熔点非金属夹杂物的影响[J]．钢铁，2008，43(12).
[50] Wang Xinhua, Jiang Min, Chen Bing. Study on formation of non-metallic inclusions with lower melting temperatures in extra low oxygen special steels[J]. Science China Technological Sciences. 2012, 55(7): 1863 ~ 1872.
[51] 李正邦．超洁净钢和零非金属夹杂钢．特殊钢[J]，2004，25(4)：24 ~ 27.
[52] Zhenga S J, Wanga Y J, Zhanga B, et al. Identification of $MnCr_2O_4$ nano-octahedron in catalysing pitting corrosion of austenitic stainless steels[J]. Acta Materialia, 2010, 58(15): 5070 ~ 5085.
[53] Kiessling R. In: Proc. 2nd Int. Conf. "Clean steels", Balatonfured, Hungary, June 1981, edited and published by the Institute of Metals, London, 1983: 1 ~ 9.
[54] Lowe H, Mitchell A. Zero Inclusion Steels. Clean Steel: Superclean. 6 ~ 7, 1995 London. UK by J Nitting and R Vis mauathan: 1995: 223 ~ 232.
[55] Kiessling R. Non-metallic inclusions in steel, Part V, London: Institute of Metals, 1989.
[56] Klevebring B J. Metall Trans A., 1975, 6: 319 ~ 327.
[57] Klevebring B J. Scand J Metall., 1976, 5: 63 ~ 68.
[58] Hebsur MG. Metals Technol., 1980, 7: 483 ~ 487.
[59] Fukumoto S, Mitchell A. The manufacture of alloys with zero oxide inclusion content proceedings of the 1991 vacuum metallurgy conference on the melting and processing of specialty materials I & SS, Inc. Pittsburgh, USA, 1991, 3.
[60] Kiessling R. Non-metallic inclusion in steel. London: Met. Soc., 1978.
[61] Seiji Nishi, Kanehiro Ogawa, et al. Melting of clean maraging steel by vacuum induction method[J]. R&D Kobe Steel Report, 1989, 39(1): 73.

[62] 日本科技厅金属材料研究所开发极低磷不锈钢[J]. 世界金属导报，2001. 3. 13.

[63] 钟云波. 电磁力场作用下液态金属中非金属颗粒迁移规律及其应用研究[D]. 上海：上海大学，1999.

[64] Jin-ichi takamura, shozo mizoguchi. Roles of oxides in steel performance. Proceedings of the sixth international iron and steel congress[J]. ISIJ, 1990: 591 ~ 597.

[65] Ochi T, Takahashi T, Takada H. Improvement of the toughness of hot forgeted products through intragranular ferrite formation[J]. I&SM, 1989, 16(2): 21 ~ 28.

[66] 高田启督. 日本金属学会会报，1993，32(6)：429 ~ 431.

[67] 张志仁译，杨立志校. 利用钢中氧化物控制析出物的技术[J]. 太钢译文，1999(3)：19 ~ 21.

[68] 耿文范. 非调质钢的发展现状[J]. 钢铁研究学报，1995，7(1)：74 ~ 79.

[69] Madariaga I, Gutierrez I. Role of the particle matrix interface on the nucleation of acicular ferrite in a medium carbon microalloyed steel[J]. Acta Materialia, 1999, 47(3): 951 ~ 960.

[70] Shim J H, Oh Y J, Suh J Y, et al. Ferrite nucleation potency of non-metallic inclusions in medium carbon steels[J]. Acta Mater., 2001, 49: 2115 ~ 2122.

[71] Takechi H. HSLA steels. In: Processing, Properties and Applications. TMS, 1992: 33.

[72] Babu S S, et al. Materials Science and Technology, 1995, 11: 187 ~ 199.

[73] 王国承，王铁明，尚德礼，等. 超细第二相粒子强化钢铁材料研究进展[J]. 钢铁研究学报，2007，19(6)：5 ~ 8.

[74] 张洪旺，刘刚，卢柯，等. 表面机械研磨诱导 AISI304 不锈钢表层纳米化[J]. 金属学报，2003，39(4)：342 ~ 346.

[75] 赵新奇，徐政，宋洪伟，等. 40Cr 钢表面纳米层的微观结构[J]. 材料科学与工程学报，2003，21(5)：706 ~ 710.

[76] 宋洪伟，刘志文，张俊宝，等. 表面纳米化 40Cr 钢的组织特征[J]. 机械工程材料，2004，28(1)：35 ~ 37.

[77] Wang N, Wang Z, Aust K T, et al. Room temperature creep behavior of nanocrystalline nickel produced by an electrode position technique[J]. Mater Sci Eng A, 1997, 237: 150 ~ 158.

[78] Padmanabhan K A. Mechanical properties of nanostructured materials[J]. Mater Sci Eng A, 2001, 304 ~ 306: 200 ~ 205.

[79] 谷臣清，陈文革，付萍. 板条马氏体晶宽纳米化及其力学行为[J]. 材料热处理学报，2003，24(2)：46 ~ 50.

[80] 贾建军，谷臣清. 板条马氏体纳米结构化与超级钢研究[J]. 热加工工艺，2003，3：14 ~ 15，59.

[81] 敖青，秦超，孟凡妍，等. 贝氏体铁素体精细结构孪晶及纳米结构[J]. 材料热处理学报，2002，23(3)：20 ~ 24.

[82] 李凤照，敖青，姜江，等. 贝氏体钢中贝氏体铁素体纳米结构[J]. 金属热处理，1999，12：7 ~ 10.

[83] Ing. Rob F. Gadellaa, Dr. Ir. Piet J. Kreijiger, et al. Metallurgical aspects of thin slab casting and rolling of low carbon steels. 2nd Europ. Conf. Continuous Casting (METEC94), Volume 1,

Dusseldorf, June 1994, 20 ~ 22, 382.

[84] 柳得橹，王元立，傅杰，等．CSP 低碳钢的晶粒细化与强韧化[J]. 金属学报，2002，38(6)：647 ~ 651.

[85] Zhou Deguang, Fu Jie, Wang Zhongbing, et al. Characteristics of casting structure of CSP thin slab, proceedings of international symposium on thin slab casting and rolling (TSCR'2002), December 3 ~ 5, Guangzhou, China: 355.

[86] 王克鲁，陈贵江，于浩，等．CSP 工艺热轧低碳钢板的强化机制．材料研究学报[J]，2003，17(4)：439 ~ 443.

[87] 康永林，于浩，王克鲁，等．CSP 低碳钢薄板组织演变及强化机理研究[J]. 钢铁，2003，38(8)：20 ~ 26.

[88] 傅杰，周德光，李晶，等．低碳超级钢中氧、硫、氮的控制及其对钢组织性能的影响[J]. 云南大学学报（自然科学版），2002，A24(1)：158 ~ 162.

[89] 傅杰，康永林，柳得橹，等．CSP 工艺生产低碳钢中纳米碳化物及其对钢的强化作用[J]. 北京科技大学学报，2003，25(4)：328 ~ 331.

[90] 薛春芳，王新华，辛义德．含铌微合金钢强韧化机理[J]. 金属热处理，2003，28(5)：16 ~ 17.

2 脱氧及氧化物夹杂形成——经典及多步机理

2.1 经典形核理论及其不足

2.1.1 经典形核理论概述

经典形核理论（classical nucleation theory，CNT）是源于对蒸气中液滴凝聚形核过程的研究而提出的。此后一百多年来，化工、材料和冶金等学科的研究者将这种“气相→液相”转变过程的规律“类推”地应用于从溶液或熔体中结晶出固态晶体，甚至是从合金中析出第二相的形核过程研究。因此，经典形核理论是到目前为止用于研究相变和化学反应过程形核的最简单和使用最广泛的指导性方法。

经典形核理论认为新相形核有两种方式：(1) 均质形核或均匀形核；(2) 非均质形核或非均匀形核。均匀形核是指在母相中各个区域出现新相晶核的几率相同的形核方式，因此，只能发生在完全纯净无杂质的母相中，且不能借助任何的型壁或器壁的自发形核。均匀形核的过程为：由于母相体系中随机的成分起伏和能量起伏，造成成核原子或分子形成一定尺寸和结构的晶胚，大于临界核尺寸的晶胚即成为稳定的核，小于临界核尺寸的晶胚重新返回母相。由于一般工业熔体均含有大量的杂质原子，即使是经过区域精炼后的材料中仍存在大量的夹杂原子，因此，均匀形核对实际生产来讲只能是一种理想情况。Turnbull[1] 曾提出如下实验原理来进行均匀形核研究：将一定量的熔体分解为许多体积很小的微液滴，并保证分解得到的微液滴的数目远远大于熔体中所含的形核剂的数目，这样，大部分的微液滴中就不存在外来形核质点了，从而可以消除熔体中杂质的影响。

非均匀形核是指在母相中的不同区域内新相出现的几率不同，存在着优先与落后的一种形核方式。因此，非均匀形核通过发生在熔体中存在异相质点或存在明显温度差（各区域过冷度差别较大）的情况下。在实际生产过程中，母相体系通常或多或少都含有一定量的杂质，一些晶胚往往容易依附于这些杂质（如固态质点、器壁）上优先形成晶核。因此，实际金属熔体或固体合金中发生化学反应或相变时所产生的形核几乎全部是非均匀形核。影响非均匀形核的主要因素有形核剂的润湿角和熔体-形核剂之间的界面能，在多种情况下，测量和计算这两个参数是研究体系中非均匀形核的关键问题。

19 世纪末，美国著名物理化学家 J. W. Gibbs 提出了经典形核理论的热力学描述，开创了形核过程的能量变化和物质的量变化的定量计算方法[2,3]。Gibbs 把一个体系中形核过程的总的吉布斯（Gibbs）自由能变化（ΔG）看作是形核相变的吉布斯能变化（ΔG_V）和新相表面形成的吉布斯能变化（ΔG_S）这两部分的和。随着原体系中新相的出现，ΔG_S 引起体系能量的升高，ΔG_V 由局部的母相或母相的局部成分转变为更稳定的新相而引起体系能量的降低，两者之和就代表了体系总体能量的变化趋势，如图 2-1 所示。在新相从无到有、再到生长演变的过程中，ΔG_S 和 ΔG_V 这两个相反的能量变化对体系带来的总能量变化即存在一个平衡时刻，在平衡时刻，新相到达的尺寸通常定义为临界尺寸。当新相大于此尺寸后，即变得更加稳定，随后的新相长大即为自发进行；反之，若新相小于此尺寸时，即在能量上是不稳定的，新相就不能自发形核，所以，临界尺寸即为新相的核的理论最小尺寸（r_c）。

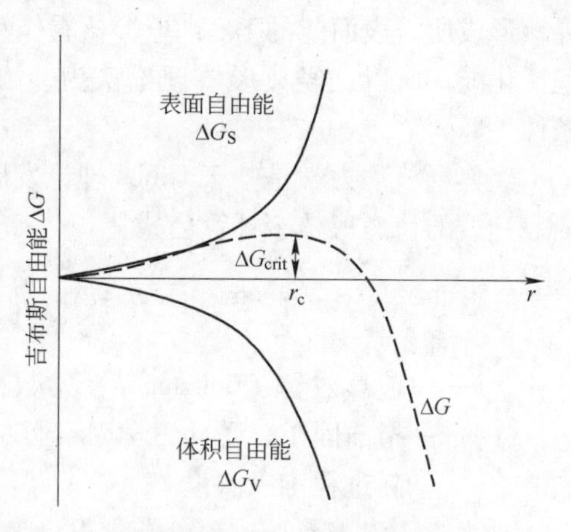

图 2-1 经典形核过程吉布斯自由能变化示意图

根据 Gibbs 的热力学描述，从母相（蒸气）中形成球形的新相晶核（液滴）过程的能量变化可表达为：

$$\Delta G = \Delta V \Delta G_V + \Delta S \Delta G_S = \frac{4}{3}\pi r^3 \Delta G_V + 4\pi r^2 \sigma \tag{2-1}$$

式中 ΔG——晶核形成过程的总自由能变化；

r——晶核的半径；

ΔG_V——单位体积的自由能变化，与体系内形核质点的过饱和度有关；

ΔV——形核过程的单位体积变化；

σ——比界面能；

ΔS——形核的比表面积变化。

由式（2-1）可得，体系中形成的临界晶核的半径 r_c 为：

$$r_c = -\frac{2\sigma}{\Delta G_V} \tag{2-2}$$

由式（2-2）可知，新相临界核的尺寸决定于体系中母相-新相的界面能和组成晶核的质点的过饱和度，当界面能越小、过饱和度越大，则稳定的新相临界晶核尺寸越小。当产生的核半径大于临界核半径时，随着晶核长大，系统自由能下降，晶核能够稳定长大。当核半径小于临界半径时，从晶胚生长至临界晶核过程将导致该阶段过程的自由能增加，晶胚将发生再溶解。则对应于形成临界核尺寸的临界吉布斯自由能变化可表达为[4]：

$$\Delta G_{crit} = \frac{4\pi}{3} r_c^2 \sigma = \frac{A^{crit}\sigma}{3} \tag{2-3}$$

式中，A^{crit}为临界核的比表面积；ΔG_{crit}为形核过程所必须克服的能碍，其值为临界核形成所需表面能的1/3，把形核看作动力学活化过程，该能量相当于形核过程活化能。所以，经典形核理论认为，浓度起伏引起的能量起伏是形核的必要条件。

经典形核动力学是基于 Gibbs 理论发展的类似于化学反应动力学的阿累尼乌斯表达式的稳态形核率计算公式：

$$J = A\exp\left(-\frac{\Delta G_{crit}}{kT}\right) \tag{2-4}$$

式中 k——玻耳兹曼（Boltzmann）常数；

A——指前因子，受动力学因素影响，理论值一般给为 $10^{30}\,cm^{-3}\cdot s^{-1}$，实际过程难以测量。

动力学因素与形核过程分子黏附至晶核或晶胚的能力有关，由于这种黏附能力受温度影响较大，所以温度变化对 A 可能产生较大影响。

由于形核是一个动力学过程，考虑到组成核的质点（原子或离子）从母相经过相界面向新相扩散，以供给新相形核和随后的生长过程所需的物质。因此，同时考虑形核和扩散过程需克服能碍，形核率可以表示为：

$$J = A\exp\left(-\frac{\Delta G_{crit}}{kT}\right)B\exp\left(-\frac{E_D}{kT}\right) = A'\exp\left(-\frac{\Delta G^*}{kT}\right) \tag{2-5}$$

式中 B——扩散过程指前因子；

E_D——扩散过程活化能；

A'——综合指前因子；

ΔG^*——形核过程的总活化能，ΔG^*越小，形核率越高。

2.1.2 经典形核理论的不足

对单组分流体液滴的凝聚研究表明，即使在给定准确的形核参数的情况下，形核率按经典理论的预测值和实际测量值之间存在几个数量级上的巨大差异，这一研究充分反映出了经典理论的不足和困难[4]。例如，对水的凝聚形核研究显示，形核率的预测值比采用云碰撞室试验的推测值大 1 ~ 2 个数量级[5]。另外，即使采用经典形核理论时，正确考虑了形核率对溶液过饱和度的依赖问题（即考虑为非稳态动力学过程），在预测形核率时仍会遇到温度的依赖性问题。由此可见，鉴于经典形核理论预测与实验结果之间的巨大差异，为使经典理论的预测值与试验值接近或一致，必须对形核过程的多重温度依赖效应进行修正。通常，对单组分气体的凝聚试验，经典理论给出的预测值在定量方面虽然不准确，但存在一定的合理性，所以也被研究者所接受，这是经典形核理论的对于单一流体形核研究的成功之处。

即使如此，但经典理论用于二元或多元混合物体系的形核过程就显得过于简单化。因为在经典形核理论中，整个液滴核的成分和密度被认为是一致的，但是对于二元或多元体系，往往在各相之间的表面或界面上存在富集效应，如酒精或丙酮与水分子团簇之间的界面上的成分与该体系的各相的本体成分是完全不同的[6]。然而，在许多种类的多组分溶液或熔体体系中，各相之间的界面能和新相的形核率有时候是灵敏地依赖于临界晶核的成分的。因此，由于晶核的成分不能得到正确的预测，经典形核理论在定性描述和定量计算二元或多元形核过程往往难以获得成功。除此之外，上文提到，在计算稳态形核率时，经典形核理论不考虑团簇或晶胚的尺寸分布随时间（或过饱和度）的变化问题，这就导致必然只能得到一个稳定的形核率，即晶核的数量随时间的延长只能是呈线性增加的趋势。

另外，由于形核率方程中的指前因子 A 难以解决，因此用经典理论不能预测绝对形核率；相反，目前的做法是通过调整动力学因子和表面能以尽可能地保证形核率试验数据与计算值一致。即便如此，在计算不同温度下的指前因子时，必须忽略表面能的尺寸依赖效应和温度依赖效应；同时，由于目前的定量评估是采用宏观化学势来计算形核相变的热力学驱动力的，但是两者之间是存在较大差异的（特别是在形核转变的初期），因此在一些情况下得到的指前因子理论值和实验值仍存在数量级上的差异。这些差异可能与经典理论做出的形核过程忽略预形核相的运动有关，因为指前因子是与团簇或晶胚的运动相关的因素。

对于宏观热力学描述是否可以用于细小团簇的热力学行为，甚至是仅包含几个至几十个分子的团簇，长期以来在学术界并不统一[7,8]。试验和理论研究证明，对含 20 ~ 50 个分子的晶核，采用宏观热力学描述是不准确的，因为微小尺寸团簇的一些热力学性质，采用经典形核理论划分为表面和相变体积两部分的方式往往是无效的[9]。Yau 和 Vekilov 研究指出，小于 100 个分子的团簇的表面张力是不明确的，而且晶核的形状假定为球形也是不合理的，他们采用原子力显微镜观察发现含 20 ~ 50 分子的脱铁铁蛋白的临界晶核已经具备了脱铁铁蛋白晶体的有序结构，并非是球形液滴状[10]。同时，理论研究也表明，临界晶核的性质不同于新相。因此，若采用晶体点阵结构和球形模型分别计算，所得的临界晶核所含的分子数（质点数）肯定差别很大。另外，经典形核理论也仅能估算临界核尺寸，而不能提供团簇、晶胚这些预形核相的结构和性质等信息，而且也不能提供从溶液或熔体到晶体这一形核过程的具体演变途径。因此，经典理论仅估算临界核的尺寸，对于结晶过程来讲是远远不够的，无法分辨临界核是与晶体相同的有序结构还是无序或其他结构的聚集体，而聚集体的分子取向是不同于晶体的分子取向或晶向的。所以，经典形核理论只能通过局部密度这一个参数来区分这两种不同的结构相，晶体结构变化规律无法知道。经典理论假设在溶液中瞬间发生密度以及结构这两个参数的波动起伏而形核，实际上，很多试验和理论研究表明，局部密度和结构因素不是同时产生的，而是一个因素是决定另一个因素是否能够产生的前提条件。如图 2-2 所示[11]，形核过程首先形成微小尺度的密度液相，密度液相可能进一步聚集形成尺寸稍大一些的液滴核或者通过有序化重组（晶化）形成固态的晶核，而 Gibbs 经典一步形核理论并不区分有序化的晶核与密度液相聚集体两者之间的不同，这也正是二步形核机理提出的最重要和最基础的观点。

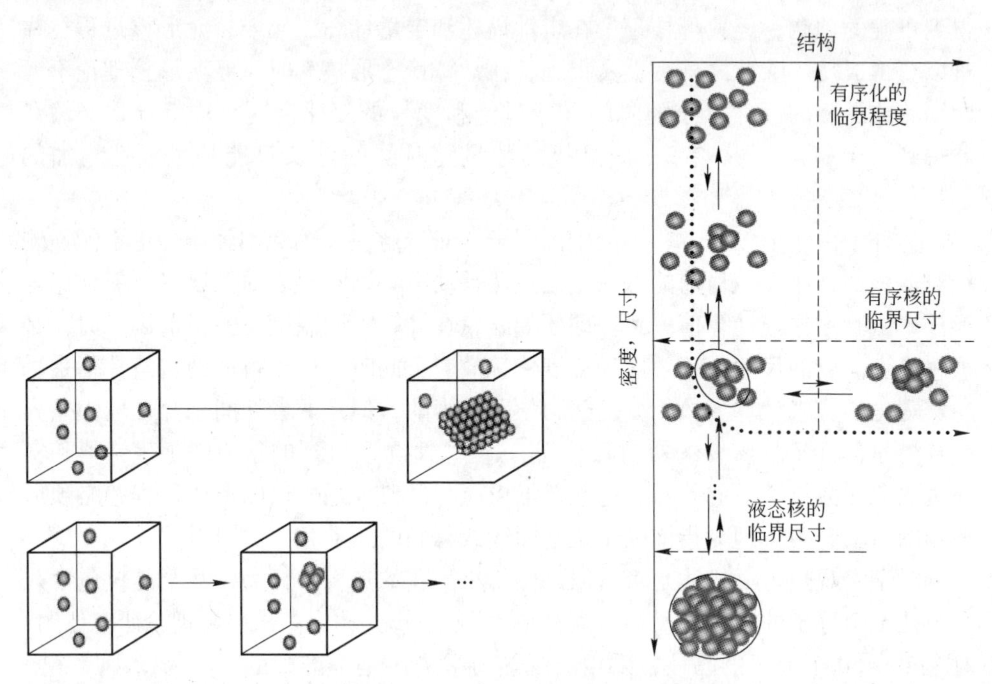

图 2-2　经典形核与二步形核过程示意图

归纳起来，由于经典形核理论的提出进行了如下几个假设，因此其理论和应用上也会受到这些假设条件的限制和影响：

（1）假设蒸气凝聚形成的晶核为球形的液滴，液滴晶核的密度各处一致，且与其宏观块体凝聚相的密度一致；同时，晶核密度不随液滴尺寸的变化而变化。对于从溶液或熔体中析出晶体的形核过程，这种密度一致性的假设即意味着新相的晶胚或类晶胚的团簇应该是一个短程有序的结构；同时，质点（原子、离子或分子）在新相晶胚上的连续的黏附和排列也应与最终的宏观块体晶体的晶格排列是完全相同的，而晶核假设为球形与此是不统一的。可见，球形和密度一致性假设本身就存在内禀性的矛盾。

（2）假设球形晶核液滴的表面张力（能）等于无限大平板的名义表面张力，即忽略了表面张力对微小液滴尺寸的依赖效应；同时，也假设表面张力不依赖于温度变化而改变。形核过程表面或界面张力是一个重要的因素，这种假设对实际形核过程（微小的尺寸范围内）可能产生较大的偏差。

（3）晶核的长大是通过一个个的单体（结构单元）向已有晶核表面黏附的方式发生的。在形核体系中，团簇或预形核的晶胚被认为是静止的，形核过程中不经历平移、振动和旋转运动；同时，两个预形核的晶胚、晶核或颗粒之间的碰撞形成一个大的颗粒的过程，一个晶胚的断裂（或分解）成两个或更多的小分子团簇的过程均被忽略。许多溶液中的结晶实验结果显示，形核过程晶胚和大于晶核的颗粒都不是静止的，而是运动和互相碰撞的。

（4）溶液在过饱和状态的初始时刻，其中的溶质即在短暂的瞬间形成了静止分布的亚临界晶核或晶胚。形核率被认为是不随时间变化的，也就是说，形核过程被认为是一个稳态的动力学过程。我们知道，随着形核和长大过程的进行，过饱和度是一直在减小的，所以形核速率不随时间变化的假设不符合实际情况。

（5）晶胚或团簇是不可压缩的，围绕在晶胚或团簇周围的蒸气是具有恒定压力的理想气体，晶胚或团簇的形成过程不改变蒸气的压力和状态。可见，这种假设割裂了组成核的质点与其周围蒸气压的平衡关系。

综上所述，经典形核理论在提出过程中，为了能从理论上对形核进行描述，进行了一些对于初态、临界晶核和末态的简单化假设，而在随后一个多世纪的研究过程中，这些假设与实验结果存在矛盾的地方，运用经典形核理论解释许多试验现象时遇到困难，集中反映出经典形核理论存在内禀的不合理性和内在的矛盾性。因此，经典理论在揭示具体的形核机制，包括预形核中间体的信息、形核途径等方面的定性和定量研究上，将不可避免地会遇到一些难以克服的困难，而具体的形核机制往往是当前许多关于从溶液或熔体中结晶的研究工作中希望明确的问题，以便发展基于微、介观尺度的调控或控制方法。

2.2 钢液脱氧形核的 CNT 研究

钢液脱氧形核热力学对脱氧剂设计、夹杂物形成机理及控制方法等研究有指导作用。长期以来，国内外冶金工作者利用化学热力学理论对脱氧过程热力学进行了大量的试验和计算研究，对炼钢生产起到很好的指导作用。近年来，随着用户对高品质钢性能要求的不断提高，进一步提高钢的洁净度以及有效进行夹杂物控制仍是高品质钢冶炼过程中的关键问题，而这其中，脱氧及氧化物夹杂物的控制是重点。许多研究表明[12~17]，若能将脱氧产物（氧化物夹杂物）控制在较小的尺寸范围，不但可减轻危害，还可能起到强化钢材组织的作用——夹杂物功能化利用。而如何将脱氧产物控制在较小尺寸，需要对夹杂物形成机理有较为准确的认识。

根据笔者的认识，夹杂物形成及演变过程可分为两类尺度：一是微纳尺度，包括原子之间作用→单键或多键结构（称为中间体）→单分子（或复杂中间体）→多分子（晶胚形成、临界晶核形成）、晶核生长等基本过程。到目前为止，人们对夹杂物在微纳尺度的热力学行为并不清楚。二是亚微米、微米尺度，即小尺寸效应可以忽略的尺度，包括原位扩散长大、运动、碰撞和聚合长大等过程。夹杂物形成及演变尺度示意图如图 2-3 所示。

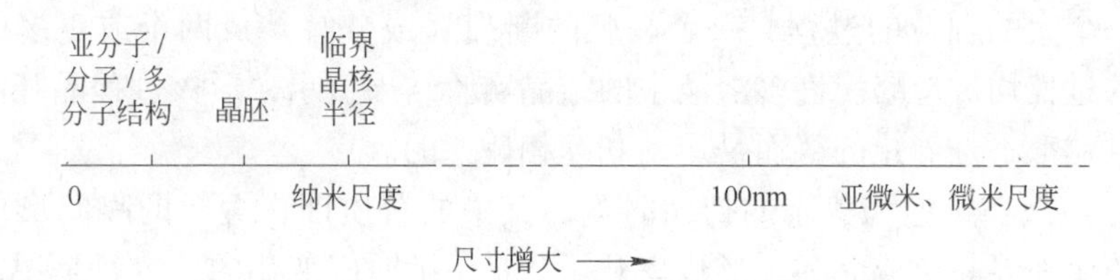

图 2-3 夹杂物形成及演变尺度示意图

根据经典热力学，一般的处理方法为：对于钢液中金属 M 的脱氧反应，$[M]+x[O]=(MO_x)_{nano}\rightarrow(MO_x)_{bulk}$，不考虑初始反应生成物 $(MO_x)_{nano}$ 的尺寸对钢液-夹杂物颗粒界面能影响时，反应的吉布斯能变化可表示为 $\Delta G = A + BT = -RT\ln\frac{a_{MO_x,bulk}}{a_{[M]}a_{[O]}}$，以纯物质为标准态，$a_{MO_x,bulk}=1$，则：

$$\ln(a_{[M]}a_{[O]}) = \frac{B}{R} + \frac{A}{R}\frac{1}{T} \tag{2-6}$$

根据式（2-6）即可求得一定温度下氧化物夹杂物形成所需的脱氧剂和氧的浓度。但是，在夹杂物形成初始阶段，即当 $(MO_x)_{nano}$ 的初始尺寸处于微纳尺度，许多研究表明[18,19]，钢液-纳米颗粒的界面性质和热力学性质将受颗粒尺寸的影响，而目前对夹杂物在纳米尺度的演变问题研究，几乎没有考虑尺寸的影响。

2.2.1 铝脱氧形核与过剩氧

2.2.1.1 铝脱氧过程热力学分析

钢液用金属铝脱氧的化学反应式可表达如下：

$$2[Al] + 3[O] = (Al_2O_3)_s \tag{2-7}$$

目前，多数文献中采用式（2-8）作为其标准反应吉布斯自由能变化式：

$$\Delta_r G_m^{\ominus} = -1202.00 + 0.386T \quad \text{kJ/mol} \tag{2-8}$$

铝脱氧是一个包括溶解铝和氧的化学反应以及产物形核、长大和上浮排除至炉渣等过程的多相反应过程，本节围绕化学反应和脱氧产物形核两个过程加以阐述和分析。

基于经典形核热力学，在假设伪氧化铝分子全部在脱氧 50μs 内出现的条件下，Lifeng Zhang 和 B. G. Thomas[20]通过计算机模拟得到：（1）脱氧剂加入后瞬间内即发生夹杂物形核、析出与快速长大过程，这一阶段进程由脱氧元素及氧的扩散控制，氧化铝形核基本上发生在 1 ~ 10μs，稳定核尺寸为 1 ~ 2nm，包含 10 ~ 100 个氧化铝当量分子；（2）由于不同尺寸颗粒界面张力和其周围氧浓度梯度的不同，在大小尺寸夹杂物之间可能发生 Ostwlad 熟化行为，尺寸小于 1μm 的夹杂物长大主要由伪分子扩散决定的 Ostwlad 熟化和 Brownian 运动碰撞控制，夹杂物趋于呈球形；（3）尺寸大于 2μm 的夹杂物颗粒的长大过程主要由湍流碰撞控制，此阶段夹杂物趋于形成簇串状。据此，他们认为应进一步研究脱氧剂成分及传递过程、不同尺寸颗粒与钢液之间的界面张力、扩散系数、初始氧含量和温度对夹杂物形核和长大的影响，才能全面了解脱氧过程中夹杂物的形核和长大机理。当夹杂物长大至足够大尺寸后，湍流和浮力引起的 Stokes 碰撞在随后的长大过程中起控制作用；同时，炼钢过程气泡对颗粒的吸附以及钢液对流运动等因素，促进大颗粒夹杂物上浮进入顶渣或与顶渣发生界面反应而消除。

为了得到不同尺寸夹杂物与钢液（铁液）之间的界面张力关系，笔者[21]分析了近年来关于纳米颗粒-环境体系之间的界面能与颗粒半径的关系[22~25]，得到如下关系式：

$$\frac{\gamma_{nano}}{\gamma} = \frac{1 - r_0/r}{1 - \gamma r_0/(fr)} \leqslant \frac{10}{9}(1 - r_0/r) = \frac{10}{9}(1 - 3h/(2r)) \tag{2-9}$$

式中 γ_{nano}——纳米颗粒-环境体系界面能；

r——颗粒半径；

r_0——颗粒的临界尺寸（指颗粒小到几乎全部原子位于表面时的尺寸），$r_0 = 3h/2$（h 为颗粒分子直径）；

f——界面应力。

对式（2-9）取最大值运算可得：

$$\gamma_{nano} = 5\gamma(2r - 3h)/(9r) \tag{2-10}$$

式（2-10）即为考虑纳米尺寸效应的界面能的尺寸依赖关系。可见，γ_{nano} 随着 r 增大而增大，最大值为 $10\gamma/9$。

以钢液中 Al_2O_3 夹杂物颗粒为例，Al_2O_3 的分子直径 $h = 4.78 \times 10^{-10}$m，根据式（2-10）可计算得到钢液-纳米 Al_2O_3 的 γ_{nano} 与 r 之间的关系，如图 2-4 所示。可以看出：（1）当 $r < 10$nm 时，钢液-夹杂物之间的界面能随粒子尺寸增大而快

速增大，尺寸越小，增加越快，说明粒子尺寸通过改变 γ_{nano} 来影响形核过程的总能量；（2）当 $r>10$nm 时，界面能随 r 增大而缓慢增大，并趋于最大值 2.556N/m，即当夹杂粒子长大到大于 10nm 后，r 对进一步长大过程的能量变化影响逐渐减小，最后达到稳定，稳定后就可完全应用经典热力学解释。

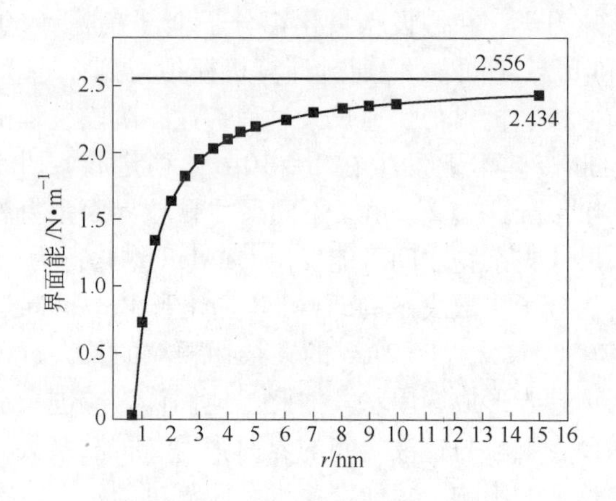

图 2-4　钢液-纳米 Al_2O_3 夹杂物界面能与尺寸之间的关系曲线

K. Wasai 和 K. Mukai[26] 根据气体-液滴之间的界面能与液滴尺寸关系，对不同尺寸 Al_2O_3 夹杂物颗粒-钢液之间的界面能进行了计算。结果显示，界面能随颗粒尺寸增加而增大，颗粒尺寸达到 10nm 之后，增加的趋势减缓，达到 100nm 后基本上与宏观颗粒界面能十分接近。这与图 2-5 所示的界面能尺寸变化趋势基本是一致的，但对于同一尺寸时，气体-液滴界面能的数据略高于图 2-4 中钢液-Al_2O_3 夹杂物的界面能数据，原因在于本小节的界面能的尺寸依赖关系是基于液体-固体颗粒界面建立的。

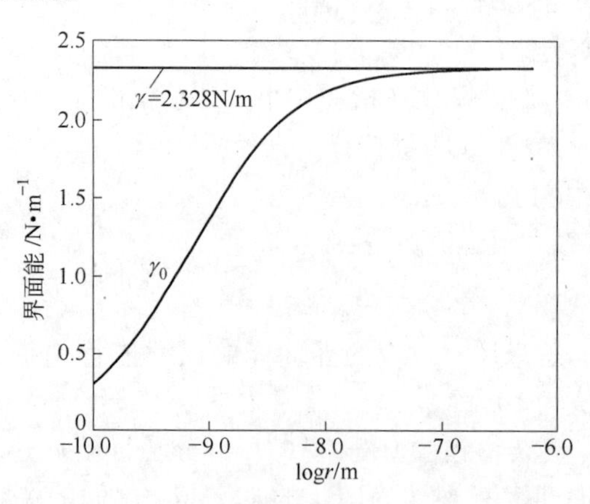

图 2-5　K. Wasai 和 K. Mukai 计算的钢液-Al_2O_3 夹杂物界面能与尺寸的关系

在上述钢液-纳米夹杂物颗粒界面能的尺寸依赖关系基础上，对于形成夹杂物的反应[M] + x[O]═(MO_x)$_{(s)}$，可写出形核过程的总吉布斯自由能变化 ΔG 为：

$$\Delta G = \gamma A + V\Delta G_V \tag{2-11}$$

式中 A，V——分别为夹杂物晶核的界面积和体积；

γ，ΔG_V——分别为形核过程钢液-夹杂界面能和体积吉布斯自由能变化。

考虑纳米级晶核尺寸对 γ 及 ΔG_V 的影响；同时，假设晶核形状为球形，则形核过程的总吉布斯自由能变化可表示为：

$$\Delta G(r)_{nano} = \gamma_{nano}A + V\Delta G_{V,nano} = 4\pi r^2\gamma_{nano} + \frac{4}{3}\pi r^3\Delta G_{V,nano} \tag{2-12}$$

式中 γ_{nano}，$\Delta G_{V,nano}$——分别为考虑纳米尺寸影响的晶核-钢液界面能和体积吉布斯自由能变化。

对于 ΔG_V，当不考虑夹杂物晶核尺寸影响时，根据经典形核理论，ΔG_V 可表示为：

$$\Delta G_V = -\frac{RT}{V_m}\ln S^* = -\frac{RT}{V_m}\ln\frac{([M][O]^x)_t}{K'} \tag{2-13}$$

式中 V_m——夹杂物 MO_x 的摩尔体积；

S^*——夹杂物形成元素的过饱和度，即反应的某一时刻 t 时的反应物浓度积 m_t 与平衡浓度积 K' 之比，定义为 $S^* = \frac{m_t}{K'} = \frac{([M][O]^x)_t}{K'}$。

同时，考虑到 Kelvin 公式描述的影响，即当粒子尺寸减小时，粒子在溶液中的溶解度将增加。所以，钢液中纳米夹杂物的平衡溶解度 K'_{nano} 应大于常规夹杂物的平衡溶解度 K'。则，$\Delta G_{V,nano}$ 可表示为：

$$\Delta G_{V,nano} = -\frac{RT}{V_m}\ln S^*_{nano} = -\frac{RT}{V_m}\ln\frac{([M][O]^x)_t}{K'_{nano}} \tag{2-14}$$

式中 S^*_{nano}，K'_{nano}——分别为考虑纳米尺寸效应的夹杂物形成元素的过饱和度和平衡浓度积。

但是，经典理论中，Kelvin 公式是建立在界面能与尺寸无关的经典热力学上的，所以其对描述纳米尺度也存在一定偏差。为此，笔者在此对 Kelvin 公式中的界面能 γ 参数采用上述式（2-10）代替以弥补界面能的尺寸效应，则可得考虑界面能的尺寸依赖关系的所谓新 Kelvin 公式：

$$\ln\frac{c}{c_0} = \frac{10\gamma(2r-3h)}{9r^2}\frac{V_m}{RT} \tag{2-15}$$

对夹杂物形核，分别用 K'_{nano}、K' 替换新 Kelvin 公式（2-15）中的浓度项 c、

c_0，则式（2-15）可变换为：

$$\ln\frac{K'_{nano}}{K'}=\frac{10\gamma(2r-3h)}{9r^2}\frac{V_m}{RT} \tag{2-16}$$

联立式（2-14）和式（2-16），可得：

$$\Delta G_{V,nano}=-\frac{RT}{V_m}\ln\frac{([M][O]^x)_t}{K'}+\frac{10\gamma(2r-3h)}{9r^2}=\Delta G_V+\frac{10\gamma(2r-3h)}{9r^2} \tag{2-17}$$

式（2-17）即为考虑了纳米晶核尺寸影响的形核过程的体积吉布斯自由能变化。

对比式（2-13）和式（2-17），可得：

$$\Delta G_{V,nano}=\Delta G_V+\frac{2\gamma_{nano}}{r} \tag{2-18}$$

可见，晶核尺寸越小，晶核形成过程的体积吉布斯自由能变化越大。将式（2-10）、式（2-17）代入式（2-12）中，可得：

$$\Delta G(r)_{nano}=4\pi r^2\gamma_{nano}+\frac{4}{3}\pi r^3\Delta G_{V,nano}=\frac{4}{3}\pi r^3\Delta G_V+\frac{100\pi\gamma r(2r-3h)}{27} \tag{2-19}$$

式（2-19）即为考虑纳米尺寸效应的夹杂物形核过程的总吉布斯自由能变化方程。可以看出，纳米热力学与经典热力学的形核总吉布斯自由能之差为：

$$\Delta G(r)_{nano}-\Delta G(r)=\pi\gamma r(92r-300h)/27 \tag{2-20}$$

当 $r=300h/92=3.26h$ 时，$\Delta G(r)_{nano}=\Delta G(r)$，此时晶核半径约为晶核分子直径的3倍，远未达到夹杂物晶核临界半径；随着形核过程进行，r 不断增大，$\Delta G(r)_{nano}-\Delta G(r)$ 不断增大，直到长大到临界晶核半径；随后晶核继续长大，两类自由能均下降。

对式（2-19），令 $\partial\Delta G(r)_{nano}/\partial r=0$，可得夹杂物的临界晶核半径 r^*_{nano} 公式为：

$$r^*_{nano}=-\frac{50\gamma+5\sqrt{100\gamma^2+81\Delta G_V\gamma h}}{27\Delta G_V} \tag{2-21}$$

至此，得到式（2-21）即为基于纳米热力学的夹杂物临界晶核半径计算公式，式中 ΔG_V 仍由式（2-13）给出。

下面针对钢液铝脱氧形成 Al_2O_3 夹杂物进行计算分析。钢液铝脱氧形成 Al_2O_3 夹杂物的演变过程如图2-6所示。为了对比分析，分别采用经典形核理论和纳米热力学模型进行计算。

根据经典热力学形核理论推导的夹杂物的临界晶核半径 $r^*=-2\gamma/\Delta G_V$，代

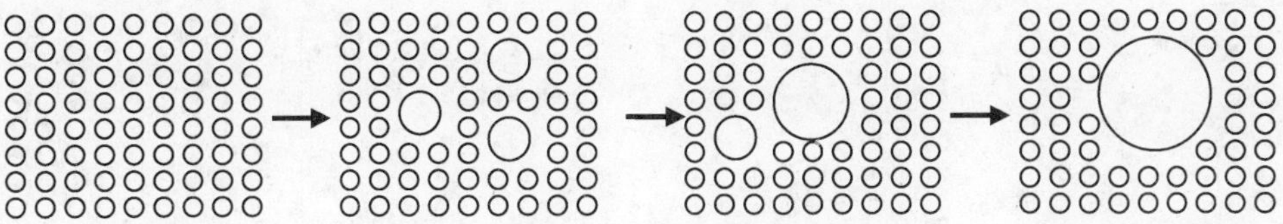

Fe-C-Al-O → $Fe\text{-}C\text{-}Al_2O_3$ 团簇 → $Fe\text{-}C\text{-}Al_2O_3$ 临界晶核 → $Fe\text{-}C\text{-}Al_2O_3$ 夹杂物

图2-6 Al_2O_3 夹杂物形成过程中在小尺度范围演变示意图

入 $\Delta G_V = -\frac{RT}{V_m}\ln\frac{([M][O]^x)_t}{K'}$，则可得：

$$r^* = \frac{2\gamma V_m}{RT\ln[([Al]^2[O]^3)_t/K']} \tag{2-22}$$

代入钢液脱氧形成 Al_2O_3 夹杂物的相关参数，$\gamma = 2.30\text{N/m}$，$V_m = 3.44\times10^{-5}\text{m}^3/\text{mol}$，$T = 1873\text{K}$，可得1873K时 Al_2O_3 夹杂物临界晶核半径为：

$$r^* = 1.016\times10^{-8}/\ln S^* \tag{2-23}$$

当采用纳米热力学模型计算时，对比式（2-23）和 $r^* = -2\gamma/\Delta G$ 可得：

$$\frac{r^*_{nano}}{r^*} = \frac{50\gamma + 5\sqrt{100\gamma^2 + 81\Delta G_V\gamma h}}{54\gamma} \tag{2-24}$$

将 $\Delta G_V = -(RT/V_m)\ln S^*$，$\gamma = 2.30\text{N/m}$，$V_m = 3.44\times10^{-5}\text{m}^3/\text{mol}$，$T = 1873\text{K}$，$h = 4.78\times10^{-10}\text{m}$ 代入式（2-24）得：

$$r^*_{nano}/r^* = (115 + 5\sqrt{529 - 40.31\ln S^*})/124.2 \tag{2-25}$$

联立式（2-23）和式（2-25），可得基于纳米热力学的 Al_2O_3 夹杂物临界晶核半径为：

$$r^*_{nano} = 1.016\times10^{-8}\times\frac{115 + 5\sqrt{529 - 40.31\ln S^*}}{124.2\ln S^*} \tag{2-26}$$

根据式（2-23）和式（2-26），分别计算绘制出基于经典热力学和纳米热力学的 Al_2O_3 夹杂物的临界晶核半径与 $\ln S^*$ 的关系曲线，如图2-7所示。同样，根据经典形核理论，Lifeng Zhang 等[20]采用计算机模拟得到 Al_2O_3 的临界晶核半径为0.52～2.0nm，大约由10～100个 Al_2O_3 分子组成。

分析图2-7可以得出如下基本结论：（1）采用经典形核理论和纳米热力学得到的临界晶核半径与 $\ln S^*$ 之间的变化趋势是一致的；（2）对于同一 $\ln S^*$，纳米热力学计算得到的临界晶核半径值大于经典热力学计算值，并且 $\ln S^*$ 越小，两者之差越大；（3）由于 S^* 是夹杂物形成元素的过饱和度，可视为钢液的洁净

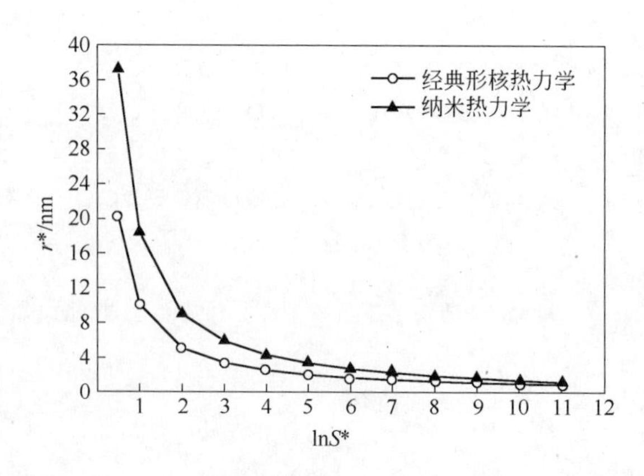

图 2-7 1873K 时 Al_2O_3 夹杂物的临界晶核半径 r^* 与 $\ln S^*$ 的关系曲线

度，从图 2-7 可知，$\ln S^*$ 越小（即洁净度越高），夹杂物临界晶核半径越大，形核功也就越大，夹杂物在钢液中就越难形成，这就有可能将夹杂物的形成延迟至钢液凝固过程中，由于凝固过程中元素扩散较慢，则夹杂物长大速率减缓，从而为实现夹杂物尺寸细化提供了一种可能的思路。

对于钢液终脱氧，加铝后初始时刻 $\ln S^*$ 最大，随后逐渐减小，许多研究得出铝脱氧速度很快[20,26,27]，在形成稳定晶核之前产生大量 Al_2O_3 团簇导致 $\ln S^*$ 很快减小，当团簇达到一定数量后，开始形成稳定晶核。在大量形成稳定晶核时 $\ln S^*$ 的变化范围约为 6 ~ 10，采用经典形核理论计算可得 Al_2O_3 夹杂物的临界晶核半径为 1. 02 ~ 1. 69nm，基本上与 Lifeng Zhang[20] 计算结果相近，采用纳米热力学计算得到临界半径为 1. 40 ~ 2. 72nm，略大于经典热力学计算值，两者差值为 0. 38 ~ 1. 03nm，因为临界晶核尺寸本来就很小，差值为经典热力学临界晶核半径的 37. 25% ~60. 95% 。

到目前为止，还没有任何文献报道直接观察到钢液中夹杂物的临界晶核图像，主要原因在于夹杂物的形核速度很快，难以制备和捕捉到仅仅存在夹杂物临界晶核的样品。本书中也难以采用试验方法直接证实纳米热力学理论与经典形核理论应用于夹杂物形核过程的差异。随着试验技术提高，相信这一问题迟早可以得到直接验证，而且，本研究下一步将采用分子动力学方法对这一问题进行计算机模拟研究。虽不能直接验证，但我们可以通过关于纳米体系热力学的研究报道，对这一问题予以间接佐证。王金照[28] 基于纳米热力学理论，采用分子动力学方法模拟了气泡形核的临界半径，并与经典热力学进行了对比，发现分子模拟结果略大于经典热力学计算值，这与本书推论一致。薛永强[29]、来蔚鹏[30] 等研究纳米颗粒粒度对其参加的化学反应的热力学参数的影响时得出，随着纳米颗粒粒度减小，反应标准熵、焓和吉布斯自由能均不断减小，平衡常数增大，从而可间接证明本书推论。

2.2.1.2 铝脱氧平衡后的过剩氧

从脱氧后的过剩氧角度来看，近百年来，化学和冶金学者们对钢液铝脱氧反应和脱氧产物的形成等方面开展了大量的研究工作。德国冶金物理化学家申克(H. Schenck) 等[31]、Hilty 等[32]、Rohde 等[33]、Repetylo 等[34]和 Suito 等[35]先后在不同设备冶炼条件下对铁氧熔体铝脱氧进行试验研究，测量了脱氧后的过剩氧含量。同时，试图以经典形核理论来解释和计算过剩氧含量问题，因为合理解决这一问题，无疑对洁净钢冶炼具有重要意义。

H. Suito 等[35]在研究 $CaO\text{-}Al_2O_3$ 熔体与铁液之间的铝-氧平衡关系时，提出铁液中铝和氧的过饱和度公式：

$$\log S = \log[((\text{mass\% Al})^2(\text{mass\% O})^3)/((\text{mass\% Al})^2_{eq}(\text{mass\% O})^3_{eq})] \tag{2-27}$$

式中，$((\text{mass\% Al})^2(\text{mass\% O})^3)$表示任意时刻钢液中的铝氧浓度积（测量值），而$((\text{mass\% Al})^2_{eq}(\text{mass\% O})^3_{eq})$表示铝氧反应达到化学平衡时的浓度积（热力学计算值）。因此，进而根据经典形核理论，他们得到夹杂物形核的临界过饱和度 S^*、夹杂物摩尔体积 V、临界半径 r^*、铁液-夹杂物界面能等参数之间的关系为：

$$RT\ln S^* = 2\sigma V/r^* \tag{2-28}$$

Li 和 Suito[36]进一步采用电化学方法对在不同试验条件下 Fe-Al-O 熔体中铝和氧的活度进行了测量，采用式（2-27）计算得到过饱和度，结果如图 2-8 所示，同时通过取样分析了过饱和度的变化。图 2-8(a)所示为在 Fe-O-0.118% Al 熔体喷吹 CO_2 气体试验条件下过饱和度、铝和氧的活度随时间的变化曲线，可见，随着 CO_2 的吹入，氧含量在逐渐增加，而在前 30min 熔体中的铝含量几乎不变，通过计算得到过饱和度在逐渐增加，并在 30min 左右达到最大值为 $\log S^\circ = 3.5$，即达到氧化铝夹杂物析出的临界过饱和度，氧化铝开始形核析出；随后，随着氧化铝的析出，熔体中铝含量逐渐下降，虽然由于空气氧势的平衡影响导致氧含量几乎不变，但过饱和度在逐渐下降。图 2-8(b)所示为在 Fe-O-0.005% Al 熔体通过添加 Fe-Al 合金脱氧试验条件下过饱和度随时间的变化曲线，同样显示临界过饱和度值 $\log S^\circ = 3.5$，随着脱氧过程进行，过饱和逐渐下降。

为了解释铁液铝脱氧存在过剩氧的问题，K. Wasai 和 K. Mukai[26]基于经典形核理论，通过考虑形核过程界面能引起的自由能变化、铁液自身的自由能和化学反应的自由能变化，建立了铝脱氧过程形核的吉布斯自由能变化计算模型。通过计算机模拟计算，得到形核过程中各吉布斯自由能变化趋势，如图 2-9 所示。由图 2-9 可见，形核过程各吉布斯自由能随夹杂物的尺寸变化而变化，如前所述，这也正是笔者希望关注的问题。在 2.2.2 节中，笔者针对镁铝复合脱氧问题进行了热力学计算和分析。

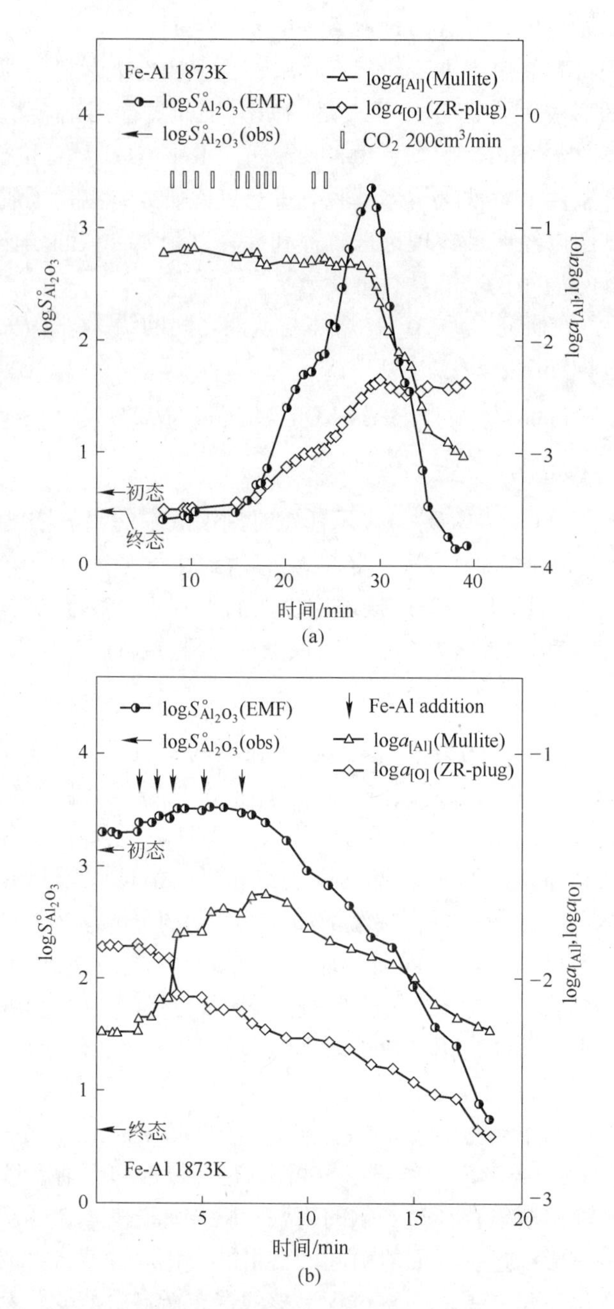

图 2-8 Fe-Al-O 熔体中铝、氧活度和过饱和度变化

(a) Fe-O-0.118% Al 熔体喷吹 CO_2 气体试验；(b) Fe-O-0.005% Al 熔体添加 Fe-Al 脱氧试验

在上述吉布斯自由能计算的基础上，K. Wasai 等[26]进一步采用了两种模型计算出氧化铝形核的临界过饱和度曲线，如图 2-10 中的 C_0^{cr}，同时与 Li 等的电化学

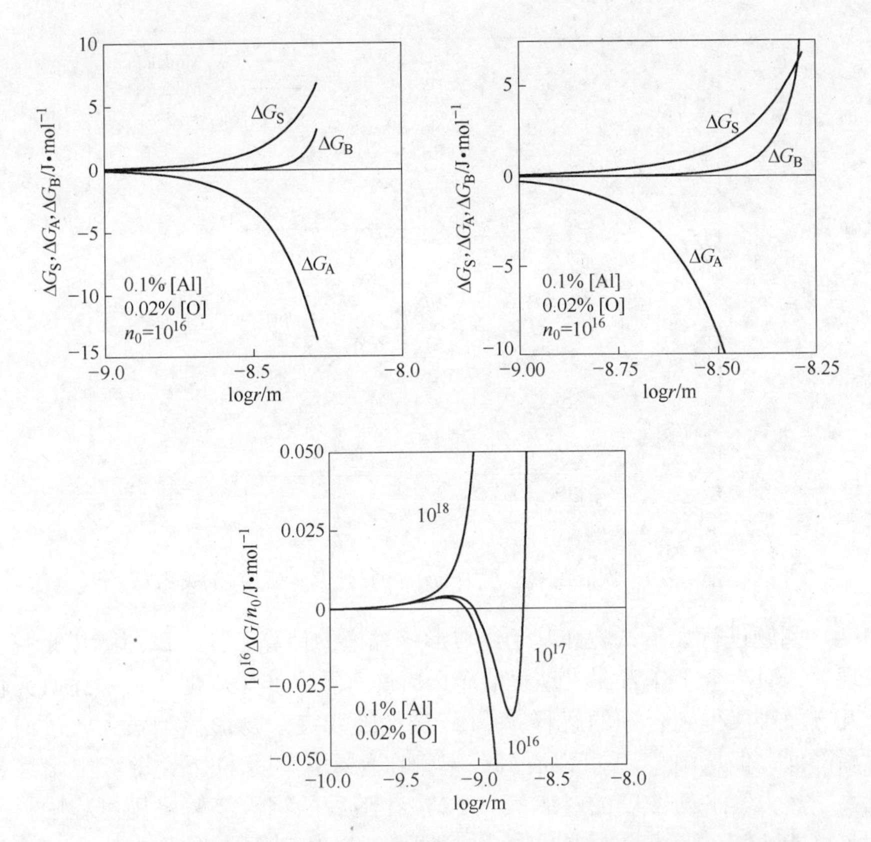

图 2-9 铁液铝脱氧形核过程中各吉布斯自由能随晶核半径的变化

测量曲线（图 2-10 中的短点虚线 logS° = 3.5）进行比较。从图 2-10 中可以看出，H. Schenck 等人在不同炼钢和脱氧条件下（喷吹惰性气体、感应炉、空气条件等）测量的铝脱氧后熔体中存在的过剩氧含量大部分处于临界形核过饱和度曲线（C_0^{cr} 和 logS° = 3.5 曲线）和铝-氧形成 α-Al_2O_3 的化学平衡曲线（Equilibrium curve）之间，但远高于该化学平衡曲线。

过剩氧含量说明，在常规的炼钢条件下，铝脱氧很难完全形成稳定的氧化铝夹杂物，仍有一部分氧以自由氧的形式存在于钢液中，原因可以解释为残余的铝、氧达不到形核的过饱和度，但从夹杂物长大角度看，夹杂物初期的扩散长大需要消耗铝、氧，当然，由于存在 Ostwald 现象，一些较大颗粒夹杂物的长大也可能通过消耗其周围局部区域中的更细小的氧化铝夹杂物（溶解）来实现。这些过剩氧测量结果说明在正常的炼钢和脱氧操作条件下，要将钢液中的氧含量降至极低是十分困难的，除了目前吹气搅拌等操作条件，如何改善脱氧以进一步降低钢液氧含量是值得研究的课题。

综上所述，长期以来，冶金学者对钢液用铝脱氧的夹杂物形核和氧含量（过

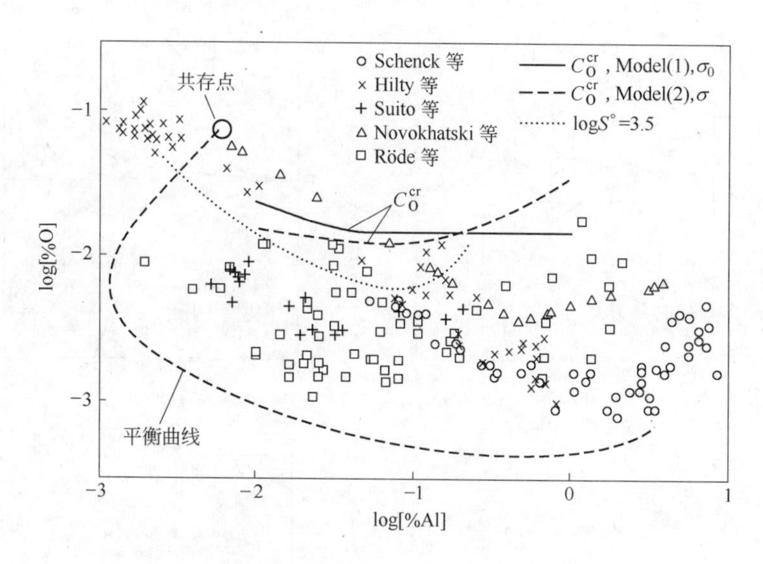

图 2-10　铁液脱氧过程中 log[%O]与 log[%Al]的关系

饱和度）问题进行大量试验和基于经典形核理论的计算工作，试图解释铝脱氧的形核现象，对冶金工作者深入理解洁净钢冶炼有重要作用。但是，上述研究仍在以下几方面难以得到合理的解释：（1）虽然随着夹杂物形核和长大，过饱和度在逐渐降低，但从图 2-10 可以看到，不管在什么炼钢条件下，钢液中始终存在远远高于热力学平衡浓度的过剩氧；（2）在随后的钢液浇铸凝固过程中，这些过剩氧可能一部分形成二次夹杂物，但过剩氧是如何形成二次夹杂物的仍然不清楚；（3）K. Wasai 等[37]的超快冷凝固（10^5℃/s）试验发现，二次氧化铝夹杂物尺寸甚至可达到微米级，呈球状、珊瑚状和树枝状等，而且其中含有不稳定的氧化铝 γ-Al_2O_3、δ-Al_2O_3，这种在极短时间内（约 0.01s）从溶解态的过剩氧转变为微米级不稳定氧化铝，是如何演变的仍不清楚。因此，总的来看，目前人们对钢液的脱氧产物是如何形成和演变的仍了解不够。

2.2.2　镁铝复合脱氧形核

针对 Mg-Al 脱氧的初期阶段，将 $MgO \cdot Al_2O_3$ 形核过程的吉布斯自由能变化分为界面能、化学反应和铁液等三个方面的变化进行考虑。对于铁液这种含量的极稀熔体，一般情况下不考虑其成分变化引起的吉布斯能变化，在 2.2.1 节中 K. Wasai 等在计算铁液铝脱氧形核热力学时考虑了铝脱氧过程中的铁液成分变化因素。为了计算 Fe-O-Mg-Al 熔体中脱氧形核过程的吉布斯自由能变化，本节考虑以下三点建立吉布斯自由能变化计算模型：（1）Mg-Al 脱氧形成夹杂物初期的铁液-$MgO \cdot Al_2O_3$ 界面能 σ 引起的吉布斯能变化，ΔG_S；（2）化学反应[Mg] + 2[Al] + 4[O]═$MgO \cdot Al_2O_{3(s)}$ 的吉布斯自由能变化，ΔG_A；（3）$MgO \cdot Al_2O_3$ 形核前后铁液成分变化导致的吉布斯能变化，ΔG_B。将三部分吉布斯能变化求和即为总吉布斯自由能变化，可表示为：

$$\Delta G = \Delta G_S + \Delta G_A + \Delta G_B \tag{2-29}$$

假设在脱氧的某一瞬间，同时形成的 $MgO \cdot Al_2O_3$ 夹杂物的晶核数为 n_0、晶核半径为 r，则式（2-29）可表达为：

$$\Delta G = n_0(\Delta g_S + \Delta g_A + \Delta g_B) \tag{2-30}$$

式中 Δg_S——铁液-单个 $MgO \cdot Al_2O_3$ 晶核界面能导致的吉布斯能变化；

Δg_A——生成单个晶核的化学反应吉布斯能变化；

Δg_B——单个晶核形成前后的铁液吉布斯能变化。

Δg_S、Δg_A 和 Δg_B 可分别表示为式(2-31) ~ 式(2-34)：

$$\Delta g_S = \Delta G_S / n_0 = 4\pi r^2 \sigma \tag{2-31}$$

$$\Delta g_A = -mRT\ln \frac{(a_{Mg}^1)(a_{Al}^1)^2(a_O^1)^4}{(a_{Mg}^e)(a_{Al}^e)^2(a_O^e)^4} \tag{2-32}$$

其中，$m = \frac{4\pi r^3}{3}\frac{1}{V_m}$，$V_m$ 为 $MgO \cdot Al_2O_3$ 的摩尔体积；R 为理想气体常数，8.314J/(mol·K)；T 为温度；a_i^1 和 a_i^e 分别表示熔体中反应前和平衡时组分 i 的活度。

式（2-32）中，令 $S = [(a_{Mg}^1)(a_{Al}^1)^2(a_O^1)^4]/[(a_{Mg}^e)(a_{Al}^e)^2(a_O^e)^4]$，即表示脱氧开始时刻的过饱和度，即 $S = (a_{Mg}^1)(a_{Al}^1)^2(a_O^1)^4 K$，$K$ 为平衡常数。

$$\Delta g_B = \frac{\Delta G_B}{n_0} \tag{2-33}$$

根据脱氧产物形核前后的铁液成分变化，ΔG_B 可表示为：

$$\begin{aligned}\Delta G_B = & RT[(x_{Mg} - n_0 m)\ln a_{Mg}^2 + (x_{Al} - 2n_0 m)\ln a_{Al}^2 + (x_O - 4n_0 m)\ln a_O^2 + \\ & x_{Fe}\ln a_{Fe}^2] - RT[(x_{Mg} - n_0 m)\ln a_{Mg}^1 + (x_{Al} - 2n_0 m)\ln a_{Al}^1 + \\ & (x_O - 4n_0 m)\ln a_O^1 + x_{Fe}\ln a_{Fe}^1]\end{aligned} \tag{2-34}$$

其中，a_i^2 为反应后组分 i 的活度；x_i 为反应前组分 i 的摩尔分数。

对于界面能引起的吉布斯自由能变化，同样必须考虑界面能的尺寸依赖效应，根据式（2-10），对 $MgO \cdot Al_2O_3$ 夹杂物，链节数 $n=1$，$h_{MgO \cdot Al_2O_3} = 4.0315 \times 10^{-10}$m，$\sigma_0 = 1.57$N/m[38]，计算可得 σ 与 r 的关系，如图 2-11 所示。由图 2-11 可见：（1）$r \leqslant 10^{-8}$m 时，σ 随 r 增大而迅速增加，而且 r 越小，σ 的变化率越大。这一变化趋势表明，在夹杂物形成初期，晶核尺寸对 σ 有较大影响，进而可能影响夹杂物形成初期的能量变化；（2）当 $r > 10^{-8}$m 时，σ 随 r 增大呈现缓慢增加的趋势，并最终趋于最大值 1.744N/m，即说明当夹杂物尺寸大于 10nm 后，其后续长大过程受尺寸的影响逐渐减小。这种变化规律与文献［21，39］的研究结果是一致的。

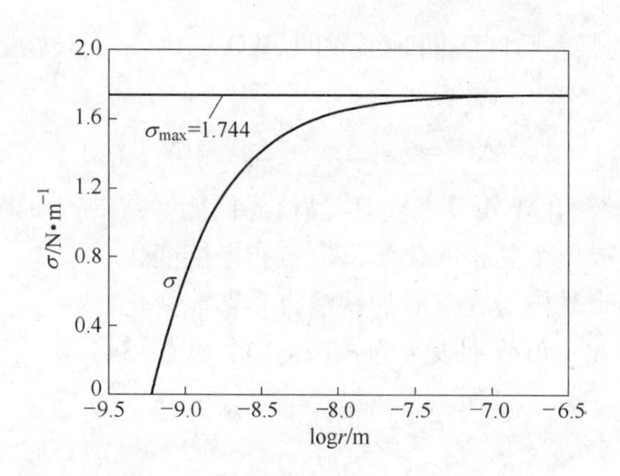

图 2-11　钢液-$MgO \cdot Al_2O_3$ 界面能 σ 与尺寸 r 间的关系

这样，铁液与新生的 $MgO \cdot Al_2O_3$ 晶核之间的界面能引起的夹杂物形核过程的吉布斯自由能变化 ΔG_S 可表达为：

$$\Delta G_S = n_0 \Delta g_s = n_0 4\pi r^2 \sigma = n_0 \left(\frac{40}{9} \pi r^2 \sigma_0 - \frac{20}{3} h \pi r \sigma_0 \right) \tag{2-35}$$

同时，Mg-Al 脱氧生成 $MgO \cdot Al_2O_3$ 的化学反应的吉布斯能变化 ΔG_A 为：

$$\Delta G_A = n_0 \Delta g_A = n_0 \left(- \frac{4\pi r^3}{3} \frac{1}{V_m} RT \ln S \right) \tag{2-36}$$

根据式（2-34），ΔG_B 可进一步表示为：

$$\Delta G_B = RT \left[(x_{Mg} - n_0 m) \ln \frac{a_{Mg}^2}{a_{Mg}^1} + (x_{Al} - 2n_0 m) \ln \frac{a_{Al}^2}{a_{Al}^1} + (x_O - 4n_0 m) \ln \frac{a_O^2}{a_O^1} + x_{Fe} \ln \frac{a_{Fe}^2}{a_{Fe}^1} \right] \tag{2-37}$$

对 Fe-O-Mg-Al 体系，近似认为在夹杂物形核前后 Fe 的活度不变，则该式可简化为：

$$\Delta G_B = RT \left[(x_{Mg} - n_0 m) \ln \frac{a_{Mg}^2}{a_{Mg}^1} + (x_{Al} - 2n_0 m) \ln \frac{a_{Al}^2}{a_{Al}^1} + (x_O - 4n_0 m) \ln \frac{a_O^2}{a_O^1} \right] \tag{2-38}$$

在此，笔者定义参数 $\beta_i = \dfrac{a_i^2}{a_i^1} \times 100\%$ 作为熔体内组分 i 在反应后的残余率，

即当$\beta_i > \dfrac{a_i^{e}}{a_i^{1}}$时，Mg-Al 脱氧未达平衡状态，钢液中存在超过平衡值的过剩氧。将β_i代入式（2-38），ΔG_B可进一步表示为：

$$\Delta G_B = RT\left[\left(x_{Mg} - n_0\frac{4\pi r^3}{3}\frac{1}{V_m}\right)\ln\beta_{Mg} + \left(x_{Al} - 2n_0\frac{4\pi r^3}{3}\frac{1}{V_m}\right)\ln\beta_{Al} + \left(x_O - 4n_0\frac{4\pi r^3}{3}\frac{1}{V_m}\right)\ln\beta_O\right] \tag{2-39}$$

根据文献［40］和［41］通过试验测量的16MnR钢液用Mg-Al复合脱氧的数据，16MnR钢液的化学成分见表2-1。铁液中Al、Mg和O的初始含量见表2-2，用data 1和data 2分别表示文献［40］和［41］两种试验条件的数据。1873K时钢液中各组元相互作用系数见表2-3。计算得data 1和data 2两种条件下反应前后Al、Mg和O的摩尔分数、活度系数、活度以及过饱和度见表2-4，各元素的残余率β_{Al}、β_{Mg}和β_O见表2-5。

表2-1 16MnR钢的化学成分 （质量分数,%）

元素	C	Si	Mn	P	S
含量	0.16	0.42	1.46	0.015	0.035

表2-2 Al、Mg和O的初始含量 （质量分数,%）

名称	Al_s	Mg	O
data 1[40]	0.802	0.164	0.008
data 2[41]	0.596	0.066	0.0107

表2-3 1873K时钢液中各组元的相互作用系数[42~46]

i \ j	C	S	Si	P	Mn	Al_s	Mg	O
Al_s	0.0910	0.0300	0.0056	0.0330	0.0350	0.0450	-0.1300	-1.8670
Mg	-0.2400	-1.3800	-0.0880	—	—	-0.1200	-0.0470	-0.6020
O	-0.4500	-0.1330	-0.1310	0.0700	-0.0210	-1.1700	-0.3960	-0.1700

表2-4 Al、Mg和O的摩尔分数、活度系数、活度及过饱和度

名称		初始			反应后		
		Al_s	Mg	O	Al_s	Mg	O
data 1	质量分数/%	0.8020	0.1640	0.0080	0.045	0.0028	0.0032
	摩尔分数x_i	0.0163	0.0037	0.0003			
	活度系数f	1.1732	0.5856	0.0683	1.1621	0.7394	0.6087
	活度a_i	0.9409	0.0960	0.0005	0.0523	0.0021	0.0019
	过饱和度S	1.697×10^8			1.830×10^6		

续表 2-4

名称		初始			反应后		
		Al_s	Mg	O	Al_s	Mg	O
data 2	质量分数/%	0.5960	0.0662	0.0107	0.030	0.0063	0.00338
	摩尔分数 x_i	0.0121	0.0015	0.0004			
	活度系数 f	1.1689	0.6241	0.1298	1.1582	0.7420	0.6318
	活度 a_i	0.6967	0.0413	0.0014	0.0347	0.0047	0.0021
	过饱和度 S	1.677×10^9			2.625×10^6		

表 2-5 data 1 和 data 2 的 β_{Al}、β_{Mg} 和 β_O

名称	β_{Al}	β_{Mg}	β_O
data 1	0.0556	0.0216	3.5675
data 2	0.04987	0.1131	1.53594

假设在脱氧瞬间产生的夹杂物晶核数 n_0 为 10^{16}，用 matlab 分别计算得到在 data 1 和 data 2 两种情况下 $MgO \cdot Al_2O_3$ 形核过程的 ΔG_S、ΔG_A 及 ΔG_B 随核半径 r 的变化关系，如图 2-12 和图 2-13 所示。由图可见：（1）在 data 1 和 data 2 两种情况下，ΔG_S 和 ΔG_B 均随 r 增大而增大，ΔG_A 随 r 增大而减小。（2）当 $r \leqslant 10^{-8.3}$ m 时，对 data 1 和 data 2 两种情况下，ΔG_S 和 ΔG_A 近似为零，$\Delta G_B < 0$ 并随 r 增大而基本保持不变，有 $|\Delta G_B| \gg |\Delta G_A| + |\Delta G_S|$，说明在 $r \leqslant 10^{-8.3}$ m 尺寸范围内，ΔG_B 是夹杂物形核热力学驱动力的主要因素；另外，S(data 1) < S(data 2)，即在形核初期受 β_{Al}、β_{Mg} 和 β_O 的影响，min(ΔG_B,data 1) < min(ΔG_B,data 2)。（3）当 $r > 10^{-8.3}$ m 时，ΔG_S 与 ΔG_B 均随 r 增大而缓慢增加，而 ΔG_A 则随 r 增大而迅速减小，而且随着 r 增大，ΔG_A 减小的变化率越大。（4）在 data 1 与 data 2 条件下，ΔG_S、ΔG_A 和 ΔG_B 随 r 的变化趋势总体上基本一致，这主要是由于 ΔG_A 受

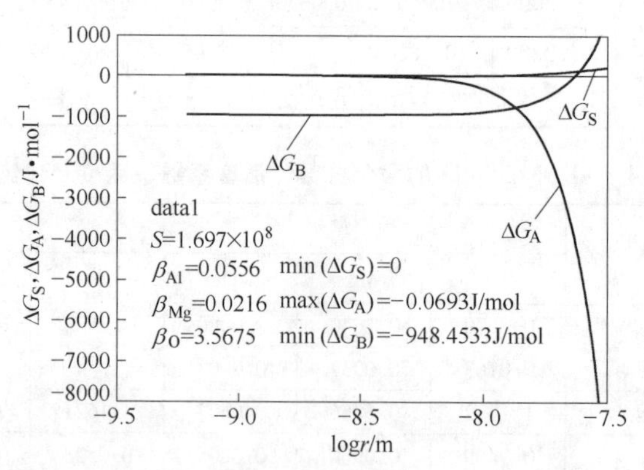

图 2-12 data 1 中 ΔG_S、ΔG_A 及 ΔG_B 随 r 的变化

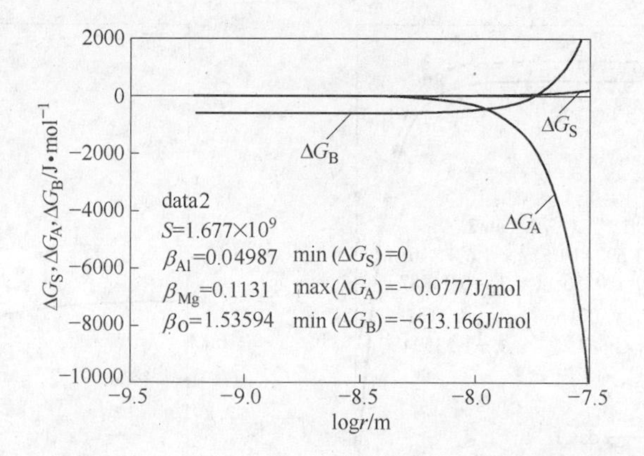

图 2-13 data 2 中 ΔG_S、ΔG_A 及 ΔG_B 随 r 的变化

S 的影响较小。因此，尽管 S(data 1) < S(data 2)，但在 data 1 和 data 2 两种脱氧情况下的 ΔG_A 基本相等。

根据式（2-29）、式（2-35）和式（2-39），$MgO \cdot Al_2O_3$ 形核过程总吉布斯自由能变化为：

$$\Delta G = n_0\left(\frac{40}{9}\pi r^2\sigma_0 - \frac{20}{3}h\pi r\sigma_0\right) + n_0\left(-\frac{4}{3}\pi r^3\frac{1}{V_m}RT\ln S\right) + RT\left[\left(x_{Mg} - n_0\frac{4\pi r^3}{3}\frac{1}{V_m}\right)\ln\beta_{Mg} + \left(x_{Al} - 2n_0\frac{4\pi r^3}{3}\frac{1}{V_m}\right)\ln\beta_{Al} + \left(x_O - 4n_0\frac{4\pi r^3}{3}\frac{1}{V_m}\right)\ln\beta_O\right] \tag{2-40}$$

取 n_0 为 10^{16}，代入计算得 data 1 和 data 2 情况下的 ΔG 随晶核半径 r 的变化关系，如图 2-14 所示。由图可见：（1）S(data 1) < S(data 2)，ΔG(data 1) < ΔG(data 2)。当 $r \leqslant 10^{-8.3}$m 时，ΔG 随 r 增大基本保持不变，即夹杂物在此尺度范围内演变过程的能量变化基本恒定，主要由于 ΔG_B 基本保持不变，且 $\Delta G_B < 0$，$|\Delta G_B| \gg |\Delta G_A| + |\Delta G_S|$，尽管 ΔG_S 和 ΔG_A 有所增加，但相对 ΔG_B 可以忽略，即 $\Delta G \approx \Delta G_B$，从而 ΔG 几乎不变。（2）当 $r > 10^{-8.3}$m 时，ΔG 随 r 增大迅速减小，r 越大，则 ΔG 减少得越快，在 ΔG_S、ΔG_A 及 ΔG_B 三者中，ΔG_A 减少的幅度远大于 ΔG_S 与 ΔG_B 增加幅度之和。（3）在同一尺寸时，ΔG(data 1) < ΔG(data 2)。

假设晶核数 n_0 变化，分别得到在 data 1 和 data 2 情况下的 ΔG 随晶核半径 r 变化的关系，如图 2-15 和图 2-16 所示，由图可见：（1）当 $r \leqslant 10^{-8.5}$m 且 $n_0 \leqslant 10^{16}$时，ΔG 随 r 增大基本保持不变，ΔG 的最大值与 n_0 无关。（2）当 $n_0 \geqslant 10^{17}$时，ΔG 随 r 增大逐渐减小。（3）在相同 r 时，ΔG 随 n_0 增加而逐渐减小，且 n_0 越大，ΔG 减小得越快。（4）对于同一 n_0，S(data 1) < S(data 2)，ΔG(data 1) < ΔG(data 2)。

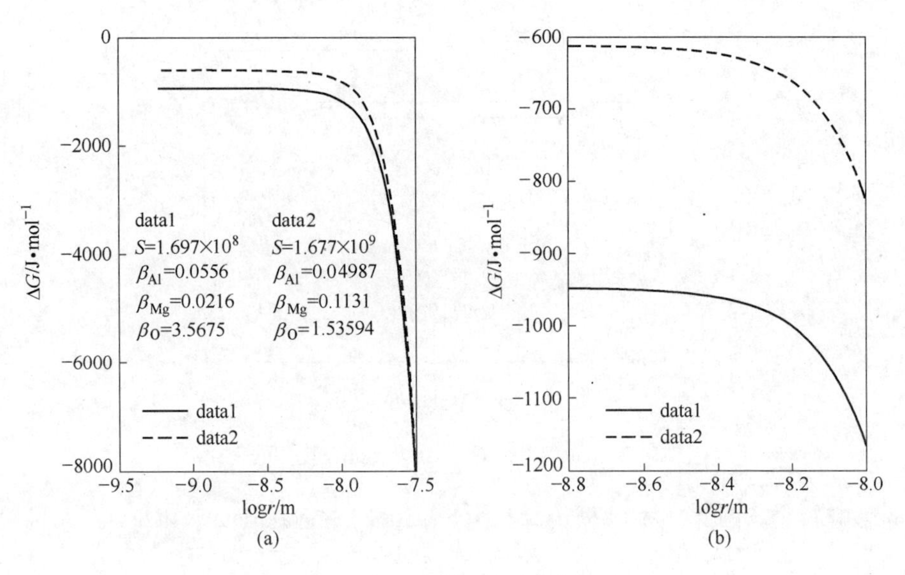

图 2-14 ΔG 与 r 的关系曲线

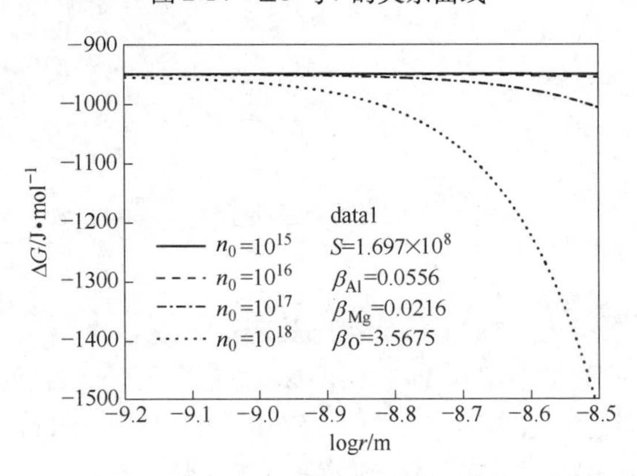

图 2-15 data 1 时 ΔG 在不同 n_0 条件下随 r 的变化

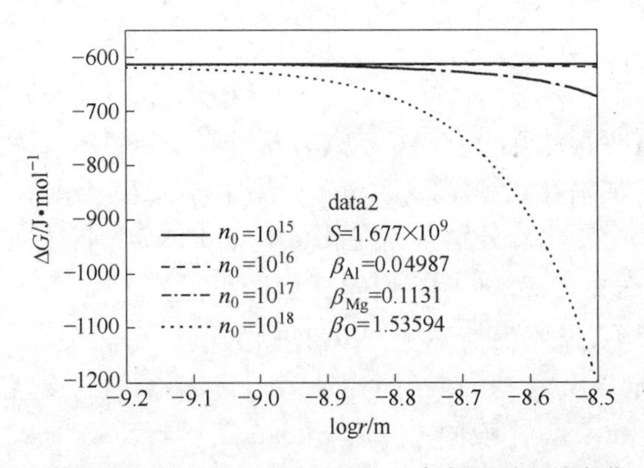

图 2-16 data 2 时 ΔG 在不同的 n_0 条件下随 r 的变化

不考虑晶核尺寸对界面能的影响时，形核过程的表面吉布斯能变化为 $\Delta G_S = n_0 \cdot 4\pi r^2\sigma_0$，考虑尺寸对界面能影响时，$\Delta G_S$ 如式（2-35）所示。将 $\sigma_0 = 1.57\text{N/m}$ 分别代入两种情况中，得到两种情况下的 ΔG_S，如图 2-17 所示。由图 2-17 可见：考虑尺寸对界面能的影响时，$MgO \cdot Al_2O_3$ 夹杂物在尺寸增加的演变过程中，表面吉布斯能变化高于不考虑尺寸影响时的表面吉布斯能变化；而且，随着夹杂物尺寸增大，ΔG_S 差异越来越大。

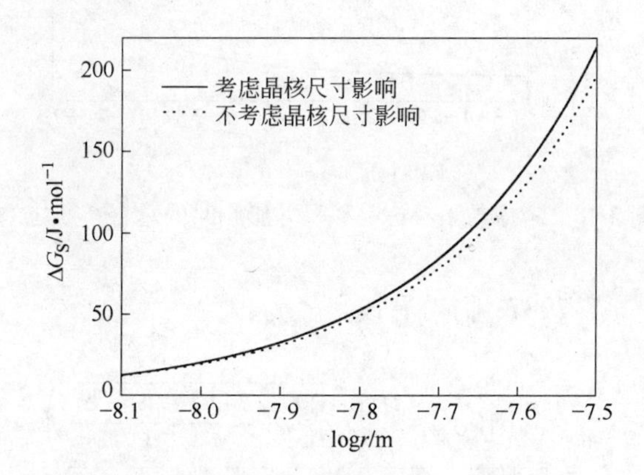

图 2-17 考虑与不考虑晶核尺寸影响时的 ΔG_S

不考虑尺寸对界面能影响时，形核过程的 $\Delta G^N = n_0\left(4\pi r^2\sigma_0 - \frac{4}{3}\pi r^3 \frac{1}{V_m}RT\ln S\right)$；考虑尺寸对界面能影响时 ΔG 如式（2-40）所示，两者之差 $\Delta G - \Delta G^N$ 为：

$$\Delta(\Delta G) = n_0\left(\frac{4}{9}\pi r^2\sigma_0 - \frac{20}{3}h\pi r\sigma_0\right) + RT(x_{Mg}\ln\beta_{Mg} + x_{Al}\ln\beta_{Al} + x_O\ln\beta_O) \tag{2-41}$$

根据式（2-41），分别代入 data 1 和 data 2 数据得到两种脱氧情况下不考虑与考虑晶核尺寸影响时的 $\Delta G - \Delta G^N$，如图 2-18 所示。可见：

对式（2-41）求导，令：

$$\partial\Delta G/\partial r = \frac{20}{9}n_0\pi\sigma_0(4r - 3h) - 4n_0\pi r^2 \frac{1}{V_m}RT\ln S = 0 \tag{2-42}$$

则

$$-\frac{RT\ln S}{V_m}r^2 + \frac{20\sigma_0}{9}r - \frac{5\sigma_0 h}{3} = 0 \tag{2-43}$$

同时

$$\Delta = \left(\frac{20\sigma_0}{9}\right)^2 - 4\left(-\frac{RT\ln S}{V_m}\right)\left(-\frac{5\sigma_0 h}{3}\right) \geqslant 0 \tag{2-44}$$

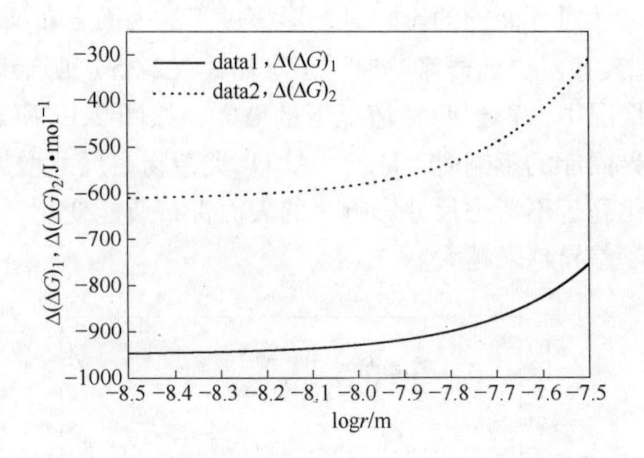

图 2-18 考虑与不考虑晶核尺寸影响时的总吉布斯之差

即 $\ln S \leqslant \frac{20}{9}\frac{\sigma_0 V_m}{hRT} = 7.2987$，临界晶核半径为：

$$r = \frac{V_m\left(10\sigma_0 + 3\sqrt{\frac{100}{9}\sigma_0^2 - \frac{15\sigma_0 hRT\ln S}{V_m}}\right)}{9RT\ln S'} \tag{2-45}$$

将 $V_m = 3.94 \times 10^{-5}\ m^3/mol$，$h_{MgO \cdot Al_2O_3} = 4.0315 \times 10^{-10}\ m$，$\sigma_0 = 1.57N/m$ 及 $T =$ 1873K 代入，可得 $MgO \cdot Al_2O_3$ 的临界核半径为：

$$r = 2.8113 \times 10^{-10} \times \frac{15.7 + 3\sqrt{27.3878 - 3.7524\ln S}}{\ln S} \tag{2-46}$$

同时，根据经典热力学，总吉布斯能为 $\Delta G^N = n_0\left(4\pi r^2\sigma_0 - \frac{4}{3}\pi r^3 \frac{1}{V_m}RT\ln S\right)$，可得临界核半径为 $r^N = \frac{2\sigma_0 V_m}{RT\ln S}$，将 $V_m = 3.94 \times 10^{-5}\ m^3/mol$，$\sigma_0 =$ 1.57N/m 及 $T = 1873K$ 代入，得 $MgO \cdot Al_2O_3$ 临界核半径为：

$$r^N = 7.945 \times 10^{-9} \times \frac{1}{\ln S} \tag{2-47}$$

根据式（2-46）和式（2-47）分别计算的夹杂物临界晶核半径与 $\ln S$ 的关系如图 2-19 所示。由图可见，对于脱氧开始阶段，即过饱和度较高的阶段，不考虑界面能尺寸效应对实际夹杂物形核分析影响不大，但是到了脱氧一段时间后，过饱和度逐渐下降，考虑界面能尺寸效应时，其所对应的临界晶核半径更大，形核更加困难。如前文所述铝脱氧形核的临界过饱和度试验测量值为 $\log S^\circ = 3.5$，镁铝复合脱氧的临界过饱和度可能小于这个值。因此，界面能尺寸效应在过剩氧和二次夹杂物形成上可能产生影响。

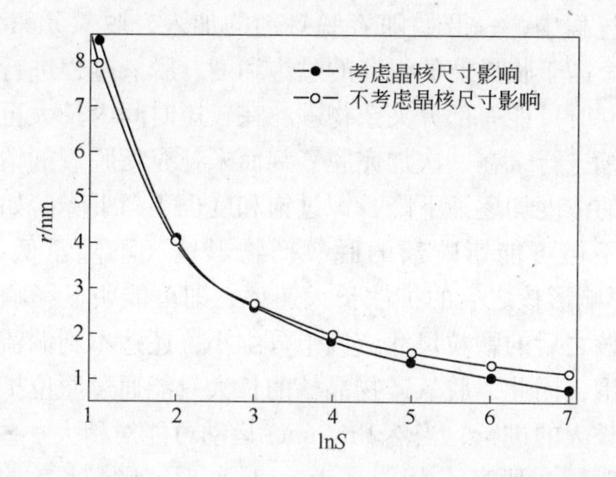

图 2-19 $MgO \cdot Al_2O_3$ 夹杂物的临界晶核半径 r 与 $\ln S$ 的关系

目前没有直接观察钢中夹杂物形核的试验报道，主要在于金属脱氧速度快，难以捕捉夹杂物形核过程图像，比较常见的方法是用分子模拟溶液中的形核过程。另外，从过饱和度与热力学能垒的关系可见，即不到一定的饱和度，无法越过热力学能垒。由表 2-4 可见，提高反应物的过饱和度，有利于促进钢液中脱氧产物的形成，而且，过饱和度越大，脱氧产物的临界晶核半径就越小。表 2-4 中，data 1 的过饱和度小于 data 2 的过饱和度，因此，data 1 成分的钢液中夹杂物形成可能会比 data 2 成分的钢液中夹杂物形成更加困难。β_{Al} 范围为 0.03 ~ 0.06，β_{Mg} 为 0.01 ~ 0.2，β_{O} 为 1.0 ~ 5.0。

2.3 夹杂物的长大

当脱氧产物的颗粒形状近似于球形时，通常可以把脱氧产物的长大或溶解时的传输问题的解，作为中心对称的球形浓度场中求解扩散方程来简化处理。假设脱氧产物颗粒理论完全长大时间为 t，在处理时把长大至半径的 0.95 倍时的时间作为长大时间，则可得到颗粒半径与浓度及长大时间的关系式[47]：

$$\frac{Dt_{0.95}}{r_{\infty}^{2}}\frac{c_0 - c_i}{c_P - c_i} = 18.0 \tag{2-48}$$

式中 $t_{0.95}$ ——长大到最终半径 95% 时的长大时间；

r_{∞} ——颗粒最终半径；

c_0，c_i ——分别为本体溶液和颗粒表面的脱氧元素或氧的浓度，两个元素的物质流符合化学计算当量；

c_P——颗粒中元素浓度。

可见，供料区体积中的浓度降低将显著地延长夹杂物颗粒的长大时间。

在钢液脱氧过程中，一开始随着脱氧剂的加入，脱氧元素和氧的浓度均很高，熔体达到一个高于临界值的很高的过饱和度，脱氧过程进行极快，夹杂物可以在瞬间形核并同时可能有部分夹杂物颗粒在较短时间内长大至微米级尺寸。随着脱氧过程的继续进行，在一次加完脱氧剂而未补充新脱氧剂情况下，钢液中氧元素和脱氧元素的浓度均逐渐下降，即过饱和度也逐渐下降。如图 2-20 所示[48]。过饱和度的下降不但可能影响新的脱氧产物形核（下降至低于临界过饱和度后），而且势必影响形核之后的扩散长大速率，即可能明显影响夹杂物颗粒的长大时间，因为形核之后的颗粒尺寸应该十分细小，还达不到湍流碰撞和 Stokes 碰撞长大的尺寸范围，因此，脱氧产物晶核的长大只能通过原位扩散长大、Ostwald 熟化机制来推动长大的进行，当然 Brownian 运动可能对稍大一些的颗粒起到控制作用。Zhang 和 Thomas 研究认为[20]，当 $r<1\mu m$ 时，颗粒长大过程由伪分子扩散（Ostwald 熟化）和颗粒碰撞控制；$r>2\mu m$ 时，颗粒长大由湍流碰撞控制；$r=1\sim2\mu m$ 时，过渡区由两者混合控制。

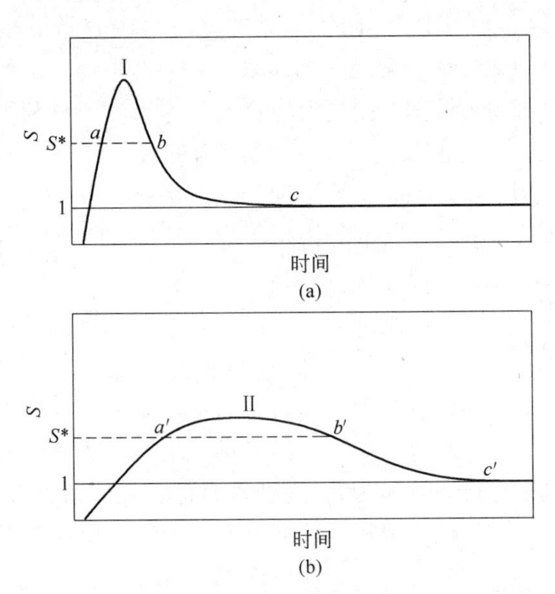

图 2-20 脱氧过程中的过饱和度变化

（a）形核与长大独立时；（b）形核与长大共存时

可见，在炼钢脱氧过程中对夹杂物尺寸的控制，除了从控制夹杂物形核角度（形核率、形核能垒等）考虑外，对脱氧产物的初期长大过程控制也十分重要，要么尽可能创造条件让夹杂物尽快长大至可以在炼钢时间允许范围内上浮出去，要么尽可能控制其长大速率，将夹杂物控制在小尺寸范围内，而从长大过程来看，控制在小于湍流和 Stokes 碰撞机制起作用的尺寸范围是可能的，这一尺寸范围恰好对钢的性能破坏性较小。

夹杂物颗粒的长大最终半径 r_∞ 与供料区的体积尺寸有关，设 r_E 为供料区半径，供料区中夹杂物形成元素浓度的下降用于颗粒的生长，则通过质量守恒可得到如下关系[47]：

$$\frac{r_\infty}{r_E} = \left(\frac{c_0 - c_i}{c_P - c_i}\right)^{1/3} \tag{2-49}$$

同时，供料区的体积与单位体积内的颗粒数 Z 呈反比：

$$\frac{4}{3}r_E^3\pi = \frac{1}{Z} \tag{2-50}$$

可见，若要使单位体积内的夹杂物颗粒数越多，则要求供料区越小，这样颗粒长大的最终半径也将越小。根据式（2-49）和式（2-50），假设：其他条件相同时，单位体积供料区内颗粒数分别为 $5\times10^7\text{cm}^{-3}$ 和 10^5cm^{-3} 时，可以得到供料区半径分别为 16.8μm 和 133.6μm，而夹杂物颗粒的最终半径分别为 2.49μm 和 19.8μm。单位体积供料区内的颗粒数取决于钢液内外来质点的数量和脱氧产物的形核率，因此，降低形核能垒（活化能）以控制形核率，或在脱氧剂加入之前增加纳米级外来质点的数量（该方法在本书的后文进行了较为详细的试验和结果阐述），可以实现增加夹杂物颗粒数量的目的，获得最终实现夹杂物尺寸细化的必要条件。

实际上，固体脱氧产物的长大很多时候不是像理论推导的球形长大方式。由于许多固体脱氧产物为晶体结构。因此，实际上晶核形成以后呈晶胞长大，通过原位扩散长大（包括 Ostwald 熟化）方式的长大机制应服从晶体长大机制，即可能存在二维晶核长大机制、螺型位错长大机制和垂直长大机制。在实际生产过程中，当加入外来质点或造成钢液中夹杂物周围存在负温度梯度的情况下，夹杂物颗粒就可能有限沿着过冷度大的方向生长，发展成为树枝晶长大方式。如图 2-21 所示，可能为树枝晶长大方式形成的近似球状的夹杂物晶体颗粒。因此，由于炼钢生产实际过程中，熔体中脱氧元素浓度存在很大的不均匀性，所以，夹杂物颗粒的长大方式应取决于颗粒在不同方向上的生长速率大小，即与熔体中过饱和度的分布、氧与脱氧元素的活度比和过冷度的分布等因素有关。

长大机制决定了夹杂物的形态呈现复杂多样性，如已被多数试验观察到的树枝状晶体、不同形状的多面体晶体、片状晶体、球状晶体和簇状的珊瑚体等多种形貌[47]，而珊瑚体通常是由球状晶体、树枝状晶体或者是多面体晶体颗粒聚集凝结形成的较大尺寸的团聚体。如图 2-22 所示，为两个或多个小夹杂物颗粒凝并长大连接成一个大颗粒夹杂物的情况，具体的凝并机理较为复杂，在这里不做进一步探讨。铝脱氧试验发现，氧化铝夹杂物颗粒的形状与该区域内氧和脱氧元素的活度比有关。图 2-23 所示为铝脱氧产物可能的长大形貌与氧和脱氧元素活度变化情况的示意图[38,47]。

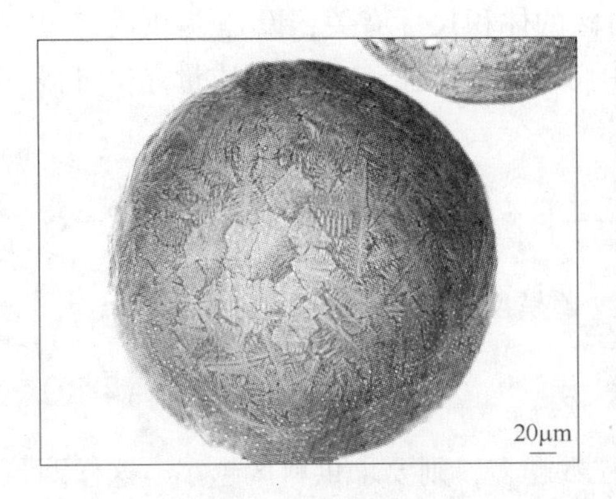

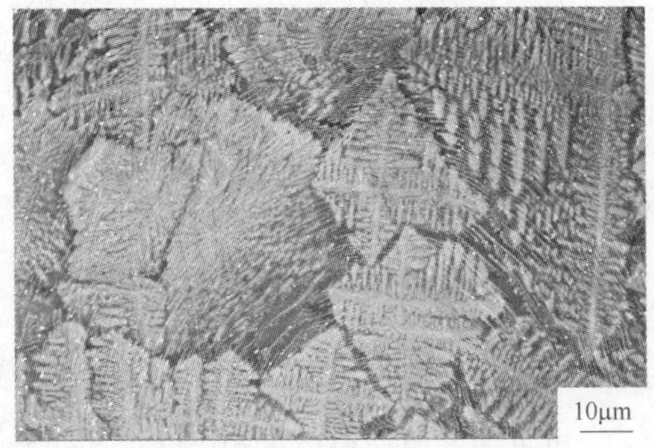

图 2-21 用有机溶液电解方法提取的钢中可能以树枝晶长大方式形成的夹杂物

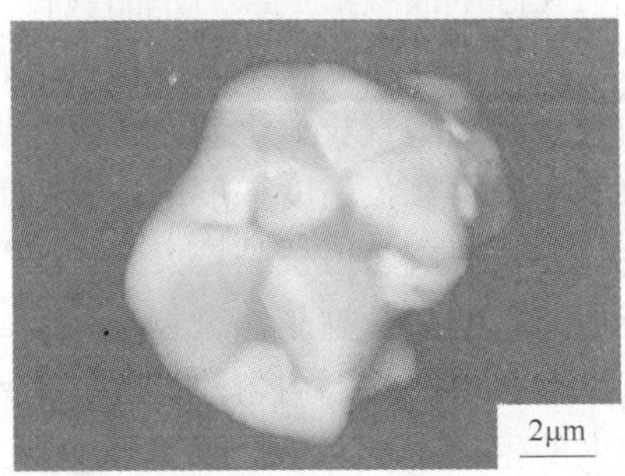

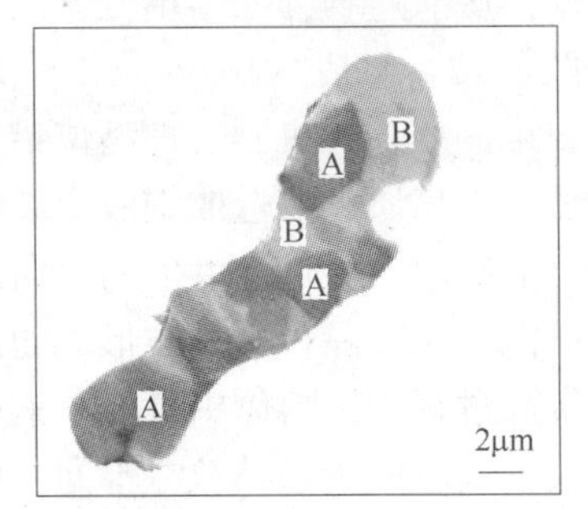

图 2-22 用有机溶液电解提取得到的钢中夹杂物可能发生的凝并连接情况

综上所述，钢液中夹杂物颗粒的长大可以概括为两类形式：一类是形核后即发生的原位长大方式，如扩散长大和 Ostwald 长大，其长大机制为晶体的几类生长机制，所以形成的单个夹杂物晶体颗粒往往呈现不同的结晶形态，该类长大形式对应于夹杂物尺寸较小阶段的单颗粒长大；另一类为运动碰撞长大形式，当夹杂物尺寸达到一定程度后，其作用机制有钢液的对流运动、Brownian 运动、湍流运动和 Stokes 运动等，这种长大方式的结果是导致小尺寸夹杂物颗粒迅速合并长大，如有些树枝状和珊瑚状夹杂物。

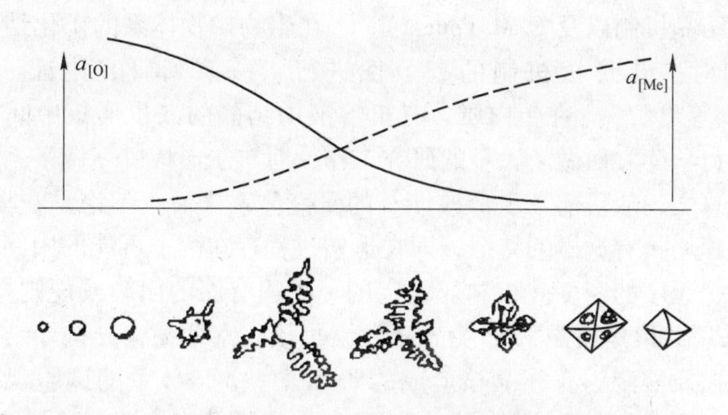

图 2-23　氧化物长大形状与氧和脱氧元素之间的关系示意图

2.4　二步形核机理

第 2.1.1 节系统地归纳和分析了经典形核理论的基本特点和不足之处。总的来讲，经典形核理论对许多试验现象和结果难以获得合理的解释和进行准确的定量计算；另外，在形核动力学方面存在两个未涉及的问题：（1）从以溶液为起点直至析出晶体的整个相变过程中存在着拐点，这是经典理论没有涉及的；（2）形核过程的具体行为或途径。从本质看，经典理论存在这些不足的关键原因是，将形核动力学驱动机制归结为体系内随机自发产生的密度起伏和结构起伏；然而，实际情况并非如此，许多蛋白质结晶试验和理论研究已表明，溶液、熔体或气体中发生的晶体形核过程是，首先在熔体中产生密度起伏，即形成一定大小和密度的液滴或称为密度液相，进而通过密度起伏引起不同于母相的结构起伏，即产生预形核相，或称为新相中间体或团簇或晶胚等。也就是说，密度起伏和结构起伏不是随机地同时发生的，而是彼此独立分开的，密度起伏是结构起伏的先决必要条件，没有密度起伏就不会产生结构起伏，有了结构起伏后才是晶体形核过程。所以，两个起伏的临界点（分界点、拐点）成为人们希望搞清楚的关键问题。

二步形核机理的研究最早源自于蛋白质溶液的结晶研究，蛋白质属于大分子，而且溶液体系温度低，为通过试验观察和证实溶液中晶体的形核是经过密度液相和预形核中间体结构的两步复杂过程提供了方便。早在 1997 年，Ten Wolde 等[49]在《Science》杂志发表文章阐述了他们采用数值模拟方法发现，在蛋白质均匀形核过程中存在一个亚稳定的液-液相临界点，临界点的存在显著地改变蛋白质的形核途径，在临界点附近形核能垒迅速降低，这一发现为二步形核机理的提出提供了重要启发和依据。在形核动力学方面，J. E. Aber[50]等在研究蛋白质晶体形核的工作中第一次提出了二步形核机理。J. R. Savage 等[51]在无机材料和胶体材料的结晶机制以及 E. M. Pouget 等[52]在生物矿物体系的矿化结晶过程等方面，进一步对二步形核机制的有效性进行了一系列研究论证。近些年来，P. G. Vekilov 等[11,53,54,56]在蛋白质、有机溶液中结晶的二步形核中间体、形核机理及形核动力学等方面做了大量的研究工作，对二步形核机理做了系统的总结和问题展望。总之，从目前二步形核涉及的研究体系来看，不论是在哪个体系中，结晶形核过程均具有这样的特征，即在形核过程存在两个可能的中间体状态，分别为稳定的、无序的密度液相和亚稳定的、短程有序的团簇或规则排列的结构。图 2-24 为采用共聚焦扫描激光-荧光显微镜直接观察葡萄糖异构糖结晶过程中稳定的密度蛋白质液滴内有序晶核形成的照片[55,56]，该体系的试验观察为二步形核机理中的密度液相和有序预形核结构的存在提供了直接证据。如图 2-24 所示，明场的电子像为浓度为 10000g/mol（PEG 10000）的聚乙二醇用于诱导结晶过程；左图和右图的时间间隔为 380s；蛋白质浓度为 55mg/mL，PEG 占 9.5%，NaCl 为 0.5mol，三羟甲基氨基甲烷为 10mmol，pH 值为 7；图中每一个照片的宽度为 326μm。在溶液中存在亚稳定的密度液相中间体团簇，尺寸约为几十微米的范围，葡萄糖异构糖的形核过程经历了最初的密度液相阶段，即为成分起伏阶段。当然，从目前的试验技术来看，要想在很多体系中实现这种直接试验观察还是十分困难甚至是不可能的，因为很多体系中密度液滴不稳定、寿命短，而这种直接观察适用于稳定的且尺寸较大的密度液相；特别是对于高温的无机熔体或者是金属熔体，直接观察目前是不可能的。因此，为了证实和应用二步形核机理，常用的方法就是计算机模拟试验和宏观试验结果结合论证。

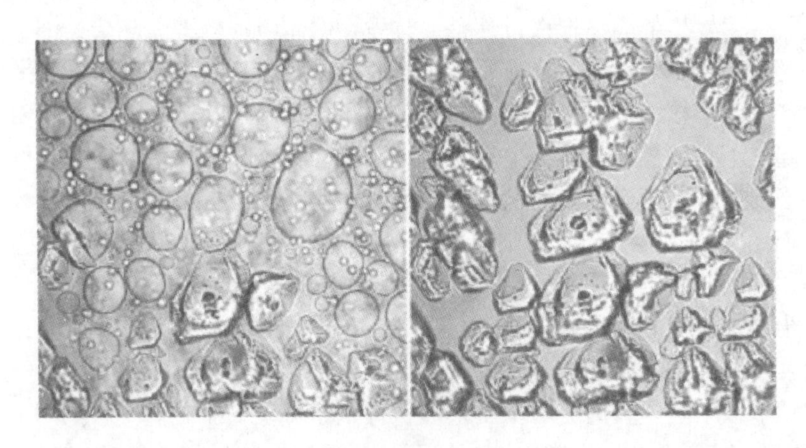

图 2-24 葡萄糖异构糖结晶形核的密度液滴的共聚焦扫描激光-荧光显微镜照片

二步形核过程的原子密度、结构演变和热力学能量变化示意图如图 2-25 所示。A. F. Wallace 等[57]借助分子动力学模拟技术研究了碳酸钙溶液中固体碳酸钙的结晶形核过程，成功对碳酸钙溶液进行了液-液相分离，揭示了固体碳酸钙的结晶

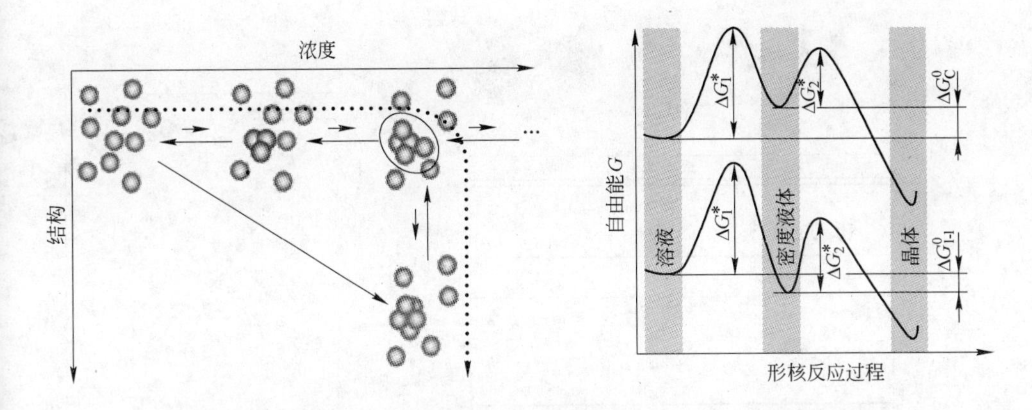

图 2-25 二步形核过程的原子密度、结构演变和热力学能量变化示意图

过程是一个二步形核过程：首先在 $CaCO_3$ 溶液中溶剂化作用形成一种密度液相，即碳酸钙的水合离子团簇 $CaCO_3 \cdot nH_2O$，随后，在密度液相内进一步发生聚集、固化和晶化形成固体碳酸钙晶核。碳酸钙密度液相的存在和演变是形核过程转变和途径诱导的关键，起到临界点作用。图 2-26(a)为采用复制-交换分子动力学模拟出的团簇结构（密度液相）向密度以及尺寸增大的聚合团簇结构演变；图 2-26(b)为在长大的不同阶段，团簇内钙离子、方解石（calcite）和无定型碳酸钙（ACC）的扩散率比较，几种常见溶剂的自扩散系数；图 2-26(c)根据 $[Ca^{2+}]=[CO_3^{2-}]=0.015$mol/L，采用 Lin 等[58]的方法得到的溶剂化离子的自由能作为密度液相（团簇）尺寸的函数变化关系；图 2-26(d)为 $CaCO_3$-H_2O 系的相平衡关系图，可以看到存在液-液相分解线。R. Demichelis 等[59]采用分子动力学模拟得到了碳酸钙形核前的离子团簇的结构和性质，对理解溶液中无定型碳酸钙的形成机理起到作用。Denis Gebauer 等[60]通过试验在线测量碳酸钙溶液中形核过程中溶液 pH 值的变化，揭示了碳酸钙形核前（即使是在不饱和溶液中）是以团簇结构的中间体存在，团簇中间体即为预形核晶胚。Xiaolin Wang 等[61]在高于259℃下蒸汽饱和的 1.19% ~19.36% $MgSO_4$ 水溶液中成功地在线试验观察到了液-液相分离过程，试验结果如图 2-27 所示，即在硫酸镁水溶液加热过程中分离出一种富 $MgSO_4$ 的液滴，是形核之前的一种密度液相。在无机溶液中先后发现和揭示存在预形核中间体是对蛋白质研究起点的二步形核理论的深刻发展，Allan S. Myerson 等[62]于 2013 年 8 月在《Science》上撰文综述了二步形核理论的几个重要进展和前沿问题，不同溶液中预形核中间体的存在、结构、形态及其证明仍是二步形核理论的重要科学问题。

对碳酸钙、蛋白质和有机溶液中离子晶体形核过程复杂机制的开创性探索，包括从形核过程的试验观察、形核动力学控制到形核过程分子动力学的计算机模拟等方面，为系统地提出从溶液中结晶的二步形核机理（two-step nucleation

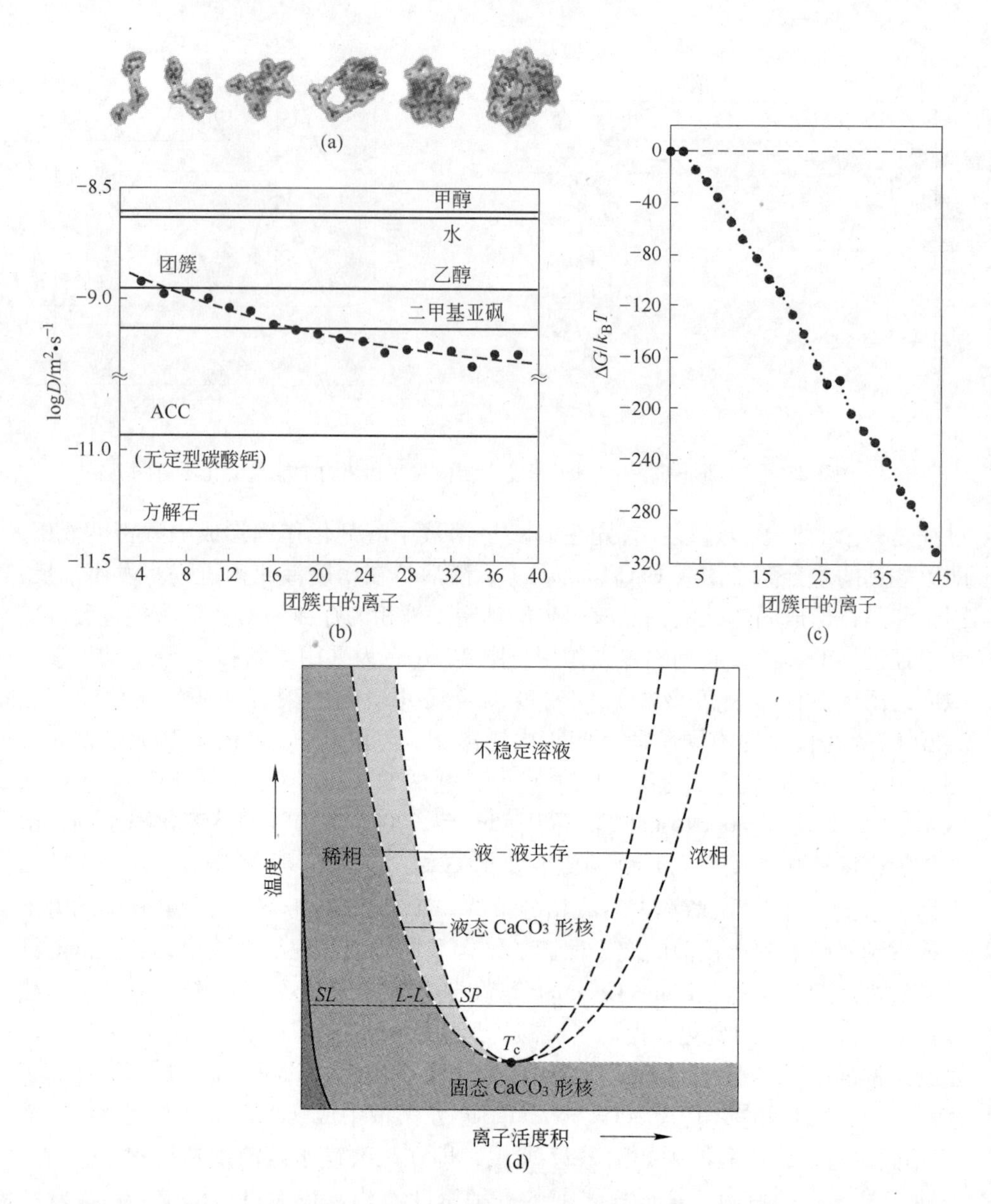

图 2-26 水合碳酸钙团簇的结构、动力学和能量性质以及 $CaCO_3$-H_2O 系平衡相示意图

mechanisms，TSNM）奠定了基础。与一步经典形核理论相比，二步形核机理对形核过程涉及的各种中间体的信息以及由这些先后出现的中间体组成的演变途径有了更清楚的认识，如图 2-28 所示。但是，二步形核机理的提出至今才十几年时间，仍存在许多如形核过程的复杂本质以及分子模拟制样困难等理论和实践应用上的问题：（1）二步形核过程的热力学能量变化的定量计算模型，如密度液相的热力学稳定性、密度液相内部有序化过程热力学能量变化等；（2）二步形

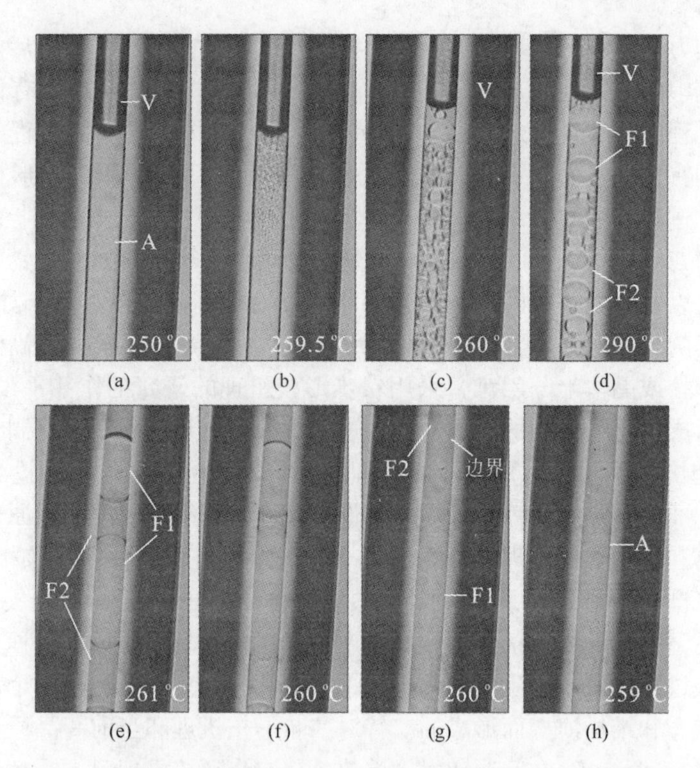

图 2-27 硫酸镁水溶液加热过程中分离出的富 $MgSO_4$ 液滴密度液相

V—蒸汽相；A—水溶液相；F1—密度液相 1；F2—密度液相 2

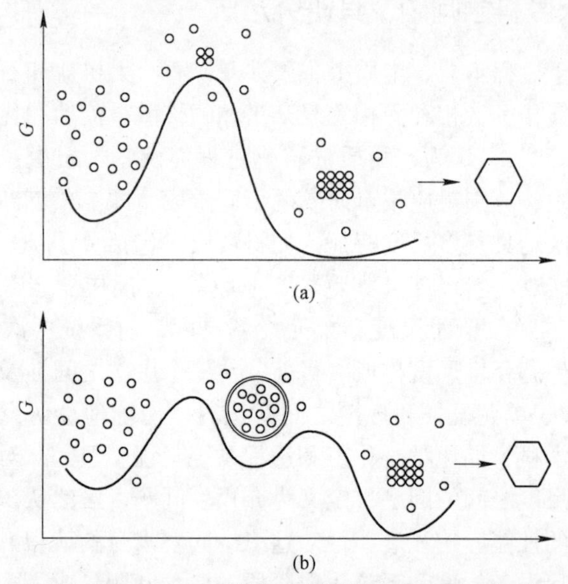

图 2-28 一步与二步形核机制的途径比较示意图

（a）一步形核机制；（b）二步形核机制

核过程的动力学问题，如均相形核的形核率规律、在密度液相和随后的有序化以及形核过程中的限制性环节的确定；（3）二步形核机理是否在所有体系的物质相变形核过程的普适规律？（4）对于高温溶液或熔体中的结晶过程，二步形核过程和机制有什么不同与有机或低温无机盐溶液？（5）利用二步形核机理来进行物质转化过程（主要为结晶过程）中新相形貌、尺寸和分布的调控等。

目前，二步形核机理的研究基本上还是处于以离子材料如碳酸钙、蛋白质和有机物为主以及温度较低的水溶液体系中，而对于高温熔体过程，如金属熔炼、炼钢过程等的超高温金属熔体中进行的多相反应结晶形核，实验和高温在线检测熔体内的形核或晶体十分困难，采用二步形核机理的研究工作几乎没有。例如，钢液脱氧形成氧化物夹杂的形核机理，过剩氧的存在状态和产生机制、二次夹杂物（包括超快冷条件下的）的形成机理问题等，采用经典形核理论难以获得合理的解释和准确的定量计算。近年来，作者及其课题组采用第一性原理的密度泛函理论计算和二步形核机理，计算了钢水脱氧形核过程各种预形核相的热力学，并结合脱氧试验结果（过剩氧含量、低温固体钢中的一次和二次夹杂物分析）论证了在高温钢液的脱氧条件下，脱氧产物—氧化物晶体的形核过程是一个潜在的多步复杂过程，服从二步形核机制，钢中的氧化物夹杂是经过多个尺度范围的多步物质状态和结构演变而形成的。针对二步形核机理和当前高品质洁净钢夹杂物控制的研究现状、存在问题和发展趋势，将二步形核机理引入洁净钢脱氧夹杂物控制以及钢液凝固过程形核控制，应是值得研究和探索的领域。

2.5　冶金介尺度科学问题及其研究方法

冶金工业属于过程工业，本质上主要涉及矿石、无机盐和石化能源等在高温反应器中发生的气相、液相和固相等复杂多相的扩散、流动和化学反应以及相变等过程。李静海等[63~66]认为，物质的转化过程涉及三个层次：材料层次、反应器层次和系统层次，分别对应技术研发的不同阶段，即工艺创新、过程设备和系统集成。三个层次均具有多尺度特征，如材料层次包括分子/原子尺度、分子/原子聚集体尺度和宏观材料尺度（如颗粒、薄膜等），反应器层次包括单颗粒尺度（或气泡、液滴）、颗粒聚团尺度和单元设备尺度，而系统层次则由单元设备尺度、工厂尺度和生态环境尺度构成。目前，对三个层次之间涉及的边界尺度，即分子/原子、颗粒、单元设备和环境之间的边界，传统理论研究已较为深入，并逐步形成不同的学科，如化学、化工和过程系统工程。但是，对于三个层次内部的介于各自边界尺度之间的问题，定义为介尺度问题，虽然认识到了三个介尺度问题对所在层次的性能影响显著，但对这三个问题本身的认识有限，它们分别对应工艺创新、过程设备放大和系统集成阶段的瓶颈问题，成为现代物质科学和工程研发的焦点问题，久未突破。因此，从多尺度问题研究向介尺度问题研究的转变可能是一个重要的方向。

随着用户对钢铁产品要求以及生产技术和科学研究水平的不断提高，基于材料层次中的分子/原子尺度、分子/原子聚集体尺度以及介于两个尺度之间的介尺度等三个尺度，精确定量地研究描述冶金熔体性质以及冶金过程规律成为可能，也成为冶金学科的发展方向之一。例如，熔渣的微观结构与性质关系、金属熔体液态结构、脱氧以及夹杂物的形成机理（途径、结构演变过程及动力学）、纳米尺度夹杂物的行为与控制问题等。例如，对于钢中夹杂物的形成与控制问题，脱氧元素/氧为原子尺度，夹杂物晶核为聚集体尺度，宏观夹杂物颗粒为宏观材料尺度。图2-29所示为钢液中夹杂物形成过程的介尺度机制示意图。目前，扩散和化学反应、宏观夹杂物颗粒的研究已经很多，生产中的控制方法基本上是基于该尺度的理论，但是介于这三者之间的介尺度现象和问题还关注得很少。因此，深入研究冶金过程中微观、介观和与介尺度相关的物质转化过程的问题，有助于人们从新的角度认识和理解冶金反应和材料制造过程的机制，可能为新的冶金控制和调控技术发展提供基础。

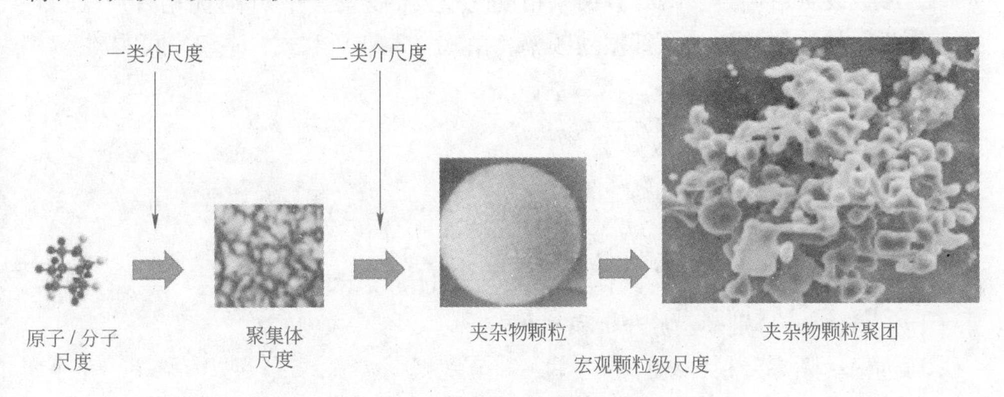

图2-29　夹杂物形成过程的介尺度机制示意图

对于上述问题，特别是介尺度问题，采用传统的唯象理论难以描述和解决，需要借助基于微观理论的模拟研究方法。另外，在高温冶金过程中，微观尺度的直接检测也是一个难点。例如，纳米尺度材料的热力学性质检测困难，特别是高温下的热力学性质没有有效的检测方法，目前，仅能对部分纳米材料在较低温度下（400K以下）的热容进行测量，如纳米氧化物ZnO、Al_2O_3等[67,68]。大量研究和实践证明，分子动力学（molecular dynamics，MD）模拟方法包括基于量子力学的第一性原理和经典牛顿力学的计算机模拟技术，是较为成功的研究方法。目前，这些方法在原子分子物理、凝聚态物理、材料科学和纳米科技等领域获得了较为广泛的应用，但在冶金领域，特别是钢铁冶金的研究中应用得很少[69]。由于MD研究不受样品制备和测试技术限制，应用于钢铁冶金领域，可弥补高温熔体结构和性质检测的困难，促进对冶金过程微/介观尺度行为的研究。

由于编写时间限制，本书仅阐述了钢液铝脱氧过程二步形核机理方面的研究工作。采用基于量子力学的多种分子模拟技术来计算钢液铝脱氧过程中脱氧产物（夹杂物）形成过程中所可能经历的中间体结构相，主要有不同结构的氧化铝纳米亚稳相团簇（Al_2O_3）$_n$、纳米氧化物颗粒的热力学性质。在所得热力学性质的基础上，对脱氧反应到宏观夹杂物颗粒这一从原子到宏观颗粒的尺度之间的物质结构演变、途径和热力学等进行了分析和研究。

DFT 方法主要通过 Materials Studio（MS）6.0 软件包实现运算，使用了基于 DFT 的分子轨道理论 $Dmol^3$ 程序代码和平面赝势波理论 CASTEP 程序代码等两种进行计算，两种计算方法针对不同结构类型的体系各有优缺点。计算过程主要分为体系的原子-分子结构模型的建立、模型的结构优化和频率计算、根据频率进行热力学性质计算等几个环节。首先，根据模拟对象，使用 Visualizer 模块绘制初始构象的原子-分子结构模型，如果模型结构库中有现成的模型，可直接选用；然后，采用 BFGS 机制[70]进行几何优化，几何优化时，具体的设置因体系不同而不同，参数设置恰当是影响计算结果精度的重要因素之一；几何优化后，可同时得到优化后的构象体系的全部振动频率，由式（2-51）和式（2-52）可得[71]：

$$F_{ij}=\frac{1}{\sqrt{m_i m_j}}\frac{\partial^2 E}{\partial q_i \partial q_j} \tag{2-51}$$

$$\frac{\partial^2 E}{\partial q_i \partial q_j}\approx\left[\frac{\partial}{\partial q_i}E(q_i+\Delta)-\frac{\partial}{\partial q_i}(q_i-\Delta)\right]/(2\Delta) \tag{2-52}$$

式中　q_i，q_j——分别代表构象体系中原子 i 和 j 的笛卡尔坐标；

m_i，m_j——分别表示原子 i 和 j 的质量。

通过振动频率，根据统计热力学，即分别根据式（2-53）~式(2-56）可计算出体系的等压热容 C_p、焓 H、熵 S 和自由能 G 等基本热力学性质[72~74]。

$$C_p=C_{\text{trans}}+C_{\text{rot}}+C_{\text{vib}}=R\sum_i\frac{(h\nu_i/kT)^2\exp(-h\nu_i/kT)}{[1-\exp(-h\nu_i/kT)]^2}+4R \tag{2-53}$$

$$\begin{aligned}H(T)&=H_{\text{vib}}(T)+H_{\text{rot}}(T)+H_{\text{trans}}(T)+RT\\&=\frac{R}{2k}\sum_i h\nu_i+\frac{R}{k}\sum_i\frac{h\nu_i\exp(-h\nu_i/kT)}{1-\exp(-h\nu_i/kT)}+4RT\end{aligned} \tag{2-54}$$

$$\begin{aligned}S&=S_{\text{trans}}+S_{\text{rot}}+S_{\text{vib}}\\&=\frac{5}{2}R\ln T+\frac{3}{2}R\ln w-R\ln p-2.3482+\\&\frac{R}{2}\ln\left[\frac{\pi}{\sqrt{\sigma}}\frac{8\pi^2cI_{\text{A}}}{h}\frac{8\pi^2cI_{\text{B}}}{h}\frac{8\pi^2cI_{\text{C}}}{h}\left(\frac{kT}{hc}\right)^3\right]+\frac{3}{2}R+\end{aligned}$$

$$R\sum_i \frac{h\nu_i/kT\exp(-h\nu_i/kT)}{1-\exp(-h\nu_i/kT)} - R\sum_i \ln[1-\exp(-h\nu_i/kT)] \tag{2-55}$$

$$G_V = H - TS \tag{2-56}$$

式中 C_{trans}，C_{rot}，C_{vib}——分别表示原子的平动、转动和振动的热容；

k——玻耳兹曼常数；

h——普朗克常数；

R——理想气体常数，8.314J/(mol·K)；

ν_i——原子的振动频率；

H_{vib}，H_{rot}，H_{trans}——分别表示平动、转动和振动焓；

S_{trans}，S_{rot}，S_{vib}——分别表示平动、转动和振动熵；

w——分子质量；

σ——对称数；

p——压力；

c——摩尔浓度；

$I_{A(B,C)}$——转动惯量；

G_V——振动自由能。

用 $Dmol^3$ 计算团簇热力学性质的方法：用 Visualizer 构建团簇的结构模型，采用 BFGS 机制进行几何优化，以得到稳定的团簇结构模型；不同物质的团簇结构和性质不同，其所采用的优化设置参数也不同，参数设置是否合理需要摸索。例如，对于$(Al_2O_3)_n$团簇的几何优化的精度可以设置为：能量不大于2.0×10^{-5} Ha，应力不大于0.004Ha/Å(1Å$=10^{-10}$m)，位移不大于0.005Å。电子交换关联势函数可选用 GGA 广义梯度近似的 BLYP 形式。自洽（SCF）计算时，体系总能量和电荷密度收敛精度设为1×10^{-5}Ha，使用热拖尾效应，数值设为0.005Ha。采用带 d 轨道的 DNP 基组，球轨道的截断半径取为3.5×10^{-10}m，核电子的处理采用 ECP 方法[75,76]。优化结束后，对优化后的结构进行频率计算，主要方法为统计热力学方法，从而得到热力学性质。

纳米晶体热力学性质计算方法：总体思路将纳米颗粒的总自由能看做颗粒内部原子和表面原子两部分的自由能之和，颗粒内部自由能采用经典热力学自由能函数，颗粒表面自由能采用分子模拟方法计算；然后，从自由能出发，进一步得到其他热力学函数或性质关系。对于表面能部分，采用 MS 中的 Castep 程序包完成，该程序基于平面赝势波函数，可以较为准确地计算具有晶体及类晶体固态材料的热力学性质。对于周期性结构晶体，可分别建立几个对称晶面的模型，每个晶面计算从表面至内部 2～3 排原子层厚度，从第 3 或第 4 层至内部所有原子均按内部原子计算，不受表面效应影响。计算每个晶面的表面自由能后，按照对称性计算总的表面自由能。

表面自由能计算的具体设置及过程为：首先，用 BFGS 算法对模型进行几何优化，选择优化晶胞（Optimize cell），收敛精度设置为 1×10^{-5}eV/atom，应力精度为 1×10^{-2}eV/Å(1Å = 10^{-10}m)，位移精度为 1×10^{-3}Å。交换关联函数采用梯度修正近似 GGA 的 PBE 函数。布里渊区积分采用 Monkhorst-Pack 方法，网格尺寸为 4×4×2，精度设置为 Fine。计算采用模守恒赝势（norm-conserving），赝势选用倒易空间（reciprocal space）。结构优化完成后对模型进行声子（phonon）计算，通过声子计算，类似于 $Dmol^3$ 的频率计算，得到各热力学性质。

关于分子动力学模拟技术详细可参考相关书籍，本书不做重点介绍。

2.6 氧化物夹杂形成的 TSNM 机制

前文阐述了国内外研究者和笔者基于经典理论对钢液脱氧及其产物—氧化物夹杂形成机理的分析和认识；同时，了解到目前对于夹杂物的核形成过程的途径及其结构演变以及机理等仍是不清楚的。简言之，对夹杂物形成的微观尺度过程演变以及微观与宏观尺度之间的介尺度行为没有认识清楚。本小节以钢液铝脱氧过程为例，阐述笔者基于熔体中的多相反应平衡—结晶过程形核的二步机制为理论基础，分析了氧化铝夹杂物形成的多步机制，包括形核过程的途径以及结构演变，熔体中不同结构与尺度氧化铝相形成的热力学变化趋势；同时，较为合理地解释了钢液铝脱氧长时间后仍存在过剩氧的原因以及二次氧化铝和一次氧化铝夹杂物的形成机理。

2.6.1 预形核的氧化铝团簇 $(Al_2O_3)_n$ 的结构与热力学性质

2.6.1.1 $(Al_2O_3)_n$ 的结构

根据溶液中结晶过程的二步形核机理，在晶体形核之前存在一种预形核的密度液相，这种密度液相是由原子或分子构成的一种短程有序的团簇结构，但不具备晶体的周期性结构，这种结构在预形核阶段有自身存在的稳定性和条件。因此，对于不同体系以及不同温度下，密度液相的团簇结构稳定性和寿命不同。为了探讨钢液用铝脱氧过程中，氧化铝脱氧产物的形成途径以及结构演变规律，研究了氧化铝团簇 $(Al_2O_3)_n$ 的一些稳定结构的构型及其对应的热力学性质。图 2-30所示为采用基于密度泛函理论的 $Dmol^3$ 程序优化得到的 $n=1\sim10$，15，30 个氧化铝分子比构成的 $(Al_2O_3)_n$ 的最稳定的 12 种结构的团簇。由图可见，$(Al_2O_3)_n$ 的最稳定构型为直线型，$n>1$ 的 $(Al_2O_3)_n$ 的稳定构型均为对称性的笼状结构，$(Al_2O_3)_{30}$的结构类似于 C60 的富勒烯结构。这些构型与孙娇等人采用 Gauss 软件优化的 $(Al_2O_3)_n$ 构型是一致的[77]。在氧化铝团簇的试验方面，V. V. Karasev 等[78]用透射电镜观察到了铝燃烧后得到的 Al_2O_3 的气溶胶是由球形

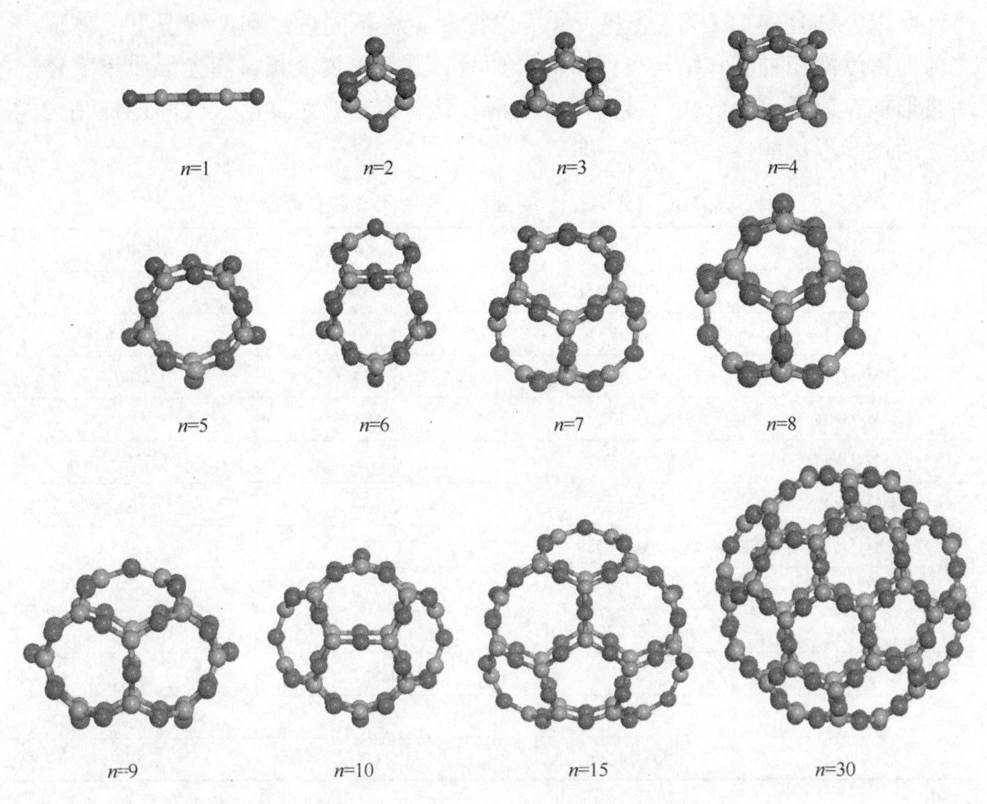

图 2-30 优化后的 $(Al_2O_3)_n$ 稳定结构

(● 表示 O 原子，● 表示 Al 原子)

小颗粒形成的链状聚集体组成的，球形的小颗粒为亚稳定的团簇结构，团簇结构通过聚集形成链状聚集体可进一步提高它们的稳定性，例如简单的二聚体形成，$2Al_2O_3 \rightarrow Al_4O_6$，$2Al_8O_{12} \rightarrow Al_{16}O_{24}$。当然，随着条件改变，不同 n 值团簇之间发生转换时，也会导致稳定性发生一定程度的改变，详见后文热力学性质部分。

表 2-6 所示为 $(Al_2O_3)_n$ ($n = 1 \sim 10$，15，30) 的键长、某方向最大表观尺寸和空间群对称性。$(Al_2O_3)_n$ 的某个最大表观尺寸方向的尺寸与团簇分子数 n 的关系如图 2-31 所示。对于大尺寸的团簇，如 $(Al_2O_3)_9$、$(Al_2O_3)_{10}$、$(Al_2O_3)_{15}$ 和 $(Al_2O_3)_{30}$ 等，由于空间和尺寸效应的影响，与小尺寸团簇相比，可能稳定性较低，但是如果钢液中的 Fe 原子能进入笼状的大尺寸团簇结构中作为填充物，则可增加其稳定性。在钢液中，诸如 Fe 原子或其他可以进入团簇结构的原子进入大尺寸团簇内部进行填充的可能性应该较大。由图 2-31 可见，氧化铝晶体形核前的单个预形核团簇（密度液相）的尺寸范围为 0.4 ~ 1.7nm，该值小于按照经典形核理论在较高的铝氧过饱和度（S）情况下得到的氧化铝晶体的临界核的尺寸。按照溶液中的晶体形核理论，过饱和度越高，其形核对应的临界半径必然更

小。所以，结合（Al_2O_3）$_n$ 表观尺寸可以推断，在不同过饱和度情况下晶体形核之前的密度液相种类和结构可能不同；而且，几个密度液相可能先形成聚集体之后再形核，或者单个的大尺寸团簇密度液相从其内部开始逐渐进行周期性结构调整，而逐步形成晶体。

表 2-6　（Al_2O_3）$_n$ 的键长、表观尺寸和空间群

$(Al_2O_3)_n$	d_{Al-O}/nm	D_{max}/nm	空间群
$(Al_2O_3)_1$	0.1602，0.1692	0.658	D_h
$(Al_2O_3)_2$	0.1737	0.410	C_3
$(Al_2O_3)_3$	0.1715	0.444	D_{3h}
$(Al_2O_3)_4$	0.1712	0.588	O_h
$(Al_2O_3)_5$	0.1707	0.626	C_{5h}
$(Al_2O_3)_6$	0.1706	0.830	C_2
$(Al_2O_3)_7$	0.1705	0.766	C_{3h}
$(Al_2O_3)_8$	0.1702	0.779	S_8
$(Al_2O_3)_9$	0.1700	0.808	C_s
$(Al_2O_3)_{10}$	0.1700	0.952	C_5
$(Al_2O_3)_{15}$	0.1698	1.212	C_{2v}
$(Al_2O_3)_{30}$	0.1696	1.690	I_h

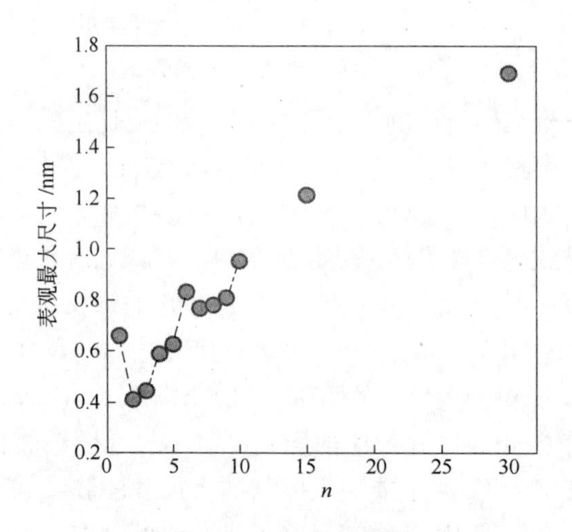

图 2-31　（Al_2O_3）$_n$ 的表观最大尺寸

2.6.1.2　（Al_2O_3）$_n$ 的热力学性质

图 2-32 所示对优化的（Al_2O_3）$_n$（$n=1\sim10$，15，30）通过 $Dmol^3$ 进行热力学性质分析得到的热容 C_p、焓 H、熵 S、振动吉布斯自由能 G_V、0K 温度下的零

点能 $E(0\mathrm{K})$ 和吉布斯自由能 $G(G=G_\mathrm{V}+E(0\mathrm{K}))$ 等热力学性质随温度，以及团簇所含分子数 n（相当于结构变化和尺寸变化）。

图 2-32(a)为计算出来的纳米团簇 $(Al_2O_3)_n$($n=1\sim10$，15，30）的热容 C_p 随温度 T 及团簇所含分子数 n 的变化规律。可以看出，在 0～1000K 温度范围内，在同一温度下，热容随着 n 的增加而增加；对于同一 n 值的团簇，热容随着温度的升高也呈增加趋势；另外，热容随温度的变化率却随着温度的升高而逐渐减

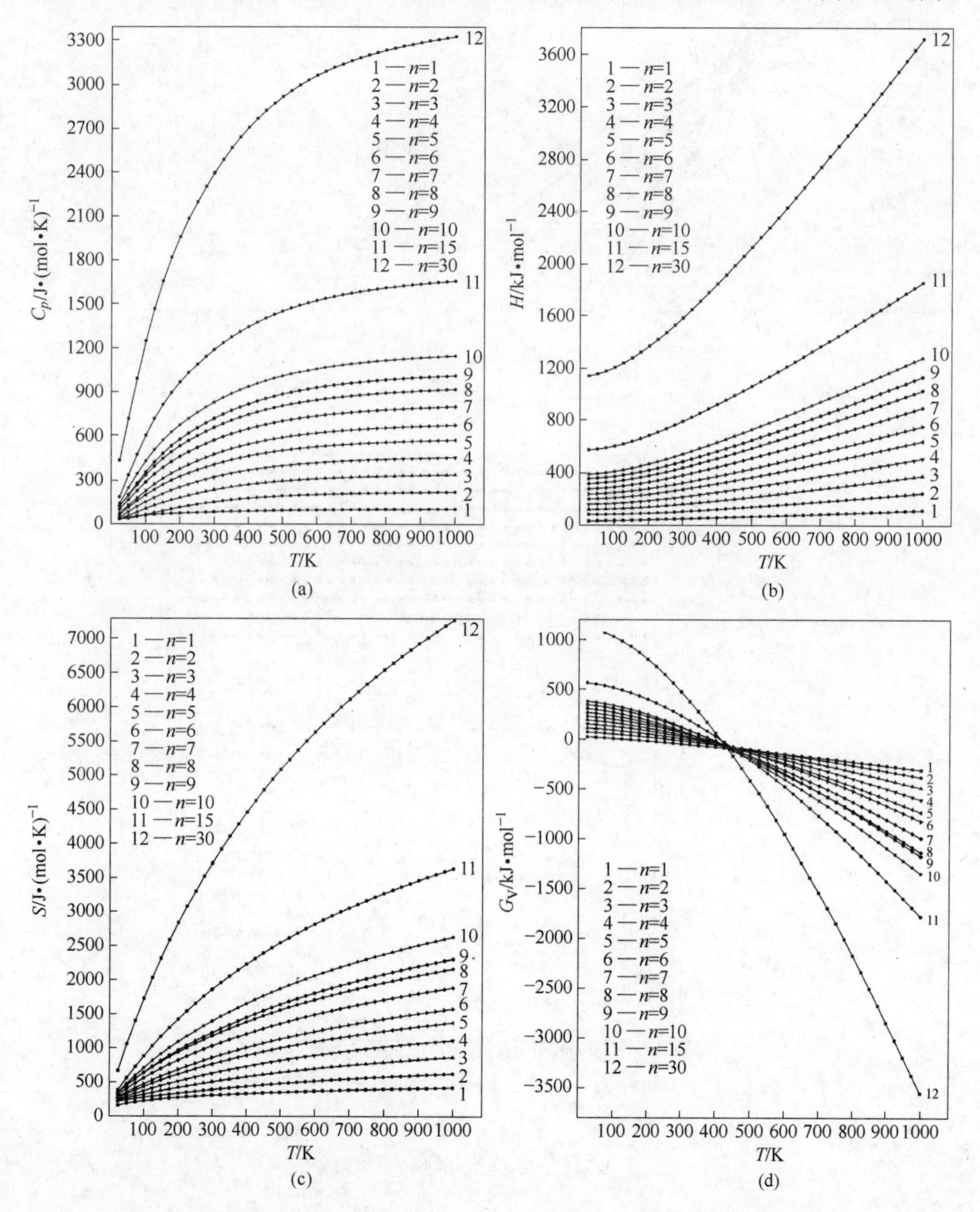

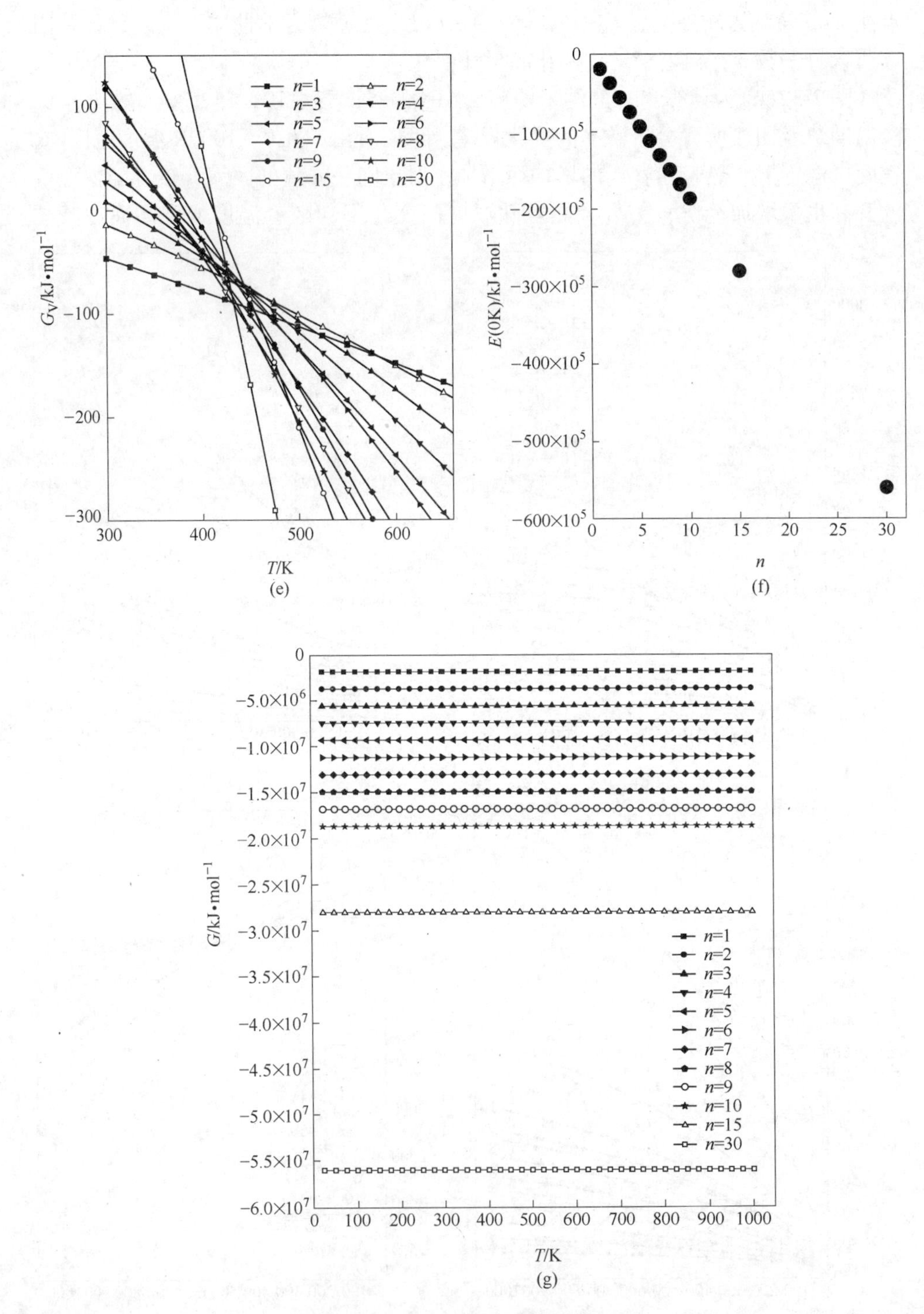

图 2-32 $(Al_2O_3)_n$ 的热力学性质

小，即在低温阶段，热容随温度升高变化较快，在较高温度阶段，热容随温度升高，增加幅度逐渐减小，最后热容基本趋于定值。可见，$(Al_2O_3)_n$ 的热容随温度的变化规律与常规材料的热容随温度的变化规律是一致的，但是其热容随 n（分子数，即代表结构不同，在一定程度上也反映尺寸的变化）变化而变化，即反映了结构以及尺度对热力学性质的影响。

图2-32(b)为纳米团簇 $(Al_2O_3)_n(n=1\sim10, 15, 30)$ 的焓 H 随温度 T 及团簇所含分子数 n 的变化规律。可以看出，在0~1000K温度范围内，在同一温度下，H 随着 n 的增加而增加；对于同一 n 值的团簇，H 随着温度的升高也呈增加趋势；另外，H 随温度的变化率却随着温度的升高而逐渐增大，即在低温阶段，H 随温度升高变化较缓慢，但在较高温度阶段，H 随温度升高的增加幅度逐渐增大。

图2-32(c)为纳米团簇 $(Al_2O_3)_n(n=1\sim10, 15, 30)$ 的熵 S 随温度 T 及团簇所含分子数 n 的变化规律。可以看出，在0~1000K 温度范围内，在同一温度下，S 随着 n 的增加而增加；对于同一 n 值的团簇，S 随着温度的升高也呈增加趋势；另外，S 随温度的变化率却随着温度的升高而逐渐减小，即在低温阶段，S 随温度升高变化较快，在较高温度阶段，S 随温度升高，增加幅度逐渐减小，最后 S 基本趋于定值。可见，$(Al_2O_3)_n$ 的 S 随温度的变化规律与其 C_p 随温度的变化规律是一致的，符合热力学的基本规律。

图2-32(d)、(e) 为纳米团簇 $(Al_2O_3)_n(n=1\sim10, 15, 30)$ 的振动自由能 G_V 随温度 T 及团簇所含分子数 n 的变化规律。其中图2-32(e)为图2-32(d)在300~600K温度区间的放大，在该温度区间，不同团簇的 G_V 曲线呈两两相交的特点。由图2-32(d)、(e) 可以看出，当温度低于350K左右时，在同一温度下，G_V 随 n 增加而增加；当温度高于600K左右时，在同一温度下，G_V 随着 n 增加而减小；对于同一 n 值的团簇，G_V 随着温度的升高也呈降低趋势；另外，n 值越大的团簇的 G_V 随温度的变化率大于 n 值较小的团簇的 G_V 随温度的变化率，所以，即在低温阶段，大团簇的 G_V 大于小团簇的 G_V，但随着温度升高，大团簇的 G_V 以较快的变化率随温度升高而减小，到了较高温度阶段，大团簇的 G_V 反而低于小团簇的 G_V。总的来看，$(Al_2O_3)_n$ 的 G_V 随温度的变化规律与宏观热力学变化规律是一致的，但 G_V 随温度表现出来的特殊规律则反映了大、小团簇的结构稳定性随温度变化表现出来的不一致性，这一点与宏观材料完全不同，是纳米团簇的特殊热力学性质体现。

图2-32(f)为纳米团簇 $(Al_2O_3)_n(n=1\sim10, 15, 30)$ 的0K内能 E(0K)随团簇所含分子数 n 的变化规律。可以看出，E(0K)随 n 值增加而减小，而且几乎是呈线性关系降低。说明随着 n 值增加，团簇在0K时的能量降低，即大团簇的0K稳定性高于小团簇。$(Al_2O_3)_n(n=1\sim10, 15, 30)$ 的 E(0K)数据见表2-7。

表 2-7 $(Al_2O_3)_n$ 的 E(0K) 数据 (kJ/mol)

$(Al_2O_3)_n$	$(Al_2O_3)_1$	$(Al_2O_3)_2$	$(Al_2O_3)_3$
E(0K)	-1867087.011	-3735140.243	-5602991.252
$(Al_2O_3)_n$	$(Al_2O_3)_4$	$(Al_2O_3)_5$	$(Al_2O_3)_6$
E(0K)	-7470808.587	-9338574.479	-11206332.227
$(Al_2O_3)_n$	$(Al_2O_3)_7$	$(Al_2O_3)_8$	$(Al_2O_3)_9$
E(0K)	-13074088.718	-14941838.281	-16809587.780
$(Al_2O_3)_n$	$(Al_2O_3)_{10}$	$(Al_2O_3)_{15}$	$(Al_2O_3)_{30}$
E(0K)	-18677339.652	-28016064.030	-56032212.496

图 2-32(g)为纳米团簇 $(Al_2O_3)_n$(n=1~10，15，30）的绝对吉布斯自由能随温度 T 及团簇所含分子数 n 的变化规律，有关系式 $G = G_V + E(0K)$。由图可以看出，在 0~1000K 温度范围内，在同一温度下，G 随着 n 的增加而降低；对于同一 n 值的团簇，G 随着温度的升高变化趋势不明显，这主要在于对于某一 n 值的团簇，因为其 E(0K)远远低于其 G_V 值，所以 G 值的大小主要由 E(0K)大小决定，而 G_V 仅仅对 G 有一定的影响，所以，不同团簇的 G 曲线几乎成平行关系，但实际不是平行的，斜率是由不同团簇的 G_V 值所致。从绝对吉布斯自由能也可以看出，团簇的结构对其热力学性质有决定性作用。$(Al_2O_3)_n$(n=1~10，15，30）的各种热力学性质随温度以及分子数的变化规律的回归成关系式见表2-8和表 2-9。有了这些热力学性质随温度及其特征规律，可以用于探讨脱氧化学反应过程脱氧产物演变的热力学问题。

表 2-8 0~1000K 的 $(Al_2O_3)_n$ 热力学性质的拟合关系式（1）

$(Al_2O_3)_n$	C_p/J·(mol·K)$^{-1}$	H/kJ·mol^{-1}
$(Al_2O_3)_1$	$39.30 + 0.22T - 2.88\times10^{-4}T^2 + 1.32\times10^{-7}T^3$	$25.50 + 0.04T + 9.44\times10^{-5}T^2 - 7.65\times10^{-8}T^3 + 2.55\times10^{-11}T^4$
$(Al_2O_3)_2$	$5.91 + 0.69T - 7.83\times10^{-4}T^2 + 3.07\times10^{-7}T^3$	$77.28 - 1.63\times10^{-3}T + 3.74\times10^{-4}T^2 - 3.00\times10^{-7}T^3 + 9.48\times10^{-11}T^4$
$(Al_2O_3)_3$	$9.31 + 1.10T - 1.32\times10^{-3}T^2 + 5.50\times10^{-7}T^3$	$118.31 + 0.01T + 5.49\times10^{-4}T^2 - 4.44\times10^{-7}T^3 + 1.42\times10^{-10}T^4$
$(Al_2O_3)_4$	$18.59 + 1.50T - 1.84\times10^{-3}T^2 + 7.95\times10^{-7}T^3$	$157.11 + 0.029T + 7.18\times10^{-4}T^2 - 5.86\times10^{-7}T^3 + 1.90\times10^{-10}T^4$
$(Al_2O_3)_5$	$33.12 + 1.85T - 2.29\times10^{-3}T^2 + 9.94\times10^{-7}T^3$	$196.24 + 0.048T + 8.80\times10^{-4}T^2 - 7.18\times10^{-7}T^3 + 2.34\times10^{-10}T^4$
$(Al_2O_3)_6$	$33.19 + 2.19T - 2.69\times10^{-3}T^2 + 1.16\times10^{-6}T^3$	$234.08 + 0.048T + 1.05\times10^{-3}T^2 - 8.55\times10^{-7}T^3 + 2.78\times10^{-10}T^4$

续表 2-8

$(Al_2O_3)_n$	C_p/J·(mol·K)$^{-1}$	H/kJ·mol^{-1}
$(Al_2O_3)_7$	$59.95+2.54T-3.16\times10^{-3}T^2+1.38\times10^{-6}T^3$	$272.30+0.08T+1.20\times10^{-3}T^2-9.84\times10^{-7}T^3+3.22\times10^{-10}T^4$
$(Al_2O_3)_8$	$75.88+2.89T-3.59T^2+1.57\times10^{-6}T^3$	$311.27+0.10T+1.37\times10^{-3}T^2-1.12\times10^{-6}T^3+3.67\times10^{-10}T^4$
$(Al_2O_3)_9$	$64.46+3.25T-4.05\times10^{-3}T^2+1.77\times10^{-6}T^3$	$349.79+0.09T+1.54\times10^{-3}T^2-1.26\times10^{-6}T^3+4.14\times10^{-10}T^4$
$(Al_2O_3)_{10}$	$94.48+3.68T-4.68\times10^{-3}T^2+2.07\times10^{-6}T^3$	$381.64+0.14T+1.7\times10^{-3}T^2-1.41\times10^{-6}T^3+4.67\times10^{-10}T^4$
$(Al_2O_3)_{15}$	$114.05+5.38T-6.84\times10^{-3}T^2+3.04\times10^{-6}T^3$	$563.89+0.18T+2.49\times10^{-3}T^2-2.06\times10^{-6}T^3+6.85\times10^{-10}T^4$
$(Al_2O_3)_{30}$	$290.61+10.50T-1.33\times10^{-2}T^2+5.88\times10^{-6}T^3$	$1120.90+0.42T+4.86\times10^{-3}T^2-4.01\times10^{-6}T^3+1.33\times10^{-9}T^4$

表 2-9 0~1000K 的 $(Al_2O_3)_n$ 热力学性质的拟合关系式（2）

$(Al_2O_3)_n$	S/J·(mol·K)$^{-1}$	G_V/kJ·mol^{-1}	G/kJ·mol^{-1}
$(Al_2O_3)_1$	$158.70+0.70T-7.99\times10^{-4}T^2+3.67\times10^{-7}T^3$	$33.09-0.24T-1.04\times10^{-4}T^2$	$-1.87\times10^6-0.24T-1.04\times10^{-4}T^2$
$(Al_2O_3)_2$	$203.63+0.74T-4.51\times10^{-4}T^2+1.23\times10^{-7}T^3$	$82.63-0.27T-1.98\times10^{-4}T^2$	$-3.74\times10^6-0.27T-1.98\times10^{-4}T^2$
$(Al_2O_3)_3$	$207.20+1.21T-8.08\times10^{-4}T^2+2.57\times10^{-7}T^3$	$127.93-0.32T-3.06\times10^{-4}T^2$	$-5.60\times10^6-0.32T-3.062\times10^{-4}T^2$
$(Al_2O_3)_4$	$208.94+1.74T-1.26\times10^{-3}T^2+4.36\times10^{-7}T^3$	$171.80-0.37T-4.17\times10^{-4}T^2$	$-7.47\times10^6-0.37T-4.166\times10^{-4}T^2$
$(Al_2O_3)_5$	$218.85+2.28T-1.75\times10^{-3}T^2+6.30\times10^{-7}T^3$	$216.03-0.43T-5.26\times10^{-4}T^2$	$-9.34\times10^6-0.43T-5.26\times10^{-4}T^2$
$(Al_2O_3)_6$	$229.20+2.61T-1.94\times10^{-3}T^2+6.81\times10^{-7}T^3$	$256.33-0.47T-6.17\times10^{-4}T^2$	$-1.12\times10^7-0.47T-6.17\times10^{-4}T^2$
$(Al_2O_3)_7$	$249.78+3.30T-2.64\times10^{-3}T^2+9.88\times10^{-7}T^3$	$301.70-0.57T-7.38\times10^{-4}T^2$	$-1.31\times10^7-0.57T-7.39\times10^{-4}T^2$
$(Al_2O_3)_8$	$275.28+3.84T-3.12\times10^{-3}T^2+1.18\times10^{-6}T^3$	$345.71-0.65T-8.49\times10^{-4}T^2$	$-1.49\times10^7-0.65T-8.49\times10^{-4}T^2$
$(Al_2O_3)_9$	$258.75+4.07T-3.17\times10^{-3}T^2+1.16\times10^{-6}T^3$	$385.63-0.65T-9.29\times10^{-4}T^2$	$-1.68\times10^7-0.65T-9.29\times10^{-4}T^2$

续表 2-9

$(Al_2O_3)_n$	S/J · (mol · K)$^{-1}$	G_V/kJ · mol^{-1}	G/kJ · mol^{-1}
$(Al_2O_3)_{10}$	$248.65+4.90T-4.05\times10^{-3}T^2+1.54\times10^{-6}T^3$	$426.36-0.73T-1.07\times10^{-3}T^2$	$-1.87\times10^7-0.72T-1.07\times10^{-3}T^2$
$(Al_2O_3)_{15}$	$239.93+6.86T-5.52\times10^{-3}T^2+2.06\times10^{-6}T^3$	$625.91-0.90T-1.53\times10^{-3}T^2$	$-2.80\times10^7-0.90T-1.53\times10^{-3}T^2$
$(Al_2O_3)_{30}$	$397.66+14.20T-1.18\times10^{-2}T^2+4.54\times10^{-6}T^3$	$1251.11-1.79T-3.08\times10^{-3}T^2$	$-5.60\times10^7-1.78T-3.08\times10^{-3}T^2$

2.6.2 纳米 α-Al_2O_3 的热力学性质

图 2-33 所示为计算所采用的 α-Al_2O_3 的三个对称晶面结构模型。基于平面赝势波函数的 Castep 代码计算得到的 α-Al_2O_3 的声子密度分布如图 2-34 所示，基于声子密度分布统计计算的各种不同尺度的纳米 α-Al_2O_3 的各种热力学性质如图 2-35所示。

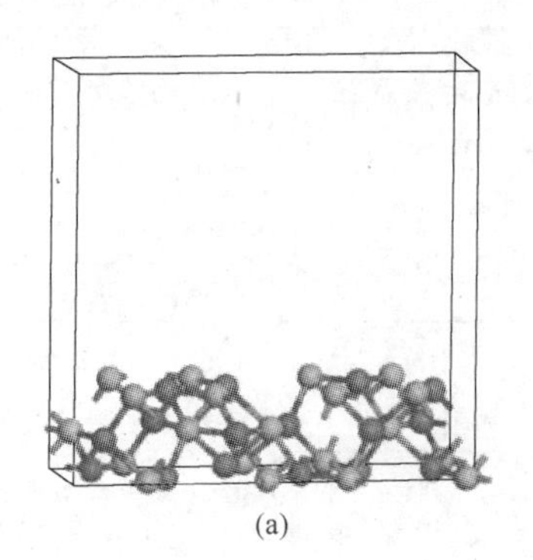

(a)

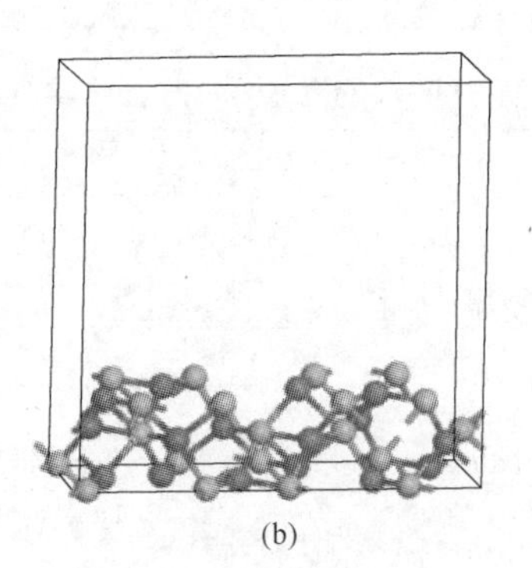

(b)

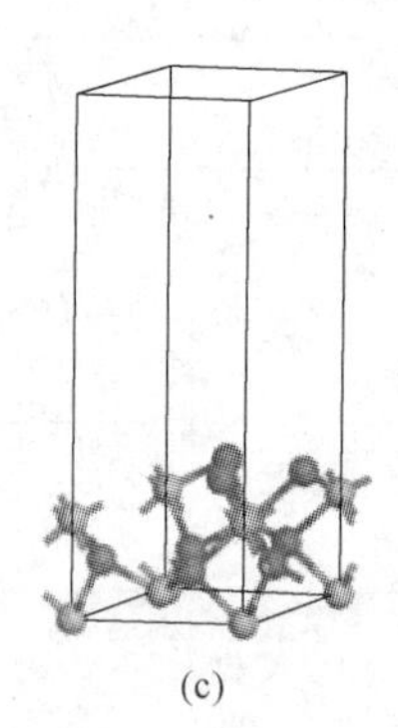

(c)

图 2-33 α-Al_2O_3 的三个对称晶面结构

（● 表示 O 原子，● 表示 Al 原子）

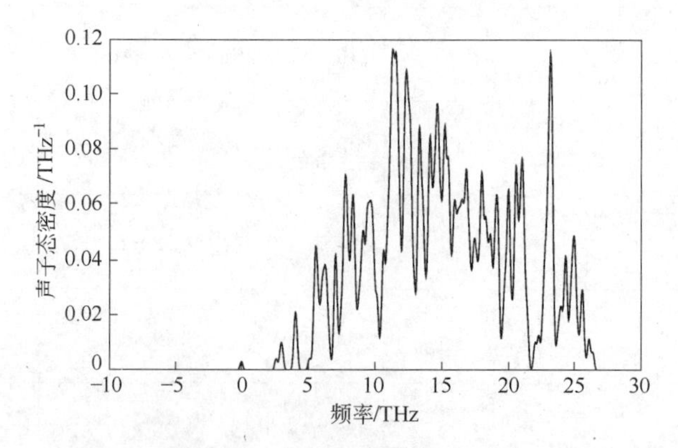

图 2-34 α-Al_2O_3 晶体的声子谱

图 2-35(a)为 2 ~ 100nm 的 α-Al_2O_3 的等容热容 C_V 随温度以及尺寸的变化关系曲线。可以看出，在同一尺寸时，随着温度升高，纳米 α-Al_2O_3 的 C_V 逐渐增大；并且，在低温区域，C_V 随温度的变化率较大，而到较高温度区域，约高于 700K 以上区域，C_V 随温度的变化率逐渐减小；在同一温度下，C_V 值随纳米 α-Al_2O_3尺寸增大逐渐减小，且在小尺寸（约 10nm）范围内，C_V 值随尺寸的变

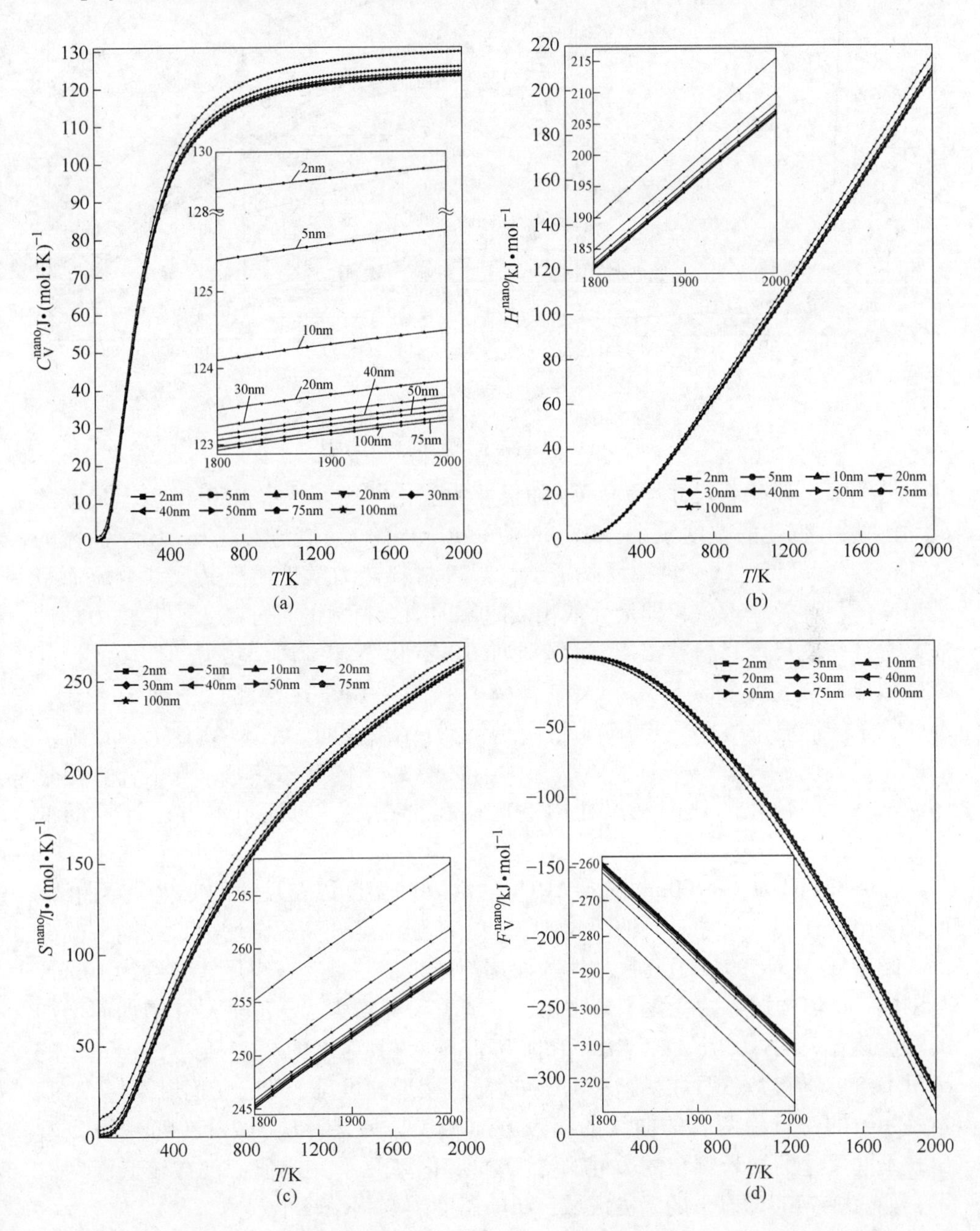

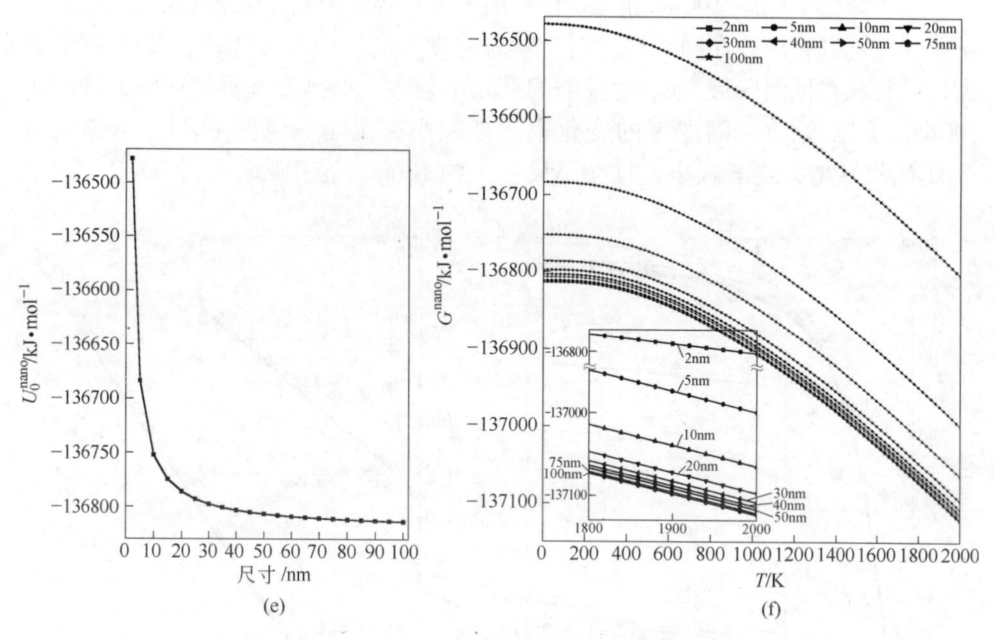

图 2-35　α-Al_2O_3 纳米颗粒的热力学性质

化十分明显，但随着尺寸增大，C_V 随尺寸的变化率逐渐减小，50nm 以上尺度的 C_V 值随尺寸变化的幅度较小，100nm 的 α-Al_2O_3 的 C_V 值与宏观 α-Al_2O_3 晶体的 C_V 值接近。可见，这一规律反映了纳米尺度材料热力学性质随其尺寸变化而呈现出来的尺寸效应现象，即尺寸依赖效应，即纳米材料的尺寸越大，其热力学性质与常规宏观尺度材料越接近，而在小于 10nm 以下范围内，热力学性质的尺寸依赖效应明显。文献［67］和文献［68］报道采用量热法测量了纳米 Al_2O_3、ZnO 粒子的低温下（80～400K）的摩尔热容，结果表明，纳米 Al_2O_3、ZnO 粒子的摩尔热容明显大于对应的粗颗粒 Al_2O_3、ZnO 粒子的摩尔热容，与本计算得到的纳米 Al_2O_3 颗粒的热容受尺寸影响规律完全一致，验证了本方法计算的准确性。

图 2-35(b) 为 2～100nm 的 α-Al_2O_3 的焓 H 随温度以及尺寸的变化关系曲线。可以看出，在同一尺寸时，纳米 α-Al_2O_3 的 H 随温度升高逐渐增大；在同一温度下，纳米 α-Al_2O_3 的 H 值随尺寸增大而逐渐减小；并且，在小尺寸（约为 10nm）范围内，H 值随尺寸的变化十分明显，但随着尺寸增大，H 值随尺寸增加而增加的幅度逐渐减小，50nm 以上尺度的 H 值随尺寸变化的幅度较小，100nm 的 α-Al_2O_3的 H 值与宏观尺度的 α-Al_2O_3 的 H 值接近。可见，H 的变化规律与 C_V 基本是一致的，只是两者的曲线的拐点方向相反。另外，从图 2-35(b) 中可以看出，不同尺寸的纳米颗粒的 H 值随温度的变化率几乎是定值，仅在较低温度以下，如 300～400K 以下的温度区域，H 随温度的变化率较小。

图 2-35(c)为 2 ~ 100nm 的 α-Al_2O_3 的 S 随温度以及尺寸的变化关系曲线。可以看出，对于同一尺寸时，纳米 α-Al_2O_3 的 S 随温度升高而逐渐增大，在低温区域如小于 100K，S 随温度的变化率较小，而到高于 100K 以上，S 随温度的变化率逐渐增大，并在 300K 以上温度区间，S 随温度变化率几乎保持恒定；在同一温度下，纳米 α-Al_2O_3 的 S 值随尺寸增大而逐渐增加，并且在小尺寸（约为 10nm）范围内，S 值随尺寸的变化率较大，但随尺寸增大，S 值随尺寸的变化率逐渐减小，50nm 以上的 S 值随尺寸变化的幅度较小，100nm 的 α-Al_2O_3 的 S 值与宏观尺度的 α-Al_2O_3 的 S 值接近。

图 2-35(d)为 2 ~ 100nm 的 α-Al_2O_3 的振动亥姆霍兹自由能 F_V 随温度以及尺寸的变化关系曲线。可以看出，同一尺寸时，纳米 α-Al_2O_3 的 F_V 随温度升高而逐渐减小，在低温区域，约小于 100K，F_V 随温度的变化率很小，但高于 200K 以上之后，F_V 随温度的变化率逐渐增加；同一温度下，纳米 α-Al_2O_3 的 F_V 值随尺寸增大而逐渐增大，在小尺寸（约为 10nm）范围内，F_V 随尺寸变化明显，但随尺寸增大，F_V 随尺寸增加而增加的幅度逐渐减小，50nm 以上的纳米 α-Al_2O_3 的 F_V 值随尺寸的变化率较小，100nm 的 α-Al_2O_3 的 F_V 值与宏观 α-Al_2O_3 接近。

图 2-35(e)为 2 ~ 100nm 的 α-Al_2O_3 的零点能（0K 温度）U_0 随尺寸的变化关系曲线。可以看出，U_0 随纳米 α-Al_2O_3 的尺寸增加而减小；同时，在小尺寸范围内，U_0 随尺寸的变化率较大，随着尺寸增加，U_0 随尺寸的变化率逐渐减小。

图 2-35(f)为 2 ~ 100nm 的 α-Al_2O_3 的吉布斯自由能 G 随温度以及尺寸的变化关系曲线。可以看出，对于同一尺寸时，纳米 α-Al_2O_3 的 G 随温度升高而逐渐减小，并且在低温区域（约小于 100K 区域），G 随温度的变化率较小，但高于 100K 以上之后，G 随温度的变化率逐渐增加；在同一温度下，纳米 α-Al_2O_3 的 G 值随尺寸增大而逐渐增大，在小尺寸（约为 10nm）范围内，G 值随尺寸变化明显，但随尺寸增大，G 随尺寸增加而增加的幅度逐渐减小，50nm 以上的纳米 α-Al_2O_3 的 G 值随尺寸变化而变化的幅度较小，100nm 的 α-Al_2O_3 的 G 值与宏观 α-Al_2O_3 的 G 值接近。同上述热力学性质，G 也反映出了纳米尺度材料的尺寸依赖效应。

上述各种热力学性质随尺寸及温度的关系说明，纳米材料的热力学性质存在尺寸依赖效应。因此，为了准确了解冶金反应过程的热力学变化趋势和定量规律，精确地控制冶金过程，准确了解微观尺度（纳米）热力学规律十分必要。本书将阐述运用纳米 α-Al_2O_3 的热力学性质计算和分析钢液铝脱氧形核后初期处于纳米尺度的原位扩散反应长大过程热力学行为。

2.6.3 α-Al_2O_3 晶体的热力学性质

由于钢水温度高，在脱氧过程中形成的氧化铝脱氧产物多数为最稳定的晶型，α-Al_2O_3 型夹杂物。图 2-36 为计算所采用的 α-Al_2O_3 的晶体结构。

图 2-37 为采用 $Dmol^3$ 代码计算得到的 $\alpha\text{-}Al_2O_3$ 晶体的各种基本热力学性质随温度的变化规律，同时，其 0K 能 $E(0K) = -1867993.697\text{kJ/mol}$。图 2-37 中，各曲线分别为计算出来的 C_p、S、H、G_V 值，三角形间断点为 S 和 C_p 的实验测量值。从图中可以看出，采用密度泛函理论计算得到的热力学量与实验测量值吻合较好，误差较小。表 2-10 为根据图 2-35 拟合得到的 0～1000K 范围内 $\alpha\text{-}Al_2O_3$ 的热力学性质与温度之间的定量关系式。在 0～1000K 内，晶体 $\alpha\text{-}Al_2O_3$ 的 S 的计算值与文献［79］和文献［80］的试验测量值吻合得较好，C_p 的计算值在低温区间也与文献［79］和文献［80］测量值吻合得较好，仅在 500～1000K 温度范围存在一定程度的偏差，这可能与 $Dmol^3$ 所采用的分子轨道理论对周期性晶体计算存在一定的偏差有关。

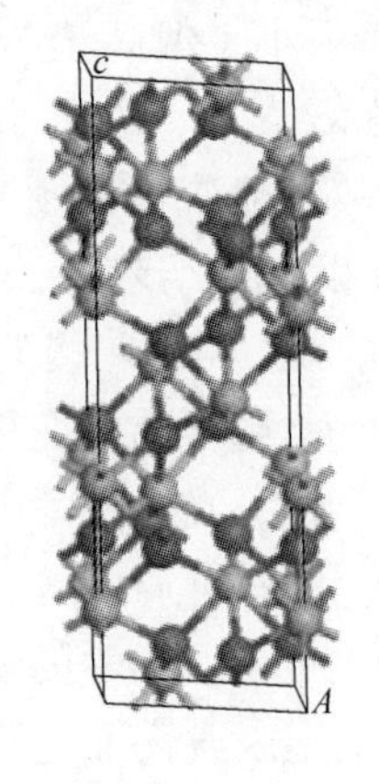

图 2-36 $\alpha\text{-}Al_2O_3$ 的晶体结构
（● 表示 O 原子，
● 表示 Al 原子）

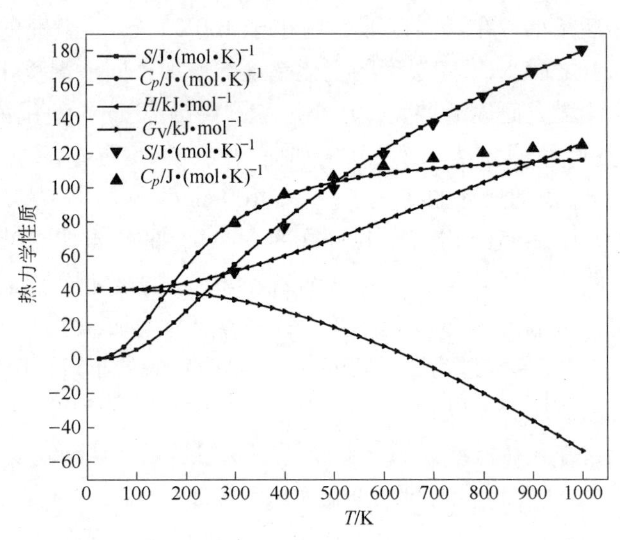

图 2-37 $Dmol^3$ 计算的 $\alpha\text{-}Al_2O_3$ 的热力学性质[79]

表 2-10 0～1000K 范围内 $\alpha\text{-}Al_2O_3$ 的热力学性质拟合关系式

C_p/J·(mol·K)$^{-1}$	H/kJ·mol^{-1}	S/J·(mol·K)$^{-1}$
$-22.100+0.493T-6.117\times10^{-4}T^2+2.575\times10^{-7}T^3$	$41.187-0.030T+2.761\times10^{-4}T^2-2.457\times10^{-7}T^3+8.390\times10^{-11}T^4$	$-13.563+0.212T+8.779\times10^{-5}T^2-1.097\times10^{-7}T^3$
G_V/kJ·mol^{-1}	G/kJ·mol^{-1}	
$41.364+0.005T-1.018\times10^{-4}T^2$	$-1867952.333+0.005T-1.018\times10^{-4}T^2$	

图 2-38 为采用 Castep 代码计算得到的 $\alpha\text{-}Al_2O_3$ 晶体的 C_V、S、H、F_V 和 G 等基本热力学性质随温度的变化规律。可见，两种计算方法得到的在同一温度范围

内的热力学性质基本是一致的，且与文献中常用的试验数据吻合程度较高。至于其他种类夹杂物，应采用哪种计算方法，需要具体分析。

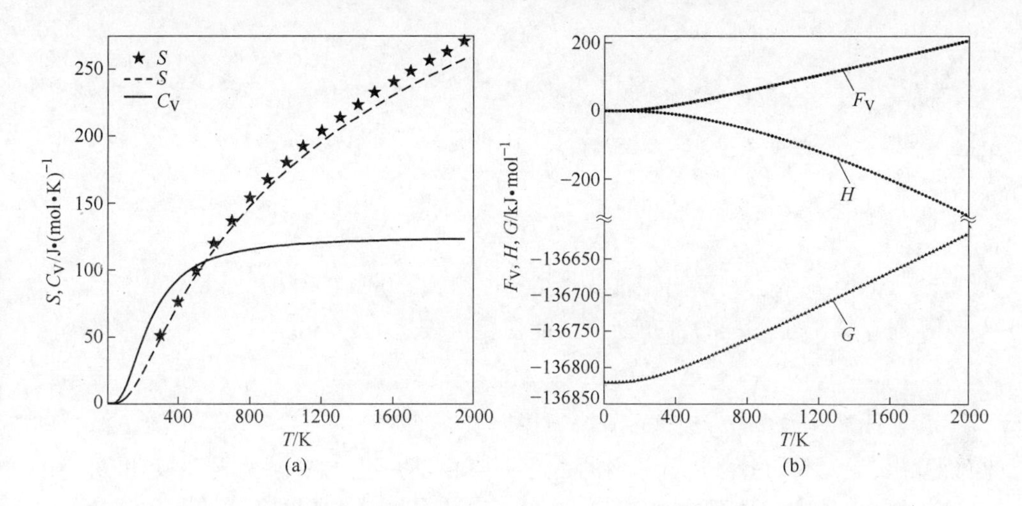

图 2-38 Castep 计算的 α-Al_2O_3 的热力学性质

根据奥斯瓦尔德熟化（Ostwald Ripening）定律，α-Al_2O_3 型夹杂物可能是经历不稳定晶体结构形式的其他 β-Al_2O_3、κ-Al_2O_3、ε-Al_2O_3、δ-Al_2O_3 转变而来，而这一过程有可能发生在钢水凝固过程中由于热力学平衡重新析出二次氧化物夹杂物。许多实验研究发现，在凝固后的钢坯中存在 β-Al_2O_3、κ-Al_2O_3、ε-Al_2O_3、δ-Al_2O_3 等不稳定的夹杂物，甚至存在非晶体或玻璃体的 SiO_2 夹杂物。

2.6.4 氧化铝形核与纳米尺度长大的多步热力学规律

根据溶液中晶体形成的二步形核机理，钢液铝脱氧夹杂物的形核过程应包括多相脱氧反应和反应中间产物聚集形核等过程，可表达为如下两个步骤：

第 1 步，加入钢液中的金属 Al 熔化及溶解，溶解 Al 与钢液中的溶解氧反应，形成氧化铝团簇中间体结构形式 $(Al_2O_3)_n$，其结构和性质见 2.6.1 节。该过程可以表示为：

$$2\,\underline{Al} + 3\,\underline{O} = (1/n)(Al_2O_3)_n \tag{2-57}$$

第 2 步，在一定饱和度条件下，氧化铝团簇中间体 $(Al_2O_3)_n$ 不断聚集，形成团簇聚集体，团簇聚集体或者大尺寸的团簇本身进一步通过原子排列的晶体化转变而相变形成 α-Al_2O_3 临界晶核。所以，该过程同时发生了“密度液滴→固相”和“非周期性团簇结构→周期性晶体结构”转变两个过程。该过程的化学反应可表示为：

$$(1/n)(Al_2O_3)_n = \alpha\text{-}Al_2O_3 \tag{2-58}$$

所以，第 1 步和第 2 步过程的吉布斯自由能可分别表示为：

$$\Delta_r G_m^{\ominus}(S1) = G_{\alpha\text{-}Al_2O_3} - (1/n)G_{(Al_2O_3)n} \tag{2-59}$$

$$\Delta_r G_m^{\ominus}(S2) = (G_{V,\alpha\text{-}Al_2O_3} + E(0K)_{\alpha\text{-}Al_2O_3}) - (1/n)(G_{V,(Al_2O_3)n} + E(0K)_{(Al_2O_3)n}) \tag{2-60}$$

又有：

$$2\,\underline{Al} + 3\,\underline{O} = Al_2O_3 \tag{2-61}$$

反应式（2-61）的吉布斯自由能为 $\Delta_r G_m^{\ominus} = -1202.00 + 0.386T$，kJ/mol[81~83]。

所以，第 1 步过程的吉布斯自由能变化可表达为：

$$\Delta_r G_m^{\ominus}(S1) = \Delta_r G_m^{\ominus} - \Delta_r G_m^{\ominus}(S2) \tag{2-62}$$

代入团簇相关的吉布斯自由能的计算结果，根据式（2-60）~式(2-62)，即可计算出二步形核过程中每一步的吉布斯自由能变化，结果见表 2-11 和图 2-39 (a)、(b)。其中，1873K 时二步过程的吉布斯自由能变化比较如图 2-40 所示。同时，可以得到 1873K 时二步过程的熵变和焓变随团簇分子数 n 的变化关系，如图 2-41 所示。

表 2-11　铝脱氧二步形核过程的吉布斯自由能变化拟合关系式

$(Al_2O_3)_n$	$\Delta_r G_m^{\ominus}(S1)$/kJ · mol^{-1}(1850 ~ 2000K)	$\Delta_r G_m^{\ominus}(S2)$/kJ · mol^{-1}(0 ~ 1000K,1850 ~ 2000K)
$(Al_2O_3)_1$	$-303.189 + 0.141T$	$-898.811 + 0.246T$
$(Al_2O_3)_2$	$-777.949 + 0.250T$	$-423.051 + 0.136T$
$(Al_2O_3)_3$	$-870.737 + 0.276T$	$-331.266 + 0.111T$
$(Al_2O_3)_4$	$-908.448 + 0.286T$	$-293.555 + 0.100T$
$(Al_2O_3)_5$	$-920.733 + 0.291T$	$-281.270 + 0.096T$
$(Al_2O_3)_6$	$-928.803 + 0.301T$	$-273.200 + 0.085T$
$(Al_2O_3)_7$	$-932.862 + 0.296T$	$-269.141 + 0.090T$
$(Al_2O_3)_8$	$-935.464 + 0.296T$	$-266.533 + 0.090T$
$(Al_2O_3)_9$	$-938.539 + 0.308T$	$-263.461 + 0.078T$
$(Al_2O_3)_{10}$	$-940.121 + 0.303T$	$-261.879 + 0.083T$
$(Al_2O_3)_{15}$	$-945.506 + 0.321T$	$-256.491 + 0.066T$
$(Al_2O_3)_{30}$	$-948.242 + 0.321T$	$-253.758 + 0.066T$

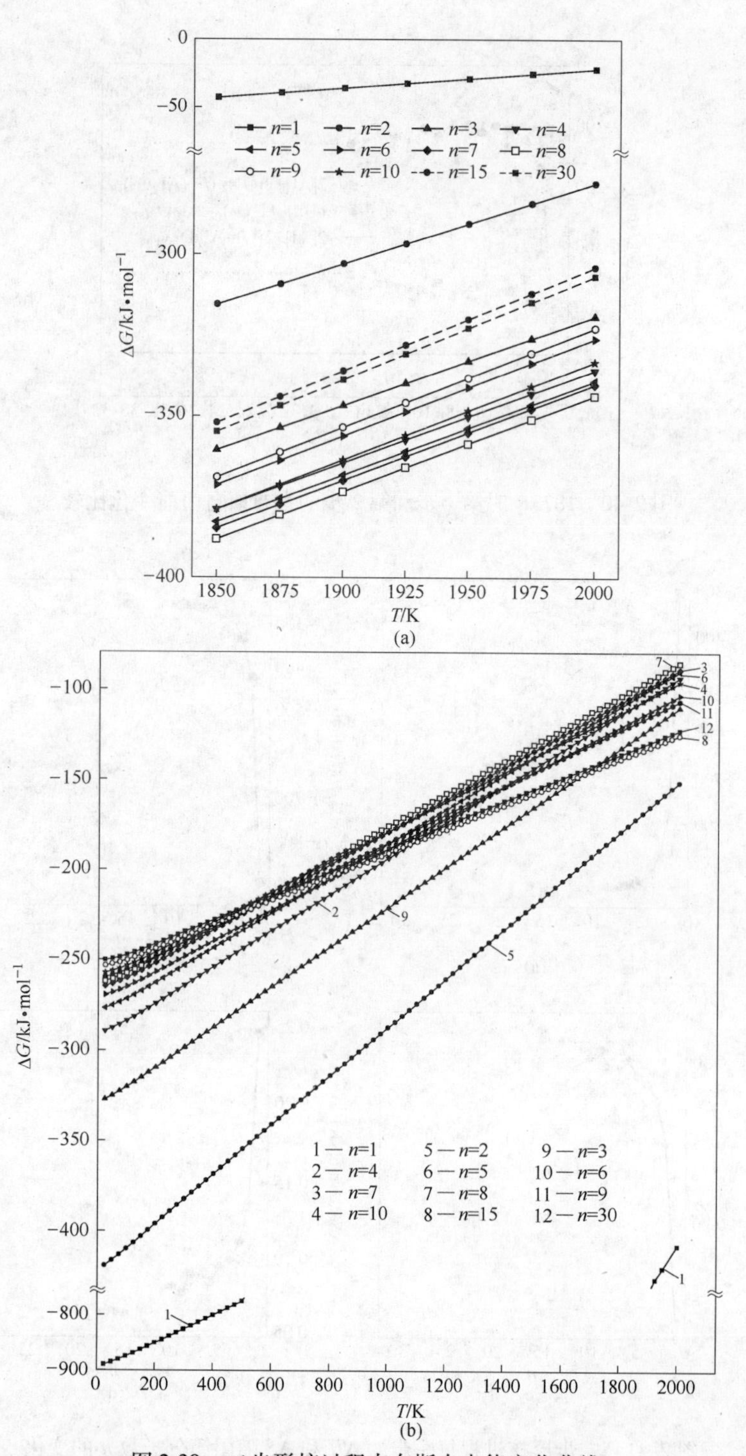

图 2-39 二步形核过程吉布斯自由能变化曲线

(a) 第1步形成 $(Al_2O_3)_n$ 的吉布斯能变化；(b) 第2步 $(Al_2O_3)_n$ 转变为 α-Al_2O_3 的吉布斯能变化

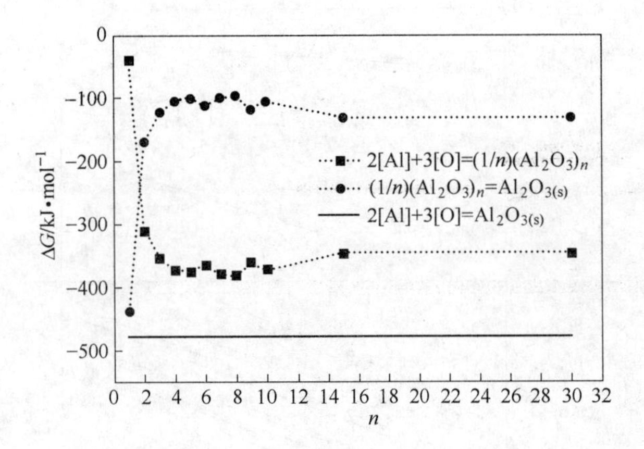

图 2-40　1873K 时第 1 步和第 2 步的吉布斯自由能变化比较

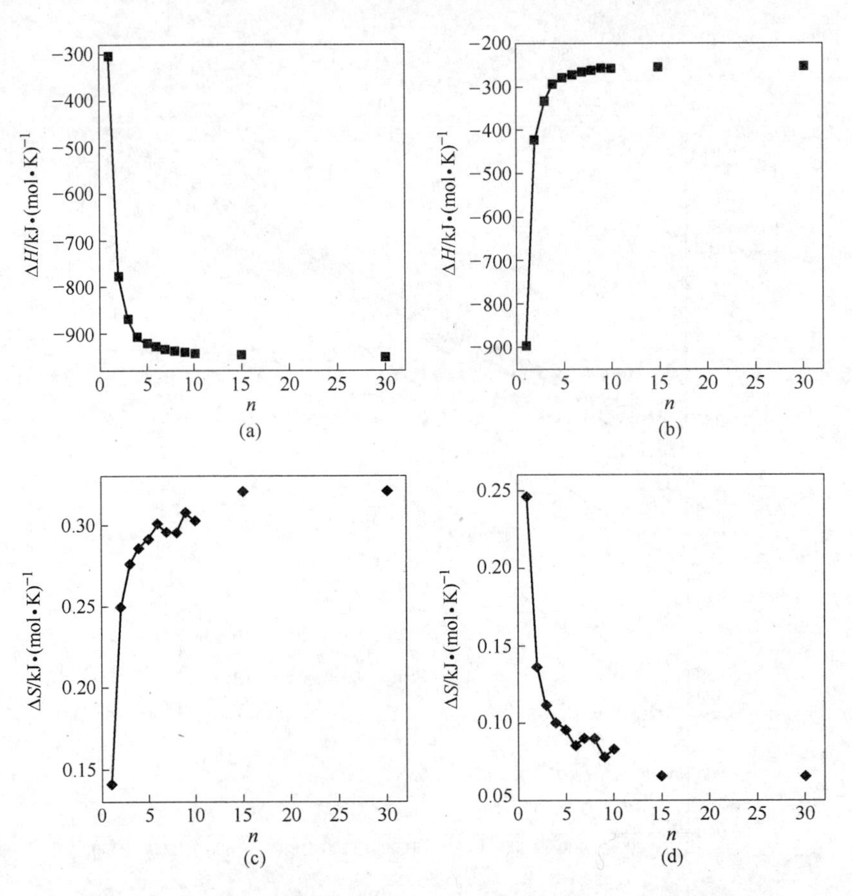

图 2-41　二步形核过程每一步的 ΔH 和 ΔS 随团簇分子数 n 的变化

(a) 第 1 步过程的 ΔH；(b) 第 2 步过程的 ΔH；(c) 第 1 步过程的 ΔS；(d) 第 2 步过程的 ΔS

分析表2-11及图2-39和图2-40可以得到：

对于第1步形成（Al_2O_3）$_n$：（1）生成（Al_2O_3）$_n$的$\Delta G<0$，脱氧反应能够自发生成团簇。（2）生成（Al_2O_3）$_n$的ΔG明显大于生成$Al_2O_{3(s)}$的ΔG，因此，团簇能够自发地转变为$Al_2O_{3(s)}$。（3）在团簇中，生成（Al_2O_3）$_1$的ΔG大于生成（Al_2O_3）$_2$的ΔG，两者均大于其余n值团簇的生成ΔG，因此，（Al_2O_3）$_1$能够自发转变为（Al_2O_3）$_2$，（Al_2O_3）$_2$能够自发转变为其余n值的团簇。（4）在$n=3\sim10$，15，30的团簇中，ΔG数值大小比较接近，随n增加没有规律，呈现出从（Al_2O_3）$_8$、（Al_2O_3）$_7$、（Al_2O_3）$_5$、（Al_2O_3）$_{10}$、（Al_2O_3）$_4$、（Al_2O_3）$_6$、（Al_2O_3）$_9$、（Al_2O_3）$_3$、（Al_2O_3）$_{30}$到（Al_2O_3）$_{15}$逐渐变小的现象。说明这些团簇能够相互转变，至于呈现这种变化的物质结构方面的原因还有待于进一步研究。

对于第2步团簇聚集形成α-Al_2O_3：（1）在0~2000K温度范围内，不同n值的（Al_2O_3）$_n$转变为$Al_2O_{3(s)}$的$\Delta G<0$，（Al_2O_3）$_1$转变为$Al_2O_{3(s)}$的ΔG小于（Al_2O_3）$_2$转变为$Al_2O_{3(s)}$的ΔG，并且均明显小于其余n值的团簇（Al_2O_3）$_n$。（2）在0~400K温度范围内，（Al_2O_3）$_n$转变为$Al_2O_{3(s)}$的ΔG呈现随n增加而增大，温度高于400K，除了n为1和2外，其余n值（Al_2O_3）$_n$转变为$Al_2O_{3(s)}$的ΔG曲线随温度的升高出现相交。

除以（Al_2O_3）$_1$外，脱氧反应示出（Al_2O_3）$_n$的ΔG均明显小于团簇转换成$Al_2O_{3(s)}$的ΔG，说明二步脱氧过程中，第1步反应比第2步反应更容易发生。除（Al_2O_3）$_1$外，脱氧过程中Al、O原子形成团簇的可能性比团簇相变为稳定晶核的可能性更大。因此，通过团簇过渡态的脱氧反应是可能的，脱氧反应形成。因此，钢液加铝脱氧过程可描述为：金属Al熔化、溶解Al原子扩散并与O原子形成团簇过渡态，即钢液中Al、O原子大部分是以团簇形式存在的；在满足团簇转变为晶核的能量条件下，团簇相变为稳定晶核，稳定晶核进而长大形成夹杂物。

因此，钢液铝脱氧产物形核过程的二步机理可以简单表述如下：

（Al_2O_3）$_1$转变为（Al_2O_3）$_2$的反应式为：

$$2[Al]+3[O]=\!=\!=(Al_2O_3)_1 \tag{2-63}$$

$$2(Al_2O_3)_1=\!=\!=(Al_2O_3)_2 \tag{2-64}$$

（Al_2O_3）$_2$转变为其余n值的团簇的反应式为：

$$\frac{1}{2}n_i(Al_2O_3)_2=\!=\!=(Al_2O_3)_{n_i} \tag{2-65}$$

式中 n_i——团簇含有的分子数，$n_i>2$。

在$n=3\sim10$，15，30的团簇，ΔG值大小比较接近，随n增加发生波动，不同n值的团簇可能发生相互转变，反应过程可表示为：

$$n_j(Al_2O_3)_{n_i}\longleftrightarrow n_i(Al_2O_3)_{n_j}\ (n_i\neq n_j) \tag{2-66}$$

式中　n_j——团簇含有的分子数，$n_j>2$。

将反应式（2-63）~式(2-66）组合，得脱氧的第一步最终反应为：

$$n_j(2[\mathrm{Al}]+3[\mathrm{O}]) = (\mathrm{Al_2O_3})_{n_j} \tag{2-67}$$

由于 $n>2$ 后，生成不同团簇的 ΔG 比较接近，可以认为（Al_2O_3）$_n$（$n>2$）是一种纳米尺度的短程有序的亚稳相结构。前文已知（Al_2O_3）$_n$ 的最长方向的尺寸范围在0.410~1.690nm，临界晶核半径为1~2nm[20]。如果只有达到临界核尺度的团簇才能转变为 $Al_2O_{3(s)}$，那么，只有小团簇通过聚集合并后，才能转变为临界晶核。这样，脱氧的第二步反应可表示为：

$$\sum_{x=1}^{N}(\mathrm{Al_2O_3})_{n_j>2} = \sum_{x=1}^{N}(n_j>2)\mathrm{Al_2O_{3(s)}} \tag{2-68}$$

式中　　x——团簇数；

N——团簇最大聚集数；

$\sum_{x=1}^{N}(n_j>2)$——临界核中的 Al_2O_3 的当量分子数。

在上述形核机理的基础上，为了进一步把从形核过程到在纳米尺度的原位扩散—反应生长过程统一起来，研究其整个过程的热力学变化规律，在形核之前的团簇中间体、形核之后的纳米晶体颗粒和宏观 α-Al_2O_3 晶体热力学性质的基础上，建立了从［Al］、［O］→(Al_2O_3)$_n$→纳米 α-Al_2O_3→宏观 α-Al_2O_3 晶体夹杂物的多步热力学模型。式（2-69）为铝脱氧反应方程及其标准吉布斯自由能变化关系式，式（2-70）~式(2-72）分别为铁液中［Al］与［O］反应形成团簇、团簇聚集形成纳米颗粒（包括形核）以及纳米颗粒长大至宏观晶体的反应方程式及其吉布斯能表示。

$$2[\mathrm{Al}]+3[\mathrm{O}] = \alpha\text{-}\mathrm{Al_2O_3(crys)} \quad \Delta_r G_m^{\ominus}(\mathrm{crys}) = -1202.00+0.386T,\mathrm{kJ/mol} \tag{2-69}$$

$$2[\mathrm{Al}]+3[\mathrm{O}] = (1/n)(\mathrm{Al_2O_3})_n \quad \Delta_r G_m^{\ominus}(\mathrm{clus}) \tag{2-70}$$

$$(1/n)(\mathrm{Al_2O_3})_n = \alpha\text{-}\mathrm{Al_2O_3(nano)} \quad \Delta_r G_m^{\ominus}(\mathrm{clus}\rightarrow\mathrm{nano}) \tag{2-71}$$

$$\alpha\text{-}\mathrm{Al_2O_3(nano)} = \alpha\text{-}\mathrm{Al_2O_3(crys)} \quad \Delta_r G_m^{\ominus}(\mathrm{nano}\rightarrow\mathrm{crys}) \tag{2-72}$$

由式（2-70）~式(2-72）可得，氧化铝形核以及长大过程的总吉布斯能变化为各步骤吉布斯能变化之和，见式（2-73)：

$$\Delta_r G_m^{\ominus}(\mathrm{crys}) = \Delta_r G_m^{\ominus}(\mathrm{clus}) + \Delta_r G_m^{\ominus}(\mathrm{clus}\rightarrow\mathrm{nano}) + \Delta_r G_m^{\ominus}(\mathrm{nano}\rightarrow\mathrm{crys}) \tag{2-73}$$

式（2-73）中 $\Delta_r G_m^{\ominus}(\mathrm{clus})$可采用式（2-74）计算：

$$\Delta_r G_m^{\ominus}(\mathrm{clus}) = \Delta_r G_m^{\ominus}(\mathrm{crys}) - (G^{\mathrm{crys}} - G^{\mathrm{clus}}) \tag{2-74}$$

同时，根据式（2-74），对于形成纳米 α-Al_2O_3 反应，可根据式（2-76）和式（2-77）计算反应的吉布斯自由能变化。计算所用的吉布斯自由能数据 G^{clus}、G^{nano} 和 G^{crys}，见前文采用第一性原理计算得到的数据。

$$2[Al]+3[O] = \alpha\text{-}Al_2O_3(nano) \qquad \Delta_r G_m(nano) \tag{2-75}$$

$$\Delta_r G_m(nano \rightarrow crys) = G^{crys} - G^{nano} \tag{2-76}$$

$$\Delta_r G_m(nano) = \Delta_r G_m^{\ominus}(crys) - \Delta_r G_m(nano \rightarrow crys) = \Delta_r G_m^{\ominus}(crys) - (G^{crys} - G^{nano}) \tag{2-77}$$

同时，团簇中间体还可能形成 γ-Al_2O_3、δ-Al_2O_3 等结构的氧化铝夹杂物，如试验已经发现的 γ-、δ-类型的氧化铝二次夹杂物，本章的计算不包括这些 γ-Al_2O_3、δ-Al_2O_3 结构。后文中将对氧化铝二次夹杂物的形成机理进行分析。

根据多步热力学模型，代入团簇 $(Al_2O_3)_n$ 和纳米 α-Al_2O_3 的热力学性质的相关数据，计算可得到铁液中铝脱氧反应形成团簇中间体 $(Al_2O_3)_n$ 以及形成不同尺寸的纳米 α-Al_2O_3 的吉布斯自由能变化随温度的以及团簇 n 值和纳米颗粒尺寸之间的变化关系，拟合的定量关系式见表 2-12，同时，图 2-42 示出了 1800～2000K 温度范围内上述各反应的吉布斯能变化趋势。

表 2-12 拟合得到形成不同纳米尺寸 α-Al_2O_3 时的 $\Delta_r G_m$

尺寸/nm	$\Delta_r G_m$/kJ·mol^{-1}	尺寸/nm	$\Delta_r G_m$/kJ·mol^{-1}
2	$-861.361+37.780\times10^{-2}T$	55	$-1189.613+38.570\times10^{-2}T$
5	$-1065.744+38.272\times10^{-2}T$	60	$-1190.645+38.575\times10^{-2}T$
10	$-1133.872+38.436\times10^{-2}T$	65	$-1191.519+38.577\times10^{-2}T$
15	$-1156.581+38.491\times10^{-2}T$	70	$-1192.267+38.578\times10^{-2}T$
20	$-1167.936+38.518\times10^{-2}T$	75	$-1192.916+38.580\times10^{-2}T$
25	$-1174.749+38.534\times10^{-2}T$	80	$-1193.484+38.582\times10^{-2}T$
30	$-1179.291+38.545\times10^{-2}T$	85	$-1193.983+38.582\times10^{-2}T$
35	$-1182.535+38.553\times10^{-2}T$	90	$-1194.430+38.583\times10^{-2}T$
40	$-1184.968+38.559\times10^{-2}T$	95	$-1194.829+38.584\times10^{-2}T$
45	$-1186.860+38.564\times10^{-2}T$	100	$-1195.187+38.584\times10^{-2}T$
50	$-1188.374+38.567\times10^{-2}T$		

由图 2-42 可见，在 1800～2000K 温度范围内，生成不同结构和尺寸中间产物的吉布斯自由能变化总的趋势是：生成大部分的 $(Al_2O_3)_n$ 的吉布斯自由能变化曲线的位置高于生成纳米 α-Al_2O_3 晶体的吉布斯自由能变化曲线位置，而生成宏观 α-Al_2O_3 晶体夹杂物的吉布斯自由能变化曲线位置最低，这是符合热力学稳定性逐级递变规律的。因此，从能量逐级降低（即产物稳定性提高）的角度，

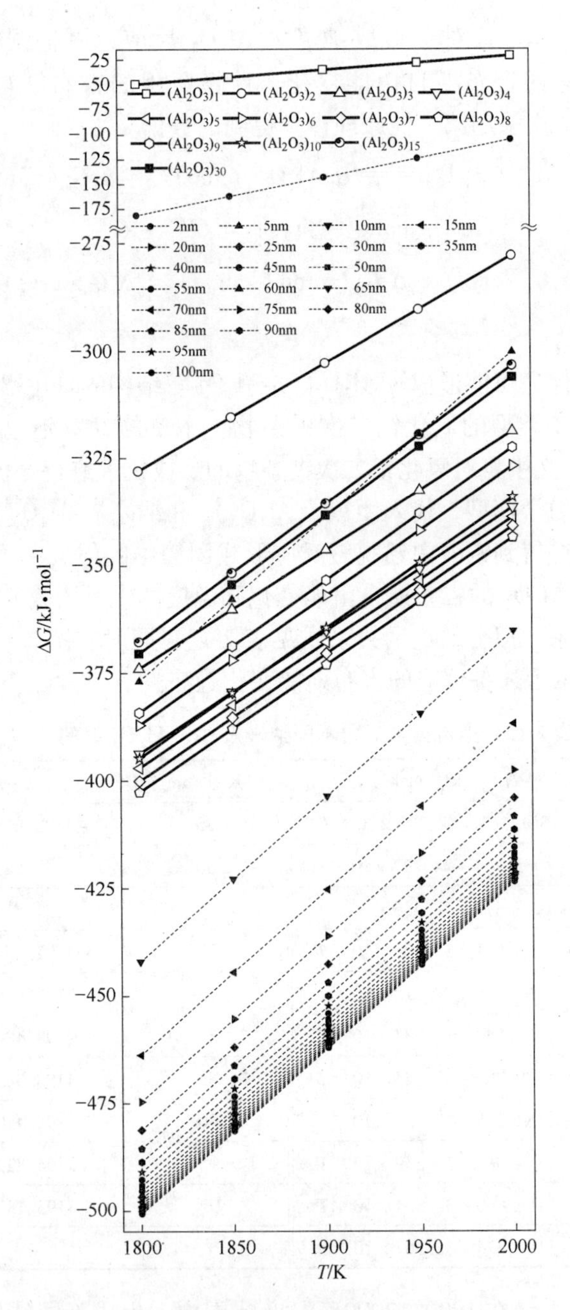

图 2-42 铝脱氧过程中形成团簇以及纳米颗粒反应的吉布斯能变化[83]

该规律反映出了氧化铝夹杂物形成过程经历了从原子到团簇、再到纳米尺度晶体颗粒、再到宏观 α-Al_2O_3 晶体产物的演变过程。

在同一炼钢温度下，在所有团簇生成吉布斯自由能变化曲线中，生成 n 值为

1 的 $(Al_2O_3)_1$ 的曲线位置最高，而生成 n 值为 8 的 $(Al_2O_3)_8$ 的曲线位置最低；生成不同 n 值的 $(Al_2O_3)_n(n=1\sim10,15,30)$ 的吉布斯自由能变化按如下顺序逐渐降低：$(Al_2O_3)_1>(Al_2O_3)_2>(Al_2O_3)_{15}>(Al_2O_3)_{30}>(Al_2O_3)_3>(Al_2O_3)_9>(Al_2O_3)_6>(Al_2O_3)_4>(Al_2O_3)_{10}>(Al_2O_3)_5>(Al_2O_3)_7>(Al_2O_3)_8$。在生成不同尺寸的纳米 α-Al_2O_3 反应中，在同一炼钢温度下，吉布斯自由能变化表现出随产物尺寸增加而逐渐降低的规律；在尺寸越小的阶段范围，吉布斯自由能变化随产物尺寸增加而降低的变化率很大，即说明不光纳米夹杂物本身的热力学性质存在尺寸依赖效应，形成纳米产物的化学反应的吉布斯自由能变化也存在依赖产物尺寸的效应。所以，一般炼钢脱氧情况下，较高的铝氧初始过饱和度，氧化铝核心尺寸处于较小的 1～2nm 纳米尺寸范围，研究其生长过程的能量变化应考虑尺寸效应带来的影响才更为合理和精确；但是，当脱氧产物颗粒的尺寸大于 50nm 时，50～100nm 的 α-Al_2O_3 晶体产物形成的吉布斯自由能变化与宏观 α-Al_2O_3 晶体夹杂物形成的吉布斯自由能变化已十分接近了，此时产物尺寸对过程热力学计算结果造成的影响应较小，可以忽略不计。

除上述规律之外，还应注意到，在图 2-42 中还存在一个生成 $(Al_2O_3)_n(n=1\sim10,15,30)$ 和不同尺寸纳米 α-Al_2O_3 的吉布斯自由能变化曲线的重叠区域。如图 2-42 所示，如生成 2nm 的 α-Al_2O_3 的吉布斯自由能变化曲线的位置是介于生成 $(Al_2O_3)_1$ 和 $(Al_2O_3)_2$ 的吉布斯自由能变化曲线之间，生成 5nm 的 α-Al_2O_3 的吉布斯能变化曲线与多个生成团簇的吉布斯能变化曲线存在交叉现象，这种现象和原因还有待于从物质结构和能量角度做进一步考察。

图 2-43 所示为在 1873K 钢液中铝脱氧反应形成不同团簇 $(Al_2O_3)_n(n=1\sim$

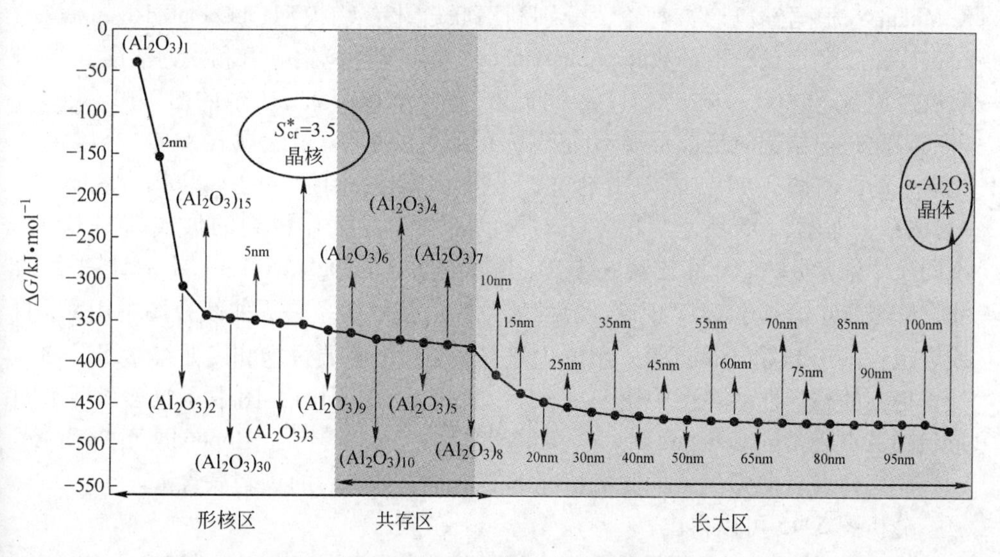

图 2-43 1873K 下形成团簇以及纳米颗粒反应的吉布斯能变化[83]

10，15，30）、临界晶核、纳米α-Al_2O_3晶体夹杂物的吉布斯自由能变化趋势。根据脱氧产物形成过程，可将图2-43划分为形核区、长大区和两者的共存区。由图可以看出，在临界过饱和度$\log S^* = 3.5$时，铝脱氧产物形核的吉布斯自由能变化值介于生成5nm和10nm的α-Al_2O_3颗粒的吉布斯能变化值之间；同时，在1873K下，从50nm的α-Al_2O_3生长至宏观α-Al_2O_3晶体夹杂物的吉布斯自由能变化的差异值很小，说明钢液中形成的氧化铝夹杂物达到50nm之后的继续长大过程中，夹杂物的尺寸对其后续生长过程的热力学能量变化的影响可以忽略；但是，在形核尺度以及从临界核到50nm的尺寸之间的演变过程中，吉布斯自由能变化将受到形核前的团簇中间体的结构、形核的途径和形核后的纳米夹杂物颗粒尺寸影响很大，而这些因素恰恰又决定于钢液的元素成分、铝和氧的过饱和度、脱氧剂的加入方式以及冷却速率等工艺因素。目前工业上的夹杂物控制技术没有基于形核研究成果的应用，从而使得对于从夹杂物形成开始的尺寸细化控制无能为力。正因为如此，进一步以铝脱氧过程的多步热力学模型为基础，研究铝脱氧过程的多步动力学问题，进而开发夹杂物的细化控制技术是可能的。

2.6.5 夹杂物形成机理与过剩氧

根据前文计算得到的铝脱氧形成团簇、纳米级脱氧产物的热力学关系式，以钢液中纯物质的活度为1，可计算得到形成中间产物不同n值的$(Al_2O_3)_n$和不同尺寸的纳米α-Al_2O_3的铝氧的平衡关系，如图2-44所示。由图可以推断，钢液中不同的铝氧过饱和度即决定了在脱氧过程中的中间产物出现的类型，不同的中间产物之间存在一定程度的热力学逐渐递进关系。另一方面，K. Waai和K. Mukai[39]根据经典形核理论，分别利用联合化合物模型（associated compounds model）和活度相互作用系数和Gibbs-Duhem方程（计算铝、氧和铁的活度）得到脱氧过程log[%O]~log[%Al]关系曲线，详见本章第2.2.1节的图2-10。

因此，根据铝氧反应形成不同产物（团簇、纳米以及宏观α-Al_2O_3晶体）的化学平衡，将图2-44与图2-10合并，可得反映出不同情况的log[%O]~log[%Al]关系，如图2-45所示。图中，不同的斜线为本工作得到的形成（Al_2O_3）$_n$、不同尺寸纳米α-Al_2O_3和宏观α-Al_2O_3晶体夹杂物的log[%O]~log[%Al]平衡曲线；K. Mukai等基于CNT理论计算的氧化铝形核的2条临界曲线在图中用C_O^{cr}曲线表示；基于Li和Suito等[36]用电化学方法测量的临界过饱和度曲线$\log S^* = 3.5$计算得到的临界曲线在图中用$\log S = 3.5$曲线表示；同时，图中还包含了用不同形状的散点表示的Schenck等[31]、Hilty等[32]、Suito等[35]、Repetylo等[34]和Rohde等[33]研究者测量的不同脱氧情况下的铝脱氧平衡后的过剩氧含量。

分析图2-45可以得出：

（1）过剩氧的试验测量值数据点绝大部分落在不同n值的（Al_2O_3）$_n$平衡线

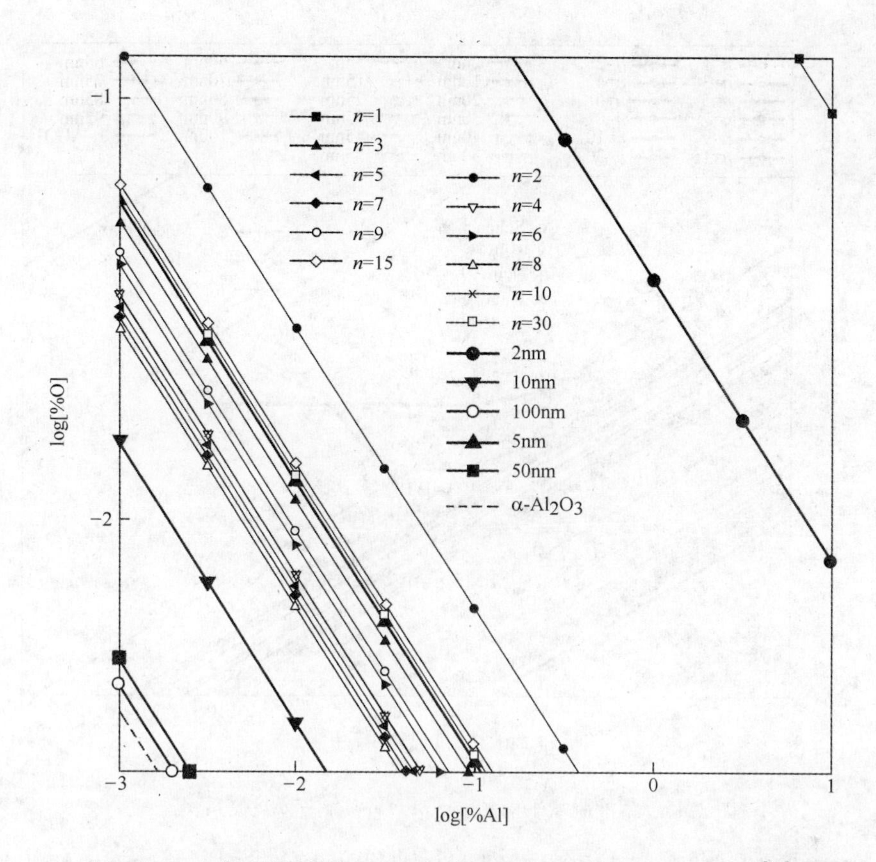

图 2-44 形成团簇及纳米 α-Al_2O_3 时的 log[%O] ~ log[%Al] 关系[84]

和 2 ~ 15nm 的纳米 α-Al_2O_3 平衡线之间或恰好落在斜线之上。可以推断，过剩氧不是与宏观 α-Al_2O_3 夹杂物平衡的氧，也不是自由氧，而是平衡氧，可能存在两种平衡状态：一是与 n 不同的形核前的团簇中间体（Al_2O_3）$_n$ 平衡的氧，二是与不同尺寸的纳米 α-Al_2O_3 平衡的氧。而且，除（Al_2O_3）$_1$ 之外，所有的团簇平衡线和纳米 α-Al_2O_3 平衡线均介于 C_0^{cr} 线和化学平衡线 equilibrium curve（简写表示为 C_0^{eq}）之间。

（2）在 C_0^{cr} 曲线上方，按 Kyoko 等的观点，C_0^{cr} 曲线为形核需要的平衡氧和铝含量。$C_0^{(Al_2O_3)_1}$ 曲线在 C_0^{cr} 曲线上方，并远离实验测得的氧和铝的含量，表明与（Al_2O_3）$_1$ 平衡的氧和铝含量远高于与临界核平衡的氧和铝含量，即铁液中氧和铝与（Al_2O_3）$_1$ 不能建立平衡，进一步证明了在铁液中（Al_2O_3）$_1$ 不能稳定存在。

（3）C_0^{cr} 与 C_0^{eq} 曲线之间。实验测得的平衡氧和铝含量绝大多数位于 C_0^{cr} 与 C_0^{eq} 曲线之间。同时 $C_0^{(Al_2O_3)_n}$（$n>1$）曲线也位于 C_0^{cr} 与 C_0^{eq} 曲线之间，表明高于 C_0^{eq} 的实验测量值也许是与（Al_2O_3）$_n$ 的平衡值。如果与（Al_2O_3）$_n$ 的平衡值存

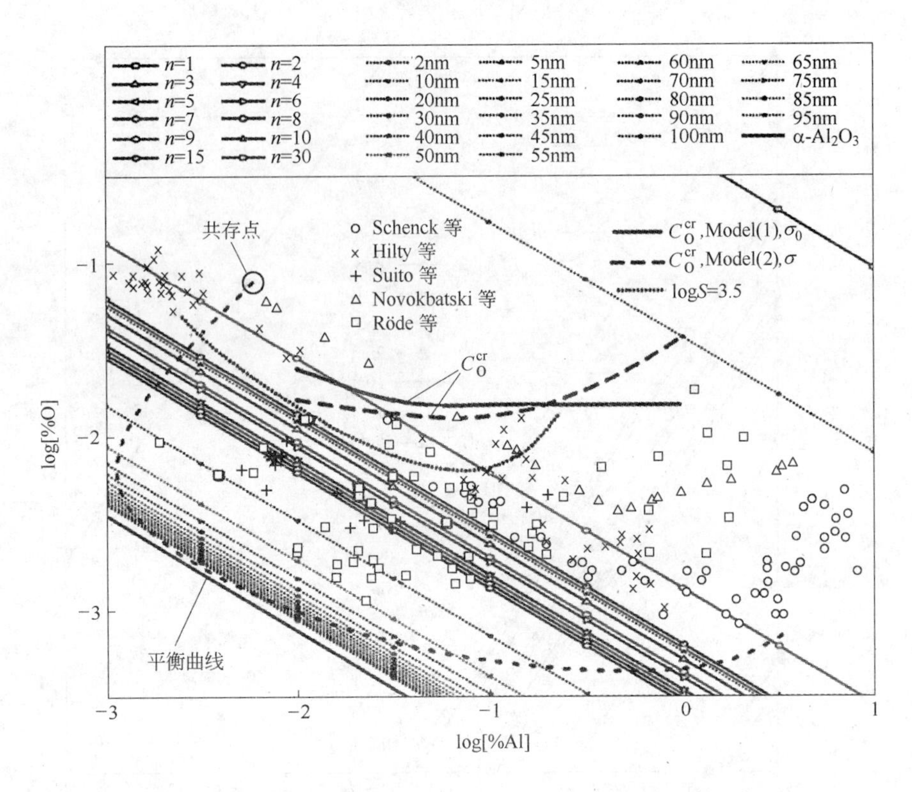

图 2-45 钢液脱氧平衡的 log[%O]~log[%Al]关系[79~84]

在，即实验测得的平衡氧和铝位于 $C_0^{(Al_2O_3)_n}$ 曲线上时，说明此时铁液中的［Al］、［O］与（Al_2O_3）$_n$ 达到平衡，那么，可以推测在脱氧产物形核前存在（Al_2O_3）$_n$ 过渡态。如 Hilty 等、Schenck 等测得的部分氧和铝含量位于 $C_0^{(Al_2O_3)_2}$ 曲线上，即此时的铁液中［Al］、［O］与（Al_2O_3）$_2$ 平衡共存，（Al_2O_3）$_2$ 可能为该试验条件下的脱氧产物形核前的过渡态。

（4）C_0^{cr} 与 $C_0^{(Al_2O_3)_2}$ 曲线之间，表明实验测得的位于 C_0^{cr} 与 $C_0^{(Al_2O_3)_2}$ 之间的氧和铝与临界核和（Al_2O_3）$_2$ 同时建立平衡，即 C_0^{cr} 与 $C_0^{(Al_2O_3)_2}$ 之间区域为临界核、［Al］和［O］、（Al_2O_3）$_2$ 的共存区。

（5）$C_0^{(Al_2O_3)_2}$ 与 $C_0^{(Al_2O_3)_8}$ 曲线之间。从上至下依次存在（Al_2O_3）$_{15}$、（Al_2O_3）$_{30}$、（Al_2O_3）$_3$、（Al_2O_3）$_9$、（Al_2O_3）$_6$、（Al_2O_3）$_4$、（Al_2O_3）$_5$ 和（Al_2O_3）$_7$ 的平衡曲线，且各条曲线十分接近，构成平衡曲线族 $C_0^{(Al_2O_3)_n}$（$n>2$，$n\neq8$）。表明实验测得的位于 $C_0^{(Al_2O_3)_2}$ 和 $C_0^{(Al_2O_3)_n}$（$n>2$，$n\neq8$）之间的氧和铝与（Al_2O_3）$_2$ 和（Al_2O_3）$_n$（$n>2$，$n\neq8$）同时建立平衡，即 $C_0^{(Al_2O_3)_2}$ 和 $C_0^{(Al_2O_3)_n}$（$n>2$，$n\neq8$）之间区域为（Al_2O_3）$_2$、［Al］和［O］、（Al_2O_3）$_n$（$n>2$，$n\neq8$）的共存区。

（6）$C_0^{(Al_2O_3)_8}$ 与 C_0^{eq} 曲线之间，表明实验测得的位于 $C_0^{(Al_2O_3)_8}$ 与 C_0^{eq} 之间的氧

和铝与 $(Al_2O_3)_8$ 和 α-Al_2O_3 夹杂物同时建立平衡，即 $C_0^{(Al_2O_3)_8}$ 与 C_0^{eq} 之间区域为 $(Al_2O_3)_8$、[Al] 和 [O]、α-Al_2O_3 夹杂物的共存区。文献 [26] 发现，在铝脱氧后快冷得到的铁样的局部微区中发现 10nm 到几十纳米的 γ-Al_2O_3、δ-Al_2O_3 球状夹杂物以纳米级间距聚集在一起形成的纳米簇群。纳米尺寸的簇群状 γ-Al_2O_3、δ-Al_2O_3 可能是铁液中位于 $C_0^{(Al_2O_3)_8}$ 与 C_0^{eq} 之间的较低过饱和度的氧和铝，在铁液快速冷却过程中，$(Al_2O_3)_8$ 向 α-Al_2O_3 夹杂物转变的过程由于温度下降过快而来不及完成，从而形成了在低温下能够稳定存在的 γ-Al_2O_3、δ-Al_2O_3，而未达到最稳定的 α-Al_2O_3。

（7）根据铝脱氧过程夹杂物的形成途径，可将图 2-45 划分为四个区域分别为：1）夹杂物形核区，处于 C_0^{cr} 曲线上方；2）团簇及其聚集体区，处于 $(Al_2O_3)_8$ 和 $(Al_2O_3)_2$ 的平衡曲线之间；3）夹杂物长大区，位于 C_0^{cr} 和 $C_0^{\alpha\text{-}Al_2O_3}$ 曲线之间，在该区域中，无法实现形核的团簇、团簇聚集体和已形核的夹杂物和在长大过程中的夹杂物共存，还存在少量的未形成团簇的 [Al] 和 [O] 元素；4）宏观夹杂物晶体颗粒区，位于 $C_0^{\alpha\text{-}Al_2O_3}$ 曲线之下。所以，3）和4）区域都存在夹杂物的长大过程，可概述为：首先临界核颗粒通过扩散—铝氧反应在单颗粒基础上原位生长，尺度处于纳米级，生长受 Oswald 熟化机制控制；当纳米夹杂物长大至可以通过 Brown 运动机制、Stokes 运动机制作用时，开始发生运动、碰撞和颗粒聚集长大。在夹杂物的长大机制中，3）区域更多的是夹杂物晶核在纳米尺度的原位生长，而4）区域更多的是宏观颗粒尺度的碰撞聚集长大，两者长大机制的划分应由钢液中铝氧元素的过饱和度变化来确定，同时，4）区域也是工业生产上目前去除夹杂物所依赖的理论基础和操作区域。

在铝脱氧的初始阶段，熔体中铝氧的过饱和度较高（高于 C_0^{cr} 线），根据多步模型，铝氧反应形成团簇，团簇聚集形成团簇聚集体，聚集体进一步形核和长大，形成纳米以及宏观 α-Al_2O_3 夹杂物，即脱氧过程中在钢液中形成的一次氧化铝夹杂物；随着脱氧过程的进行，新的形核和核的长大不断消耗熔体中铝和氧，铝氧的过饱和度逐渐下降，当降至图中低于 C_0^{cr} 线区域后，铝与氧反应只能形成团簇及其聚集体，而聚集体则无法进一步转变形核，从而在铁液中就不能形成 α-Al_2O_3 一次夹杂物，而成为所谓过剩氧，脱氧过程在此时达到停滞，无法进一步进行。

当进入凝固阶段时，随着温度降低，铁液中的各种不能形核的 $(Al_2O_3)_n$ 即可能在冷却过程中发生晶化转变而形成二次氧化铝夹杂物，晶化不完全时即可能形成低温下为亚稳定相的 γ-Al_2O_3、δ-Al_2O_3 等二次氧化铝夹杂物。铝脱氧固体钢中的 γ-Al_2O_3、δ-Al_2O_3 二次夹杂物在超快冷凝固试验样品中已有观察[37]。图 2-46所示为铁液中铝脱氧形成一次和二次氧化铝夹杂物的不同途径路线[79]。图中 S_1、S_2、S_3 和 S_4 分别为对应不同过饱和度情况下的铝氧反应途径。S_1 为大于

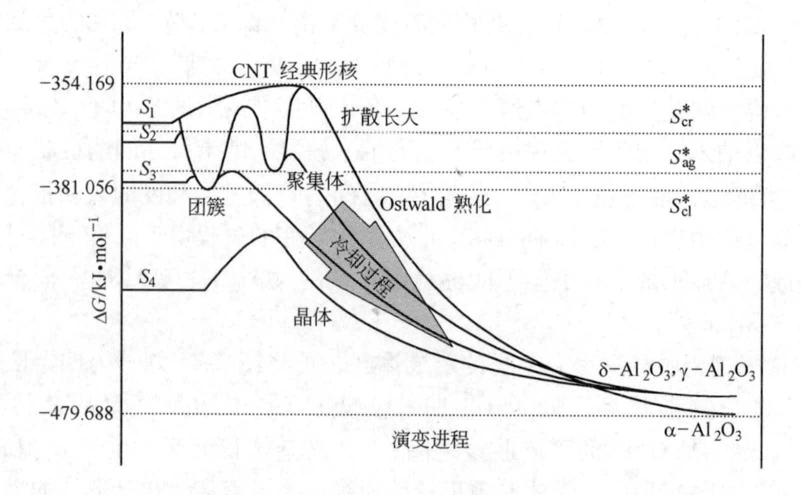

图 2-46　铝脱氧反应中间产物和产物的各种可能的形成途径

等于临界过饱和度的情况（$S_1 \geqslant S^*_{cr}$），此时铝脱氧能形成稳定的一次 α-Al_2O_3 夹杂物，途径为铝氧反应→$(Al_2O_3)_n$→纳米 α-Al_2O_3→宏观 α-Al_2O_3 夹杂物。S_2 为小于临界过饱和度而大于团簇聚集体形成所需过饱和度情况（$S^*_{cr} > S_2 \geqslant S^*_{ag}$），此时铝氧反应只能形成团簇及其聚集体，而无法形核；S_3 为小于团簇聚集体形成所需过饱和度而大于等于团簇形成所需过饱和度（$S^*_{ag} > S_2 \geqslant S^*_{cl}$），此时铝氧反应只能形成团簇，团簇不能聚集；$S_4$ 为小于团簇形成所需过饱和度情况（$S_4 < S^*_{cl}$），此时铝氧不能进行化学反应，即铝和氧为独立的自由原子存在于铁液中。在 S_2、S_3 和 S_4 三种情况下（对于钢液脱氧即为脱氧完毕后阶段）铁液中的氧即为“过剩氧”，其在熔体冷却凝固过程中进一步完全或不完全转化为各种晶型的二次氧化铝夹杂物。

图 2-47 为 1873K、1823K 及 1773K 三个不同温度下，铝脱氧反应两步形核

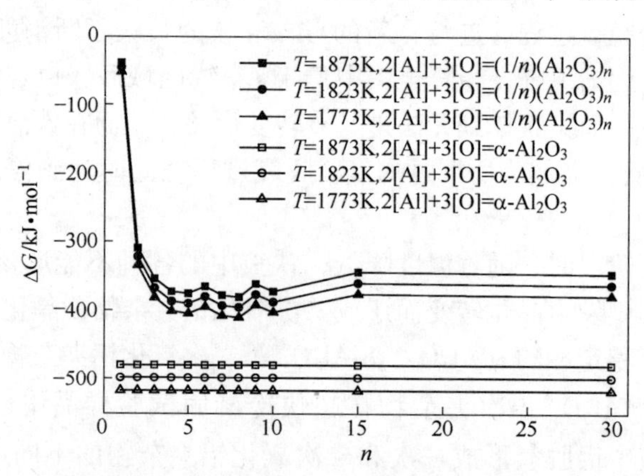

图 2-47　不同温度下铝脱氧反应形核两步过程的吉布斯自由能变化

过程的吉布斯能变化，反映夹杂物在钢水凝固过程中可能发生形成不稳定二次氧化铝夹杂物的热力学变化趋势。图 2-48 为铝脱氧反应夹杂物形成的多步过程示意图。

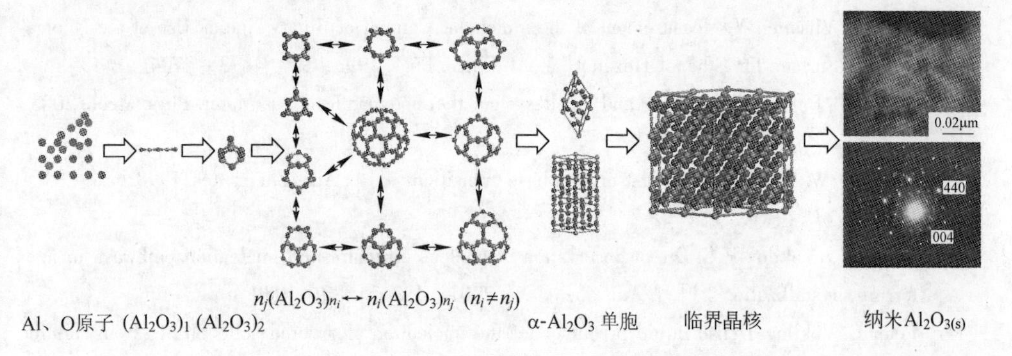

图 2-48 铝脱氧反应产物的二步形核机理示意图

2.7 小结

本章首先分析和总结基于经典形核理论对钢液铝脱氧反应及夹杂物形成机理，提出了经典理论存在的问题和亟待搞清楚的问题。在此基础上，基于团簇理论、纳米理论、二步形核机理和分子动力学模拟技术，提出了钢液脱氧产物的形成是以团簇结构为夹杂物形核过程的中间产物的多步形成机制，即“钢液中的铝氧反应—氧化铝团簇—氧化铝临界晶核—纳米尺度生长—宏观氧化铝夹杂物颗粒”的整个途径，建立了氧化物形成过程的多步热力学计算模型。基于多步模型的计算结果，结合自奇普曼等学者通过试验测量不同条件下钢液铝脱氧平衡后的过剩氧试验数据，分析和阐述了钢中 α-Al_2O_3 脱氧产物（一次夹杂物）和各种结构（α-Al_2O_3、γ-Al_2O_3、δ-Al_2O_3）的二次脱氧产物（二次夹杂物）的形成途径和机制。该项研究希望为进一步探索钢液脱氧过程中夹杂物细化控制技术提供理论基础。

参 考 文 献

[1] Turnbull D. Formation of crystal nuclei in liquid metals [J]. Journal of Applied physics, 1950, 21(10): 1022 ~ 1028.

[2] Gibbs J W, Trans. Connect. Acad. Sci. 3(1876)108.

[3] Gibbs J W, Trans. Connect. Acad. Sci. 16(1878)343.

[4] Deniz Erdemir, Alfred Y Lee, Allan S Myerson. Nucleation of Crystals from Solution: Classical and Two-Step Models [J]. Accounts of Chemical Research, 2009, 42(5): 621 ~ 629.

[5] Sharaf M A, Dobbins R A. A comparison of measured nucleation rates with the predictions of several theories of homogeneous nucleation [J]. J. Chem. Phys. 1982(77): 1517 ~ 1526.

[6] Laaksonen A, McGraw R, Vehkamaki H. Liquid-drop formalism and free-energy surfaces in binary homogeneous nucleation theory [J]. J. Chem. Phys. 1999(111): 2019 ~ 2027.

[7] Strey R, Viisanen Y. Measurement of the Molecular Content of Binary Nuclei. Use of the Nucleation Rate Surface for Ethanol-Hexanol [J]. J. Chem. Phys. 1993, 99: 4693 ~ 4704.

[8] Mokross B J. nucleation theory and small system thermodynamics [J]. Mater. Phys. Mech. 2003, 6: 13 ~ 20.

[9] Oxtoby D W. Nucleation of first-order phase transitions [J]. Acc. Chem. Res. 1998, 31: 91 ~ 97.

[10] Yau S T, Vekilov P G. Direct observation of nucleus structure and nucleation pathways in apoferritin crystallization [J]. J. Am. Chem. Soc. 2001, 123: 1080 ~ 1089.

[11] Peter G. Vekilov. Dense liquid precursor for the nucleation of ordered solid phases from solution [J]. Crystal Growth & Design, 2004, 4(4): 671 ~ 685.

[12] 余圣甫，雷毅，谢明立．晶内铁素体的形核机理[J]．钢铁研究学报，2005，17(1)：47 ~ 50.

[13] 王明林．低碳钢凝固过程含钛析出物的析出行为及其对凝固组织影响的机理研究[D]．北京：钢铁研究总院，2003.

[14] Shim J H, Byun J S, Cho Y W, et al. Effects of Si and Al on acicular ferrite formation in C-Mn steel [J]. Metallurgical Materials Transactions A, 2001, 32 (1): 75 ~ 83.

[15] Shim J H, Oh Y J, Suh J Y, et al. Ferrite nucleation potency of non-metallic inclusions in medium carbon steels [J]. Acta Mater., 2001, 49: 2115 ~ 2122.

[16] 杨占兵，王福明，宋波，等．含 Ti 复合夹杂物对中碳非调质钢组织和力学性能的影响[J]．北京科技大学学报，2007，29(11)：1096 ~ 1100.

[17] 傅杰，刘阳春，吴华杰．HSLC 钢中纳米氮化物的析出与作用[J]．中国科学 E 辑：技术科学，2008，38(5)：797.

[18] Hill T L. Thermodynamics of small systems, Vol. Ⅰ [M]. W. A. Benjamin, New York, NY, 1963.

[19] Wang C X, Yang G W. Thermodynamics of metastable phase nucleation at the nanoscale [J]. Materials Science and Engineering R, 2005, 49: 157.

[20] Lifeng Zhang, Wolfgang Pluschkell, Brian G Thomas. Nucleation and Growth of Alumina inclusions during steel deoxidation [C]// 85th Steelmaking Conference Proceedings. Nashville: 2002: 463.

[21] 王国承，张立峰．钢液中夹杂物形核热力学的尺寸效应及临界晶核尺寸计算[J]．钢铁，2012，47(6)：22 ~ 26.

[22] Wen Z, Zhao M, Jiang Q. Size range of solid-liquid interface energy of organic crystals [J]. J. Phys. Chem. B., 2002, 106: 4266.

[23] 闫红，王小松，朱如曾．Kelvin 方程的一种理论推导[J]．物理化学学报，2009，25(4)：640.

[24] Jiang Q, Zhao D S, Zhao M. Size-dependent interface energy and related interface stress [J]. Acta mater, 2001, 49: 3143.

[25] Zhang H Z, Penn R L, Hamers R J, Banfield J F. Enhanced adsorption of molecules on surfaces of nanocrystalline particles [J]. J. Phys. Chem. B, 1999, 103: 4656.

[26] Kyoko Wasai, Kusuhiro Mukai. Thermodynamics of nucleation and supersaturation for the aluminum-deoxidation reaction in liquid iron[J]. Metallurgical and Materials Transactions B, 1999, 30B(10): 1065.

[27] Kristofer J Malmberg, Hiroyuki Shibata, Shin-ya Kitamura, et al. Observed behavior of various oxide inclusions in front of a solidifying low-carbon steel shell [J]. J Mater Sci, 2010, 45: 2157.

[28] 王金照. 气泡成核的分子动力学研究及纳米颗粒对成核的影响[D]. 北京: 清华大学, 2005: 47.

[29] 薛永强, 杜建平, 王沛东, 等. 粒度对纳米氧化锌与硫酸氢钠溶液反应动力学的影响[J]. 太原理工大学学报, 2005, 36(3): 337.

[30] 来蔚鹏, 薛永强, 廉鹏, 等. 粒度对纳米体系化学反应热力学性质的影响[J]. 物理化学学报, 2007, 23(4): 508.

[31] Schenck H, Steinmetz E, Mehta K K. Equilibria and kinetics of the separation of alumina from the iron-oxygen-aluminum system at 1600℃ [J]. Arch Eisenhüttenwes, 1970, 41: 131 ~ 138.

[32] Hilty D C, Crafts W. The solubility of oxygen in liquid iron containing aluminum [J]. J. Met. Trans. AIME, 1950, 188: 414 ~ 424.

[33] Rohde L E, Choudhury A, Wahlster M. New investigations on the Al-O equilibrium in iron melts [J]. Arch Eisenhüttenwes, 1971, 42: 165 ~ 174.

[34] Repetylo O, Olette M, Kozakevitch P. Deoxidation of liquid steel with aluminum [J]. J. Met, 1967, 19: 45 ~ 49.

[35] Suito H, Inoue H, Inoue R. Aluminium-oxygen equilibrium between CaO · Al_2O_3 melts and liquid iron [J]. ISIJ International, 1991, 31: 1381 ~ 1388.

[36] Li G, Suito H. Electrochemical measurement of critical supersaturation in and Fe-O-M (M5Al, Si and Zr) and Fe-O-Al-M (M5C, Mn, Cr, Si and Ti) melts by solid electrolyte galvanic cell [J]. Iron Steel Inst. Jpn. Int. , 1997, 37: 762 ~ 769.

[37] Waai K, Mukai K, Akifumi M. Observation of inclusion in aluminum deoxidized iron [J]. ISIJ International, 2002, 42: 459 ~ 466.

[38] Rob Dekkers. Ph. Niet-metallische insluitsels in vloeibaar staal [D]. Leuven: Katholieke Universiteit Leuven, 2002.

[39] Waai K, Mukai K. Thermodynamics of nucleation and supersaturation for the aluminum-deoxidation reaction in liquid iron [J]. MMTB, 1999, 30: 1065 ~ 1074.

[40] 李尚兵, 王谦. 铝镁合金脱氧热力学分析与实验研究[J]. 铁合金, 2007, 2: 23 ~ 27.

[41] 李尚兵, 王谦, 何生平. 镁合金对 16MnR 钢液的脱氧作用[J]. 中国有色金属学报, 2007, 17(4): 657 ~ 661.

[42] Joo Hyun Park, Hidekazu Todoroki. Control of MgO · Al_2O_3 spinel inclusions in stainless steels

[J]. ISIJ International, 2010, 50(10): 1333 ~ 1346.

[43] Hideki Ono, Toshio Ibuta. Equilibrium relationships between oxide compounds in MgO-Ti_2O_3-Al_2O_3 with Iron at 1873K and Variations in stable oxides with temperature [J]. ISIJ International, 2011, 51(12): 1012 ~ 2018.

[44] Chang Woo Seo, Seon Hyo Kim, Sung Koo Jo, et al. Modification and minimization of spinel ($Al_2O_3 \cdot xMgO$) inclusions formed in Ti-added steel melts [J]. Metallurgical and materials transaction B, 2010, 41B: 790 ~ 797.

[45] Jiang Zhouhua, Li Shuangjiang, Li Yang. Thermodynamic calculation of inclusion formation in Mg-Al -Si-O system of 430 stainless steel melts [J]. Journal of Iron and steel Research, International, 2011, 18(2): 14 ~ 17.

[46] 黄希祜. 钢铁冶金原理[M]. 北京: 冶金工业出版社. 2002.

[47] F. 奥特斯. 钢冶金学[M]. 倪瑞明, 张圣弼, 项长祥, 译. 北京: 冶金工业出版社, 1997.

[48] Hideaki Suito, Hiroki Ohta. Characteristics of particle size distribution in early stage of deoxidation. ISIJ International, 2006, 46(1): 33 ~ 41.

[49] Ten Wolde P R, Frenkel D. Enhancement of Protein Crystal Nucleation by Critical Density Fluctuations [J]. Science, 1997, 277: 1975 ~ 1978.

[50] Aber J E, Arnold S, Garetz B A. Strong dc electric field applied to supersaturated aqueous glycine solution induces nucleation of the polymorph [J]. Phys. Rev. Lett, 2005, 94: 145503.

[51] Savage J R, Dinsmore A D. Experimental evidence for two-step nucleation in colloidal crystallization [J]. Physical Review Letters, 2009, 102: 198302.

[52] Pouget E M, et al. The initial stages of template-controlled $CaCO_3$ formation revealed by cryo-TEM [J]. Science, 2009, 323: 1455 ~ 1458.

[53] Vekilov P G. Elementary processes of protein crystal growth, in Studies and Concepts in Crystal Growth, edited by H. Komatsu, Pergamon Press, Oxford, 1993: 25 ~ 49.

[54] Vekilov P G. Two-step mechanism for the nucleation of crystals from solution [J]. J. Crysal Growth, 2005, 275: 65 ~ 76.

[55] Chen K, Nagel R L, Hirsch R E, et al. Liquid-liquid separation in solutions of normal and sickle cell hemoglobin [J]. Proc. Natl. Acad. Sci. U. S. A. 2002, 99: 8479 ~ 8483.

[56] Peter G. Vekilov, Nucleation, Crystal Growth & Design, 2010, 10(12): 5007 ~ 5019.

[57] Wallace A F, et al. Microscopic evidence for liquid-liquid separation in supersaturated $CaCO_3$ solutions [J]. Science, 2013, 341: 885 ~ 889.

[58] Lin S T, Maiti P K, W A. Goddard 3rd, J. Phys. Chem. , 2010, B 114: 8191 ~ 8198.

[59] Demichelis R, Raiteri P, Gale J D, et al. Stable prenucleation mineral clusters are liquid-like ionic polymers [J]. Nat. Commun, 2011, 2: 1 ~ 8.

[60] Denis Gebauer, Antje Völkel, Helmut Cölfen. Stable prenucleation calcium carbonate clusters, Science 2008, 322: 1819 ~ 1822.

[61] Wang Xiaolin, Chou Aiming, Hu Wenxuan, et al. , In situ observations of liquid-liquid phase separation in aqueous $MgSO_4$ solutions: Geological and geochemical implications, Geochimica

et Cosmochimica Acta 2013，103：1～10.
[62] Myerson A S，Bernhardt L T. Nucleation from solution [J]. Science，2013，341：855～856.
[63] Li J H，Huang W. Towards Mesoscience—The Principle of Compromise in Competition [M]. Berlin：Springer，2014.
[64] Li J H，Ge W，Wang W，Yang N，et al. From multiscale modeling to meso-science—a chemical engineering perspective [M]. Berlin：Springer，2013.
[65] Li J H，Kwauk M. Particle-fluid two-phase flow：The energy-minimization multiscale method [M]. Beijing：Metallurgical Industry Press，1994.
[66] 李静海，胡英，袁权. 探索介尺度科学：从新角度审视老问题[J]. 中国科学：化学，10.1360/N032014-00052：1～5.
[67] 董丽娜，岳丹婷，张文孝，等. 纳米颗粒低温摩尔热容特性[J]. 大连海事大学学报，2010，36(3)：109～111.
[68] 岳丹婷，谭志诚，董丽娜，等. 纳米氧化锌的低温热容和热力学性质[J]. 物理化学学报，2005，21(4)：446～449.
[69] 王国承，范晨光，李明周，等. 分子动力学在钢铁冶金中的应用及展望[J]. 材料导报，2013，27(1)：134～138.
[70] Press W H，Teukolsky S A，Vetterling W T，et al. Numerical Recipes，2nd Edition，Cambridge University Press：Cambridge，1992.
[71] Becke A D，Chem J. Phys.，1988，88：2547.
[72] Lee C，Yang W，Parr R G. Phys. Rev. B，1988，37：786.
[73] Wilson E B，Decius J C，Cross P C. Molecular Vibrations，Dover：New York，1980.
[74] Hirano T. In MOPAC manual，Seventh Edition，Stewart [J]. J. J. P.，1993，Ed.
[75] Dolg M，Wedig U，Stoll H，Preuss H. J. Chem. Phys.，1987，86：866.
[76] Bergner A，Dolg M，Kuechle W，et al. Preuss，Mol. Phys.，1993，80：1431.
[77] Jiao S，Wen C L，Wei Z，et al，Inorganic chemistry，2008，47(7)：2274～2279.
[78] Karasev V V，Onischuk A A，Glotov O G，et al. Combustion and flame 2004，138：40.
[79] Wang Guocheng，Wang Qi，Li Shengli，et al. Evidence of multi-step nucleation leading to various crystallization pathways from an Fe-O-Al melt [J]. Scientific Reports，2014，4：5082.
[80] Ihsan Barin. Thermochemical data of pure substances (VCH Verlagsgesellschaft mbH，D-69451).
[81] Weinheim，Federal Republic of Germany，1995.
[82] Sigworth G K，Elliott J F. Met. Sci.，1974，8：298～310.
[83] Elliott J F，Gleiser M，Ramakrishna V. Thermochemistry for steelmaking [J]. Addison-Wesley Publishing Co.，Reading，MA，1963，2.
[84] Wang Guocheng，Wang Qi，Li Shengli，et al. A muti-step thermodynamic model for alumina formation in the process of aluminum-deoxidation in Fe-O-Al melt [J]. Aota Metallurgica Sinica，2014.

3 铁基熔体中纳米粒子相关研究

研究纳米尺寸的粒子在铁基熔体中的溶解、熔化和运动等基本行为，对理解炼钢过程中夹杂物的行为及其细化控制有重要的支撑作用；同时，希望探索一种可以向钢液中添加纳米级颗粒并实现纳米颗粒弥散化和均匀分散的方法。

本章主要阐述了采用外加纳米级氧化物颗粒的实验室试验和相关的理论研究结果。纳米颗粒在流体中的应用已有一些试验和理论研究，主要集中在纳米粒子强化流体传热方面[1~5]。纳米粒子由于表面积极大，不稳定，在通常的介质（空气、水等）中极易产能团聚，即使在无水乙醇或者表面活性剂中也需要借助超声分散，才能保持一段时间的分散状态。纳米粒子的分散状态与其在流体或者熔体中的动力学性质相关，动力学性质主要包括两个方面：动力学稳定性和运动行为。在钢铁冶金领域中，目前还没有对钢液中的纳米级颗粒的行为进行探讨的文献报道。本章通过理论分析和试验实证研究相结合，探讨纳米粒子在高温铁基熔体中的动力学稳定性和运动行为，分析纳米粒子的分散状态。

3.1 钢铁材料中纳米粒子作用简述

3.1.1 钉扎效应

第二相粒子对钢的作用主要有三方面：（1）能成为钢液的凝固结晶核心细化铸态组织；（2）在热加工过程中能起到沉淀（析出）强化作用；（3）能有效地控制基体晶粒尺寸（钉扎）起到间接的细晶强化作用。

1949 年 C. Zener[6] 最早提出用第二相粒子细化金属晶粒理论。当分布在晶界处的第二相粒子足够细小时，在加工变形时能够起到阻止金属粒子长大、细化晶粒的作用。第二相粒子能否在晶界处稳定存在，取决于它的溶解度。粒子对晶粒长大的阻碍作用取决于其对晶界的钉扎能力，即降低晶界能量的程度，这可用钉扎力概念来描述。第二相粒子细化金属晶粒的理论主要解决了粒子对晶界的钉扎力、粒子起钉扎作用的临界半径以及粒子粗化失效条件等内容。

单个球状第二相粒子对晶粒边界的最大钉扎力为[6]：

$$B = \pi r_b \gamma \tag{3-1}$$

式中 B——最大钉扎力；

r_b——球状第二相粒子的半径；

γ——晶界的比表面能。

通常认为，晶粒长大前，中心在距离晶粒边界 $\pm r$ 范围内的粒子才能对晶粒边界起钉扎作用。单位晶粒边界面积受所有粒子的总的最大钉扎力为：

$$\Sigma B_i = \Sigma n_i \pi r_{b,i} \gamma = \Sigma \frac{3\varphi_{b,i}\gamma}{2r_{b,i}} \tag{3-2}$$

式中 i——不同类型的第二相粒子；

n_i——单位晶界面积上 i 类型粒子的数目；

$\varphi_{b,i}$——单位体积晶粒中 i 类型球状第二相粒子的体积分数；

$r_{b,i}$——i 类型球状粒子的半径；

γ——晶界的比表面能。

可见，单位晶粒边界面积受到的总钉扎力主要取决于所有类型粒子的体积分数和它们的尺寸。加大体积分数或减小粒子尺寸均可增大总钉扎力。

能够起钉扎作用的球形第二相粒子的临界半径 $r_{c,b}$ 为[7]：

$$r_{c,b} = \frac{6R_0\varphi_b}{(3/2 - 2/Z)\pi} \tag{3-3}$$

式中 Z——晶粒的不均匀程度，$Z = \frac{R}{R_0}$；

R——晶粒长大后的尺寸；

R_0——原始晶粒的尺寸；

φ_b——球形粒子的体积分数。

当粒子半径小于其临界半径 $r_{c,b}$ 时，晶粒长大将导致能量升高，因此晶粒不易长大，即粒子能够有效钉扎晶粒边界；反之，则晶粒长大，能量降低，粒子对晶界的钉扎失效。

根据式 $\frac{d_c}{\ln\left(\frac{d_c}{2b}\right)} = 0.209\frac{Gb^2}{K\gamma}$ 和 $r_{c,b} = \frac{6R_0\varphi_b}{(3/2 - 2/Z)\pi}$ 可以看出，在钢铁材料中能起沉淀强化和能够使基体晶粒钉扎在较小尺寸的第二相粒子本身的尺寸一般应比较细小，小于基体的晶粒尺寸。所以，为了使加入的纳米颗粒能够起到第二相强化的作用，应尽可能地选择粒度较小、粒径较为均匀的纳米粉。

粒子的临界半径取决于其体积分数。对于钢中析出的第二相粒子，其体积分数与粒子在钢中的溶解度相关。粒子的溶解度越大，则体积分数越小，即其能够起到钉扎作用的临界半径越小。

第二相粒子的粗化速率可用式（3-4）描述[8,9]

$$\bar{r}_t^3 - \bar{r}_0^3 = 8\sigma DC\frac{V^2 t}{9kT} \tag{3-4}$$

式中 $\bar{r}_t$——t 时刻粒子的平均半径；
$\bar{r}_0$——初始粒子的平均半径；
σ——粒子与金属晶粒间的界面能；
D——组成粒子的有关元素的扩散系数；
C——元素的溶解度；
V——粒子的摩尔体积；
t——时间；
k——玻耳兹曼常数；
T——绝对温度。

C 是影响速率的重要因素，其大小由质点成分、类型以及溶度积确定，获得低 C 的 2 个条件：（1）质点在奥氏体中的溶度积低；（2）存在较高的间隙水平。另外可以看出，当温度升高时，第二相粒子一般会发生粗化长大，同时伴随一些同类型细小粒子的溶解。当粒子粗化长大尺寸超过其临界尺寸时，将造成对晶界钉扎的失效。

达到平衡时的稳定晶粒尺寸 d 与第二相粒子半径 r 和体积分数 φ 之间有下述关系：

$$d = \frac{4r}{3\varphi} \tag{3-5}$$

即第二相粒子的尺寸越细小、体积分数越大，则达到平衡时，钢的晶粒越细小。柳得橹等[10]研究证实，采用 CSP 工艺生产的低碳钢中析出了尺寸小于 20nm 的尖晶石结构氧化铁和尺寸为 100 ~ 400nm 的硫化物粒子，大量分布在晶界和位错上，对强化和细化晶粒有很好的作用，使钢的强度提高近 1 倍，同时大幅度提高钢的塑性。

3.1.2 纳米形核剂的有效性

根据临界形核半径和球形晶核形成自由能驱动力方程，可以得出非均质凝固形核的最大形核功为：

$$\Delta G_S^* = \frac{16}{3}\pi\left(\frac{\sigma^3}{\Delta G_V^2}\right)\left(\frac{2 - 3\cos\theta + \cos^3\theta}{4}\right) \tag{3-6}$$

可见，接触角的大小直接影响非均质形核的难易程度。当 $\theta = \pi$ 时，非均质形核功与均质形核功相等，颗粒起不到促进形核的作用；当 $\theta = 0$ 时，在基底与颗粒同质且结构相同时才能出现，此时形核无须形核功；通常 θ 在 $0 \sim \pi$ 之间时，随着 θ 的减小，基底对形核的作用增大[11]。因此，在钢的凝固过程中，通过控制使夹杂物和第二相优先析出，造成大量形核质点，有利于晶粒同时形核细化钢的铸态组织。钢中常用的晶粒形核剂有 TiN、Ti_2O_3 和部分稀土化合物等[12~14]，见表 3-1。

表 3-1 钢的有效形核剂结晶数据[12]

形核剂	晶 系	室温晶格常数/m	1811K 晶格常数/m	错配度/%
TiN	立方	4.246×10^{-10}	4.308×10^{-10}	3.9
TiC	立方	4.327×10^{-10}	4.390×10^{-10}	5.9
SiC	立方	4.360×10^{-10}	4.395×10^{-10}	6.0
ZrN	立方	4.560×10^{-10}	4.610×10^{-10}	11.2
WC	立方	2.906×10^{-10}	2.929×10^{-10}	29.4
TiO_2	四方	4.590×10^{-10}		
Ti_2O_3	六方	5.150×10^{-10}		

形核剂非均质形核能力的大小决定于形核剂与结晶相之间的界面能。界面能一般包括界面化学能和界面结构能两种。化学能是指由界面原子的结合键改变而产生的界面能。结构能是指界面两侧晶体的对应原子晶面间距不一致时，实现原子晶面配合使得界面附近原子发生一定程度的变形而产生的能量。结构能一般分为三种界面情况：（1）当界面两侧晶体晶面间距差别很小时，可以通过原子很小的变形（弹性或塑性变形）实现晶面间很好的配合，称为共格界面，错配度最小，一般小于5%；（2）当原子变形不能完全由共格应变容纳时，还需要界面错配位、错容纳，这时界面称为半共格界面；（3）当界面两侧晶体完全不存在配合区域时的界面称为非共格界面，错配度最大。

影响界面能的主要因素包括基底与结晶相之间的点阵错配度、基底的化学性质、表面形态以及基底与结晶相之间的静电位等。形核剂与晶核之间的界面张力越小，形核剂与结晶相之间的晶格结构越相似（即错配度越小），则两者之间的界面能就越小，越有利于异质形核。

根据点阵错配度理论，一维错配度和二维错配度 δ 通常定义为：

一维：
$$\delta = \frac{a_{\text{sub}} - a_{\text{metal}}}{a_{\text{metal}}} \tag{3-7}$$

二维[15]：
$$\delta^{(hkl)_{\text{sub}}}_{(hkl)_{\text{metal}}} = \sum_{i=1}^{3}\left[\left(\frac{\left|d_{[uvw]^i_{\text{sub}}}\cos\theta - d_{[uvw]^i_{\text{metal}}}\right|}{d_{[uvw]^i_{\text{metal}}}}\right)\bigg/3\right]\times 100 \tag{3-8}$$

式中 $(hkl)_{\text{sub}}$——基底（substrate）的一个低指数晶面；

$[uvw]_{\text{sub}}$——晶面 $(hkl)_{\text{sub}}$ 上的一个低指数晶向；

$(hkl)_{\text{metal}}$——结晶相的一个低指数晶面；

$[uvw]_{\text{metal}}$——晶面 $(hkl)_{\text{metal}}$ 上的一个低指数晶向；

$d_{[uvw]_{\text{sub}}}$——沿 $[uvw]_{\text{sub}}$ 方向的晶面间距；

$d_{[uvw]_{\text{metal}}}$——沿 $[uvw]_{\text{metal}}$ 方向的晶面间距；

θ——$[uvw]_{\text{sub}}$ 与 $[uvw]_{\text{metal}}$ 晶向之间的夹角。

若δ值越小，则说明基底与晶核之间的匹配越好，则结晶相就越容易在异质基底上形核。Bramfitt[13]的试验结果表明，非均质形核时，$\delta < 6\%$的核心最为有效，$\delta = 6\% \sim 12\%$的核心中等有效，而$\delta > 12\%$的核心无效。表3-1列出了几种钢中常见的有效形核剂情况，其中TiN与钢液初生δ-铁素体相的错配度仅为3.9%，是十分为有效的形核剂。

当然，外加纳米粒子在钢液凝固或者夹杂物形成过程中能否起核心作用，错配度只是其中的一个因素，而基底（纳米粒子）的大小、表面形态微结构以及化学性质等都有可能起到决定性作用。由于纳米粒子的独特性能，其作为非均质核心能力可能不同于经典形核理论下的形核剂的形核能力。目前，还没有开展关于纳米级粒子作为钢液结晶或者夹杂物形成时的异质核心方面的研究工作。希望外加的纳米颗粒成为钢液结晶和夹杂物形成时的异质核心，从而细化钢的凝固组织和非金属夹杂物的尺寸，是外加纳米颗粒重要目的之一。

3.2 含纳米粒子的添加剂在铁液中的熔化

3.2.1 添加剂中辅料的熔化

纳米添加剂（含纳米粒子的添加剂）加入钢液中后，添加剂中的辅料（主要为纯铁和对钢液无污染的材料）将首先熔化，在钢液流动状态下，辅料纯铁熔化形成的液态铁融入钢液中。在这一过程中，添加剂中的纳米颗粒容易被熔化的液态铁流或运动的钢液推动、运载，从而使原本分散的有一定间距的纳米颗粒更好地分散在钢液中。

炼钢实际的熔化过程包括两种类型的传热：（1）热从热源直接向固体炉料传热，如废钢在电炉内初始熔化过程；（2）固体料在熔体内部熔化，固体料从周围熔体获取热量，如合金料在钢液中的熔化等[15]。固体料在熔体中的熔化过程主要受熔体及固体料的液相线温度影响，液相线温度主要决定于碳含量和合金元素含量，其中碳含量影响最大。例如，纯铁在Fe-C熔体中熔化时，由于熔体的含碳量（百分之几）较高，其液相线温度往往低于固态纯铁熔点；海绵铁球团在脱碳钢液中熔化时，由于球团含碳量较高，因此球团液相线温度一般低于脱碳熔体的液相线温度。

纳米添加剂块体在钢液中的熔化属于固体料在熔体内部的熔化方式，属于第二种传热类型，如图3-1所示。在钢液中，假设添加剂表面温度等于该处钢液的液相线温度，液相线温度可由$T_F = 1536 - 90c_F$[15]式给出，式中c_F为固体料和熔体相界处的碳含量（浓度）。由于纳米添加剂不含碳，熔化时首先发生周围熔体中C向添加剂表面的扩散过程。熔化速度与C的扩散速度比值决定了固体料表面处液体的碳含量，也就决定了液相线温度。

熔体中C的扩散主要在扩散边界层中进行。边界层以外C浓度为钢液本体C

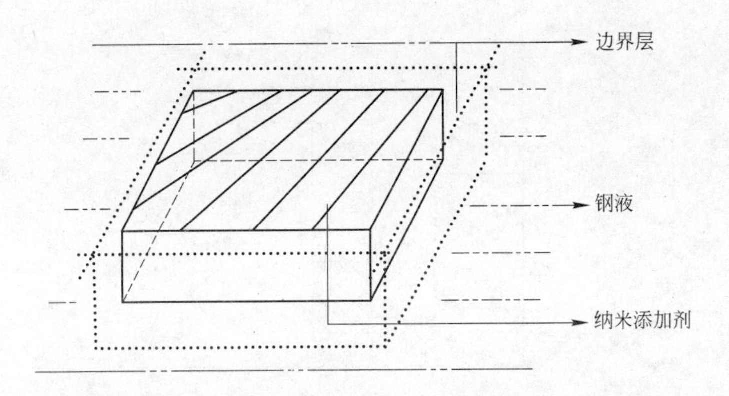

图3-1 纳米添加剂在钢液中的熔化模型示意图

浓度，看作常数。当熔化的相界面以恒定速度 $v=\dfrac{dx}{dt}=-\dfrac{dy}{dt}$ 移动时，根据菲克（Fick）第二定律，有以下形式（y 为 x 的负方向位移）：

$$v\frac{dc}{dy}=D\frac{d^2c}{dy^2} \tag{3-9}$$

应用边界条件：$y=\delta_N$，$c=c_L$；$y=0$，$c=c_F$；解方程式（3-9）得：

$$c=c_F+(c_L-c_F)\frac{1-e^{vy/D}}{1-e^{v\delta_N/D}} \tag{3-10}$$

式中 c_L——熔体内部 C 浓度；
δ_N——扩散边界层的厚度；
D——C 在边界层中的扩散系数。

相界面处 C 浓度 c_F 可由边界层物料衡算求出。下面根据边界层内 C 的传质机理，推导纳米添加剂的熔化速度 v（相界面移动速度）。

如图 3-2 所示，当厚度为 $-dy=dx=vdt$ 的一层固体熔化后，在此层内 C 的浓度就由添加剂原始 $c_{addition}$ 增加到 c_F，所以单位时间单位面积上 C 的增量等于表面处扩散流密度：

$$v(c_F-c_{addition})=D\frac{dc}{dy}\bigg|_{y=0} \tag{3-11}$$

对式（3-10）求导，代入式（3-11）中，并 $c_{addition}=0$，得出：

$$c_F=c_L e^{-v\delta_N/D} \tag{3-12}$$

当固体料浸入熔体中后，首先熔体在固体料表面上形成一层冷凝壳。添加剂表面上熔体以液相线时的 C 浓度 c_F 开始冷凝，冷凝后的固相含有对应固相线的 C 浓度。设固相线和对应液相线的 C 平衡浓度比为 K（其数值可由 Fe-C 相图给

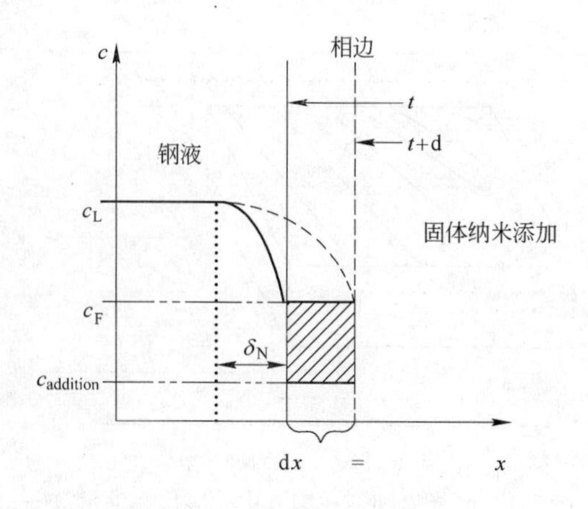

图 3-2 纳米添加剂表面熔化层浓度分布

出)。所以，凝固前沿处物料衡算关系为：

$$v(1-K)c_F = D\frac{dc}{dy}\bigg|_{y=0} \tag{3-13}$$

同样，对式（3-10）求导，代入式（3-13）中，得出：

$$c_F = \frac{c_L}{K+(1-K)e^{v\delta_N/D}} \tag{3-14}$$

因此，可以根据式（3-12）或式（3-14）计算出相界处的 C 浓度 c_F，进而求出液相线温度 T_F。

利用传热和传质的相似性原理，由谢伍德 $Sh=\beta d/D$ 和努塞尔 $Nu=\alpha d/\lambda$ 准数，及 $\beta=D/\delta_N$ 和 $\alpha=\lambda/\delta_\Theta$（式中，$\beta$ 为传质系数；α 导热系数；λ 为热导率；δ_Θ 为温度边界层厚度），可得：

$$\frac{\delta_N}{\delta_\Theta} = \frac{Nu}{Sh} \tag{3-15}$$

式中，$Nu=0.6Re^{1/2}Pr^{1/3}$，$Sh=0.6Re^{1/2}Sc^{1/3}$，所以：

$$\frac{\delta_N}{\delta_\Theta} = \left(\frac{Pr}{Sc}\right)^{1/3} = \left(\frac{D}{\alpha}\right)^{1/3} \tag{3-16}$$

由于在湍流和层流两种流动情况下，流动的 Pr 数和 Sc 数指数项都为 1/3，因此该式适用于两种流动情况。由式（3-16）变换可得：

$$\frac{v\delta_N}{D} = \frac{v\delta_\Theta}{\alpha}\frac{\alpha}{D}\left(\frac{D}{\alpha}\right)^{1/3} = \frac{v\delta_\Theta}{\alpha}\left(\frac{\alpha}{D}\right)^{2/3} \tag{3-17}$$

对于传热过程，根据傅里叶第二定律，在边界层内部通过传导形式传热：

$$\frac{\partial T}{\partial t} = \alpha \frac{\partial^2 T}{\partial x^2} \tag{3-18}$$

当边界层内传热达到稳态时，对式（3-18）进行积分，并代入边界条件 $x = 0$，$T = T_F$；$x = \delta_\Theta$，$T = T_L$，可得：

$$v = \frac{dx}{dt} = \frac{\alpha}{\delta_\Theta}\ln\left[1 + \frac{c_L \rho_L (T_L - T_F)}{L_F \rho_{addition}}\right] \tag{3-19}$$

即，$\frac{v\delta_\Theta}{\alpha} = \ln\left[1 + \frac{c_L \rho_L (T_L - T_F)}{L_F \rho_{addition}}\right]$，将此式代入式（3-17），可得：

$$\frac{v\delta_N}{D} = \left(\frac{\alpha}{D}\right)^{2/3} \ln\left[1 + \frac{c_L \rho_L (T_L - T_F)}{L_F \rho_{addition}}\right] \tag{3-20}$$

将 $T_F = 1536 - 90c_F$ 代入式（3-20），得：

$$\frac{v\delta_N}{D} = \left(\frac{\alpha}{D}\right)^{2/3} \ln\left[1 + \frac{c_L \rho_L (T_L - 1536 + 90c_F)}{L_F \rho_{addition}}\right] \tag{3-21}$$

再将式（3-12）或式（3-14）代入式（3-21）中，则可得辅料熔化速度关系式为：

$$\frac{v\delta_N}{D} = \left(\frac{\alpha}{D}\right)^{2/3} \ln\left[1 + \frac{c_L \rho_L (T_L - 1536 + 90c_L e^{-v\delta_N/D})}{L_F \rho_{addition}}\right] \tag{3-22}$$

分析该式可知，纳米添加剂在熔体中的熔化速度 v 与传质边界层厚度 δ_N、扩散系数 D、导热系数 α、密度、熔化潜热 L_F 以及钢液中 C 的浓度有关。通过该式可求出添加剂的熔化速度，对熔化速度 $dx = v dt$ 进行积分，代入相应的边界条件即可求出添加剂在钢液内部的熔化时间。

关于熔化时间的计算已有较多的文献介绍[15]：半径为 2cm 的压块铁（密度为 5.5g/cm^3），完全熔化时间为 55s 左右；半径为 2cm 海绵铁（密度为 2.6g/cm^3），完全熔化时间为45s 左右。本节中添加剂呈块状长方体（见图4-3），长宽均为1cm 左右，厚度约0.4cm，压实密度约4.8g/cm^3，其熔化速度应与压块铁和海绵铁相近或介于两者之间，因此，纳米添加剂完全熔化时间较短，在出钢的前1min 内可全部熔化。本节重点分析其熔化过程的影响因素，对添加剂的完全熔化时间不做详细计算。

3.2.2　纳米粒子的熔化性质

首先要确保所选纳米粉加入钢液中后，在炼钢或出钢温度下不会发生熔化，仍能保持固态质点形式存在于钢液中，这是外加纳米粉能对钢起作用的前提。由于冶炼末期或出钢时，钢液温度一般约在 1823～1923K，甚至更高，因此，选择的纳米化合物熔点应高于这一温度线，初步确定所选纳米粉的熔点应高于 1973K。

从目前文献来看，许多纳米级化合物的熔点还没有确定的数据，而且纳米级尺度的物质的熔点与其粒径存在一定的关系。所以，首先选择具有高熔点的常规尺度化合物，然后根据常规尺度的熔点估算材料在纳米级（1 ~ 100nm）的不同粒径时的熔化温度。表 3-2 是一些常见的高熔点化合物在常规尺寸时的熔点数据。

表 3-2 常见高熔点化合物及其熔点[16] （℃）

化合物	α-Al_2O_3	CaO	MgO	石英 SiO_2	方石英 SiO_2	Ti_2O_3	金红石 TiO_2
熔　点	2030	2605	2800	1710	1723	1839	1875
化合物	Y_2O_3	ZrO_2	CaS	MgS	AlN	BN	TiN
熔　点	2415	2700	2525	2000	2150 ~ 2200	2730	2930

关于纳米颗粒（晶体）的熔点已有一些研究报道[17]，基本观点是熔点随粒径减小而降低。当材料的尺寸下降到纳米级（≤100nm）后，其熔点将低于以常规块体存在时的熔点，不同材料熔点突变时尺寸不一样。如大块 Pb 的熔点为 600K，而 20nm 大小的球形 Pb 微粒熔点下降 288K；计算纳米 Au 的粒径与熔点关系表明，当粒径小于 10nm 时，熔点急剧下降。

根据物理化学的基本原理，一般随着材料尺寸不断减小，材料的比表面积将逐渐增加，表面原子数增多，材料的热稳定性下降，熔化时所需内能减小，当材料的尺度下降至纳米级后，材料的热稳定性可能发生突变性下降，因此，纳米材料的熔点常常表现出明显低于材料在常规尺度状态下的熔点。但是，对于不同种类的材料，其热稳定性下降的程度不一样。目前，对材料尺度下降造成熔点下降的物理机制的认识还不深入，没有统一的计算公式或理论。根据 Kelvin 公式，颗粒蒸气压与半径关系为：

$$\ln \frac{p}{p_0} = \frac{2\sigma}{r\rho} \frac{M}{RT} \tag{3-23}$$

式中 p——微小颗粒蒸气压；

p_0——大颗粒蒸气压；

σ——颗粒与介质的比界面张力；

r——微小粒子半径；

ρ——粒子密度；

M——颗粒的相对原子质量；

T——微小颗粒的熔点；

R——常数。

分析式（3-23）可知，与常规尺度颗粒相比，由于微小颗粒尺寸细小，导致其蒸气压大于普通晶体的蒸气压，因此熔点将下降，而且在液体中的溶解度也降低。

另外，根据熔化过程热力学，P. R. Couchman 和 Jesser[18] 导出固体粒子的熔点与粒子半径的关系：

$$T_m = T_m^e[1 - 2\sigma_{sl}\cos\theta(L\rho_s r)^{-1}] \qquad (3\text{-}24)$$

式中 T_m^e——大块材料的平衡熔点；

σ_{sl}——固、液间的界面能；

L——熔化潜热；

ρ_s——固相密度；

θ——镶嵌粒子与基体的接触角，对于自由粒子 $\cos\theta = 1$。

从式（3-24）可以看出，微小粒子的熔化温度变化（$T_m - T_m^e$）与粒子尺寸 r 的倒数呈线性关系。

材料的熔化过程即为液体（熔体）的非均匀形核过程，形核起始于材料的表面或亚晶界处，因为表界面处原子自由能较高，有利于作为熔体非均匀形核的场所。因此，材料的熔化过程在很大程度上取决于单位体积中的外表面和内界面面积总和（比表面积），比表面积越大，非均匀形核位置越多，熔化温度就越低。纳米材料存在大量表面或内界面，其比表面积较常规颗粒材料大很多，对熔化过程产生重要影响，使其熔化温度降低。

对于纳米颗粒，研究得到熔化温度与结合能之间存在 $T = CE$[19] 关系（式中，T 为纳米颗粒的熔化温度；E 为原子结合能；C 为常数）。从该式可以看出，纳米颗粒熔化温度下降的物理本质是材料尺寸减小导致比表面积增大，表面原子数增多，材料热稳定性下降，原子结合能减小，熔化时需要吸收的热量减小。当材料的尺度下降至纳米级（≤100nm）甚至更小时，其热稳定性在某一临界尺寸时将发生突变性下降。当然，不同种类的材料，热稳定性发生突变性下降的程度不同，所以熔化温度发生突变时的临界尺寸也不同。实验表明，大块 Pb 熔化温度为 600K，20nm 的 Pb 微粒熔化温度降低 288K[20]；大块 Au 熔化温度为 1336K，5nm 的 Au 微粒熔化温度急剧下降至 1100K[17]。

纳米结构材料是由纳米颗粒通过一定制备方式组合而成的，所以其熔化温度实际为纳米颗粒的熔化温度，但其熔化过程不同于纳米颗粒，可用图 3-3 示意其熔化过程。图中，假设纳米结构材料由 A、B 两种纳米粒子构成，A 和 B 粒子的半径分别为 $r_1$nm 和 $r_2$nm，熔化温度分别为 T_1 和 T_2，对应的相同物质的常规块体材料 A 和 B 的熔点分别为 T_A 和 T_B。如 3-3 图，对于半径为 $r_1$nm 的粒子 A，当吸热后粒子温度达到熔化平衡温度 T_1 时，粒子发生熔化，随后粒子不断吸热，温度恒定在 T_1。由于纳米尺度实际是材料的亚稳态尺度，因此由纳米颗粒组成的纳米结构材料在平衡温度 T_1 时，彼此相邻的纳米颗粒的晶界要发生迁移、合并及长大（若单个纳米颗粒内部存在亚晶界，则亚晶界也要发生合并长大），即发生纳米尺度向常规块体尺度的转变过程。例如，当纳米粒子 A 经过升温过程的粗化长大（与相邻纳米颗粒合并），尺寸达到常规块体尺度后，其熔化温度也就达到了同质块体材料 A 的熔点 T_A。所以，对于纳米结构材料中的 A 纳米颗粒来讲，在 T_1 温度时，实际是发生两个过程：一是 A 纳米颗粒本身的熔化过程，另一是 A 纳米颗粒（与其周围纳米颗粒 A 或 B 发生晶界迁移、合并）的粗化长大转变过程；原因在于纳米结构材料中的纳米粒子是处于相邻粒子的束缚态中，其熔化过程必然受到相邻纳米粒子的影响，而对于自由态（单个纳米颗粒）的纳米颗粒，则没有粒子的长大过程。

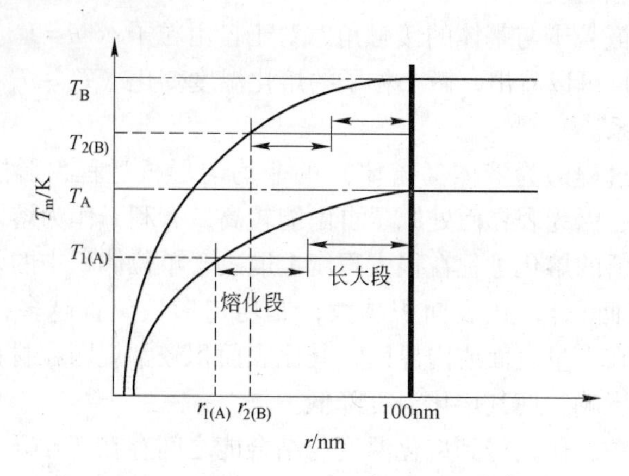

图 3-3 纳米结构材料熔化过程示意图

铁液中的 Al_2O_3 纳米颗粒的熔化过程与上述纳米材料的熔化过程存在很多相同之处，也有不同之处。在此基于以下三点来对 Al_2O_3 纳米颗粒在铁液中的熔化进行分析：（1）Al_2O_3 纳米颗粒熔化过程所处的环境是铁液，而不是通常测定物质熔点的空气环境，为了对比，后文同时计算了空气中 Al_2O_3 纳米颗粒的熔化温度；（2）Al_2O_3 纳米颗粒相当于自由态（单个纳米颗粒）的纳米颗粒，不是纳米结构材料，所以对于 Al_2O_3 纳米颗粒熔化过程的探讨，不考虑纳米粒子长大、尺寸变化而带来熔化温度的升高问题；（3）此处只讨论 Al_2O_3 纳米颗粒的熔化，而由于铁液作用带来的溶解问题已在前文阐述。

根据热力学凯尔文（Kelvin）[21] 公式，微小颗粒的蒸气压与半径之间有以下关系：

$$\ln\frac{p_{nano}^*}{p_0^*} = \frac{2\sigma_{s\text{-}l}}{r\rho}\frac{M}{RT_{nano}} \tag{3-25}$$

式中 p_{nano}^*——纳米颗粒的饱和蒸气压；

p_0^*——常规块体材料的饱和蒸气压；

$\sigma_{s\text{-}l}$——纳米颗粒熔化时的固-液界面张力；

r——纳米颗粒半径；

ρ——颗粒密度；

M——颗粒物质的相对分子质量；

T_{nano}——纳米颗粒的熔化温度；

R——理想气体常数。

对于纯物质熔化时的固、液两相平衡，克莱贝隆（Clapeyron）[21] 方程描述了物质所处的外压对其熔点的影响：

$$\frac{dp}{dT} = \frac{\Delta H_f}{T\Delta V_m} \tag{3-26}$$

式中 p——纯物质熔化平衡时的外压；

T——纯物质的熔化温度（熔点）；

ΔH_f——纯物质的摩尔熔化热；

ΔV_m——熔化时的摩尔体积变化。

式（3-26）表明了纯物质熔化时外压对其熔点的影响，外压越低，则熔点越低。由于物质熔化时其饱和蒸气压与外压相等，方向相反，所以式(3-26)又可以理解为：在相同外压下，饱和蒸气压越大的物质，熔化温度越低。因此，将式(3-26)中的外压 p 用物质的饱和蒸气压 p^* 代换，则式（3-26）可以改写成式（3-27）：

$$\frac{dp^*}{dT} = -\frac{\Delta H_f}{T\Delta V_m} \tag{3-27}$$

式中 p^*——纯物质熔化平衡时的饱和蒸气压。

其他符号含义同式（3-26）。式（3-27）表明了纯物质熔化时饱和蒸气压对其熔点的影响，这是与 Clapeyron 方程不同的。

以纳米颗粒和常规块体为上、下限对式（3-27）进行定积分，由于固体的摩尔体积远小于气体的摩尔体积，可以忽略，气体以理想气体处理，则 $\Delta V_m = V_g - V_s \approx V_g = \frac{RT}{p}$，将其代入式（3-27），积分可得：

$$\ln\frac{p^*_{nano}}{p^*_0} = -\frac{\Delta H_f}{R}\left(\frac{1}{T_0} - \frac{1}{T_{nano}}\right) \tag{3-28}$$

式中 T_0——常规块体材料的熔化温度。

联立式（3-25）与式（3-28）可得：

$$T_{nano} = T_0\left(1 - \frac{M}{\rho \cdot \Delta H_f}\frac{2\sigma_{s\text{-}l}}{r}\right) \tag{3-29}$$

从式（3-29）可以看出，纳米颗粒的熔化温度与纳米颗粒半径 r、固-液界面张力 $\sigma_{s\text{-}l}$、摩尔熔化热 ΔH_f、颗粒密度 ρ 以及相对分子质量 M 有关。

由于 $\Delta V_m = \frac{M}{\rho}$，所以式（3-29）又可表示成式（3-30）形式，这与 P. R. Couchman 等人[18] 关于材料尺寸与熔化温度关系的研究结果是一致的。

$$T_{nano} = T_0\left(1 - \frac{\Delta V_m}{\Delta H_f} \cdot \frac{2\sigma_{s\text{-}l}}{r}\right) \qquad (3\text{-}30)$$

利用式（3-29）可以计算不同粒径的 Al_2O_3 纳米颗粒在空气、铁液中的熔化温度。表 3-3 为计算所用到的相关数据[22]，由于温度对 ΔH_f 影响较小，视 ΔH_f 为常量；对于空气中的 Al_2O_3 纳米颗粒，其熔化时的固-液界面张力为 $\sigma_{s\text{-}l} = \sigma_{Al_2O_3,s\text{-空气}} - \sigma_{Al_2O_3,l\text{-空气}} = 0.21$，对于铁液中的 Al_2O_3 纳米颗粒，其熔化时的固-液界面张力为 $\sigma_{s\text{-}l} = \sigma_{Al_2O_3,s\text{-铁液}} - \sigma_{Al_2O_3,l\text{-铁液}} = 0.48$。将表 3-3 数据及空气、铁液中的 $\sigma_{s\text{-}l}$数据代入式（3-29），计算出不同粒径的 Al_2O_3 纳米颗粒在空气或铁液中的熔化温度，见表 3-4。

表 3-3　Al_2O_3 纳米颗粒的熔化温度计算所用数据

ΔH_f /kJ · mol^{-1}	ρ /kg · m^{-3}	$\sigma_{Al_2O_3,s\text{-空气}}$ /J · m^{-2}	$\sigma_{Al_2O_3,l\text{-空气}}$ /J · m^{-2}	$\sigma_{Al_2O_3,s\text{-铁液}}$ /J · m^{-2}	$\sigma_{Al_2O_3,l\text{-铁液}}$ /J · m^{-2}
108. 8	4.0×10^3	0. 90	0. 69	2. 30	1. 82

表 3-4　纳米 Al_2O_3 在空气及铁液中的熔化温度计算值[24]

r/nm	空 气		铁 液	
	T/K	ΔT/K	T/K	ΔT/K
块体	2303	0	2303	0
100	2298	-5	2293	-10
50	2294	-9	2282	-21
10	2258	-45	2199	-104
5	2212	-91	2096	-207
1	1849	-454	1267	-1036

利用表 3-4 数据绘制出纳米 Al_2O_3 的熔化温度（熔点）随半径的变化趋势，如图 3-4 所示。从表 3-4 及图 3-4 中可以得出，随着 Al_2O_3 纳米颗粒粒径减小，

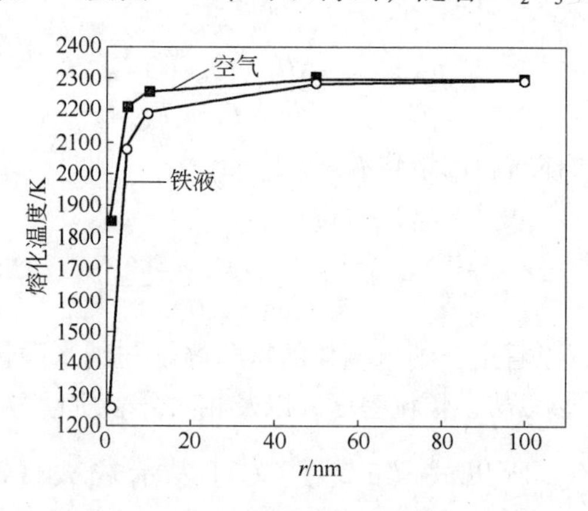

图 3-4　空气和铁液中纳米 Al_2O_3 颗粒半径与熔化温度（熔点）关系[23]

其熔化温度逐渐降低，粒径越小，熔化温度下降的幅度越大；而且，相同粒径的纳米 Al_2O_3 颗粒在铁液中的熔化温度低于其在空气环境中的熔化温度。另外，随着 Al_2O_3 纳米颗粒粒径不断增大，其在空气和铁液中的熔化温度差异不断减小。

3.3 熔体中纳米粒子的动力学稳定性

纳米粒子在熔体中的动力学稳定性是指粒子分散在整个熔体中不沉降或不团聚行为。粒子的稳定性与胶体特性有关，一般采用 DLVO 理论描述[24]。本小节在采用 DLVO 理论进行分析的基础上，同时考虑高温铁基熔体性质对纳米粒子的影响来探讨粒子的动力学稳定性问题。根据 DLVO 理论，纳米粒子在液体中的稳定性主要取决于纳米粒子间的范德华（Van Der Waals）吸引力与排斥作用力的大小。

3.3.1 范德华引力势能

纳米粒子间的吸引力主要是范德华引力（Van Der Waals 引力），包括诱导力（Debye 引力）、偶极力（Keesom 引力）和色散力（London 引力），其大小与分子间距的六次方成反比。可以将纳米质点看作由大量分子组成的聚集体，则质点间的相互作用就等于组成它们的各个分子之间的相互作用的和。在真空中两个等同球形粒子的相互作用势能可用下式表示[24]：

$$V_A = -\frac{A}{6}\left(\frac{2r^2}{H^2 - 4r^2} + \frac{2r^2}{H^2} + \ln\frac{H^2 - 4r^2}{H^2}\right) \tag{3-31}$$

式中 V_A——范德华引力势能（规定为负）；

r——球形粒子的半径；

H——粒子的间距；

A——哈梅克（Hamaker）常数。

对于同一种物质的两个粒子，有：

$$A_{121} = (A_{11}^{1/2} - A_{22}^{1/2})^2 \tag{3-32}$$

式中 A_{121}——粒子在介质中的有效哈梅克常数；

A_{11}，A_{22}——分别表示粒子和介质本身的哈梅克常数。

设外加的纳米粒子在熔体（钢液）中完全均匀分散分布，则粒子在钢液中的平均间距 H 可按下式进行计算：

$$H = H_0 - d = \left(\sqrt[3]{\frac{\rho_{nano}}{0.2 \times 10^{-3} \times 8\rho_{steel}}} - 1\right)d \tag{3-33}$$

式中 H_0——粒子的质心间距。

当钢液中纳米粉的加入量为 200g/t 时，在式（3-33）中代入粒子直径、纳米粉和钢液的密度（$d=50\text{nm}$、$\rho_{\text{nano}}=4\times10^3\text{kg/m}^3$、$\rho_{\text{steel}}=7.8\times10^3\text{kg/m}^3$），可得粒子的平均间距为 292.2nm。

将平均颗粒间距 H 除以平均颗粒直径 d，得到无量纲分散参数：

$$X=\frac{H}{d}=\frac{H_0-d}{d}=\sqrt[3]{\frac{\rho_{\text{nano}}}{0.2\times10^{-3}\times8\rho_{\text{steel}}}}-1 \tag{3-34}$$

将 X 代入式（3-31），粒子间的引力能可变换为：

$$V_{\text{A}}=-\frac{A}{12}\left[\frac{1}{X^2-1}+\frac{1}{X^2}+2\ln\left(1-\frac{1}{X^2}\right)\right] \tag{3-35}$$

对式（3-31），将范德华引力能 V_{A} 对颗粒平均间距 H 求导，可得范德华引力 F_{A}：

$$F_{\text{A}}=\frac{\mathrm{d}V_{\text{A}}}{\mathrm{d}H}=-\frac{\mathrm{d}V_{\text{A}}}{\mathrm{d}X}\frac{\mathrm{d}X}{\mathrm{d}H}=\frac{A}{6d}\frac{1}{X^3(X^2-1)^2} \tag{3-36}$$

从式（3-36）可以看出，降低熔体中纳米颗粒的浓度，即增大其相对平均粒子间距，范德华引力减小，则粒子的团聚可能性就减小。对于液体而言，其哈梅克常数 A 一般为 10^{-21}J[25]。联立式（3-34）和式（3-36）可粗略计算出钢液或铁液熔体中两个球形纳米颗粒的范德华平均引力约为 $1.53\times10^{-20}\text{N}$。

3.3.2 双电层斥力势能

粒子之间的排斥作用主要考虑双电层斥力势能。当两个粒子接近到它们的双电层发生重叠时，将产生排斥作用。两个等同球形粒子间的斥力势能为[24]：

$$V_{\text{R}}\approx\frac{1}{4}\varepsilon d\Psi_0^2\exp(-\kappa H) \tag{3-37}$$

式中 κ——Debye-Huckel 理论中离子氛倒数，$\kappa=\left(\frac{2n_0z^2\text{e}^2}{\varepsilon k_{\text{B}}T}\right)^{1/2}$；

ε——基液介电常数；

n_0——单位体积中的离子个数；

Ψ_0——颗粒表面电位。

对式（3-37），将斥力势能 V_{R} 对颗粒平均间距求导，可得颗粒间排斥力为：

$$F_{\text{R}}=-\frac{\mathrm{d}V_{\text{R}}}{\mathrm{d}H}=-\frac{1}{4}\varepsilon d\Psi_0^2(-\kappa)\exp(-\kappa H) \tag{3-38}$$

从式（3-38）可以看出，颗粒之间的排斥力主要受 ε、d、κ 及 Ψ_0 影响，而且 n_0、Ψ_0 与 ε 有直接关系。对于基液一定、颗粒粒径一定，颗粒间斥力大小只与颗粒在基液中的浓度有关，体积（质量）浓度越小，排斥力越小。

范德华引力势能和双电层斥力势能叠加即是粒子间的总相互作用能。如图

3-5所示，当两个粒子不断靠近时，依次经历第二极小值和第一极小值势能点，将分别产生结构疏松的软团聚和结构稳定的硬团聚。粒子要达到第一极小值势能点发生硬团聚，必须经过第二极小值后克服势垒障碍才能发生。熔体中纳米粒子的布朗运动造成粒子碰撞，如果发生的碰撞达到硬团聚，粒子就可能烧结在一起成为较大颗粒夹杂物，如果碰撞产生的是软团聚，由于钢液的热运动等外力作用，粒子又可能再被分开，因而烧结的可能性小。

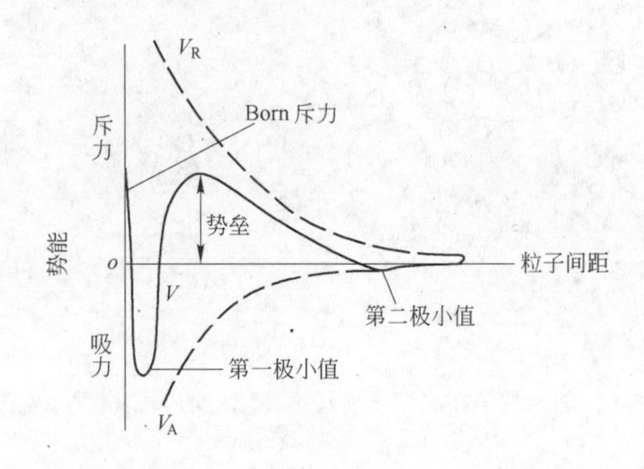

图 3-5 粒子间的相互作用势能曲线

3.3.3 高温铁基熔体的结构和性质对纳米粒子的作用

关于高温铁基熔体的结构，目前还不是很清楚，一般认为在熔体中存在不断起伏、时聚时散形式的 Fe-Fe 和 Fe-C 的能量原子团簇，这些原子团簇时而消失、时而出现，从熔体宏观总的效应看，在一定时刻，在熔体各处都存在一定量的原子团簇[26~28]。另外有研究指出[29]，1580℃时铁液中，Fe-Fe 和 Fe-C 的原子团一般由 400～600 个原子组成，半径约为 1.2nm 左右。在原子团之间的 Fe 或 C 原子是呈无序分布的，而且，随着温度升高，原子团的半径减小，无序度增加。

基于铁基熔体的结构，可以推断纳米粒子在高温铁基熔体中会受到下述作用：（1）当纳米添加剂加入高温熔体中后，其中辅料纯铁将逐渐熔化成为局部液态熔体，也会形成原子团；（2）熔体中的铁原子或原子团进入预分散的纳米颗粒间的缝隙中，或辅料熔化形成的铁原子或原子团进入铁基熔体中，这样就对纳米粒子形成一定的排挤分散作用；（3）高温熔体中强烈的微热运动，使纳米粒子不易团聚；（4）由于熔体的黏度较大，对纳米粒子形成阻尼作用，减缓粒子布朗运动速度。

因此，高温铁基熔体中，强烈的微热运动、铁原子团排挤分散作用以及熔体本身高黏度等因素是有利于纳米粒子分散的条件。而纳米粒子在水或者空气中，没有剧烈的热运动以及大型的原子团产生推动作用，而且黏度较小，阻尼作用减小，因而易于团聚。纳米粒子在高温铁基熔体中的情形就如同在表面活性剂溶液中受到的作用情形，有利于粒子的稳定分散。图3-6所示为纳米粒子在铁基熔体中的环境条件。

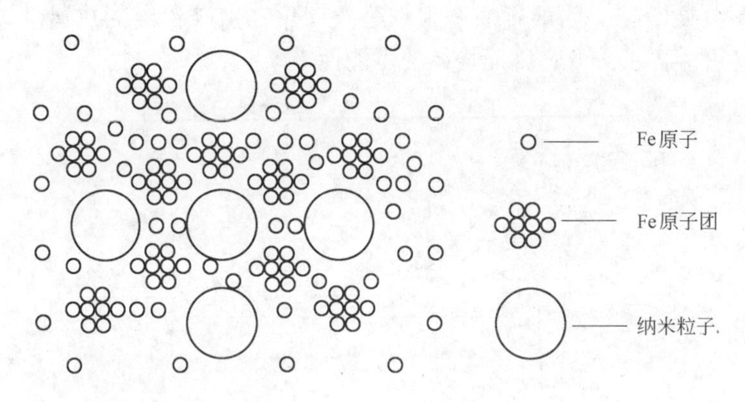

图3-6 纳米粒子在高温铁液熔体环境中的作用情况示意图

综上所述，经过预分散后加入高温铁基熔体中的纳米粒子，动力学稳定性除了受范德华吸引力与排斥作用力影响外，熔体中剧烈的微热运动、铁原子团推动作用以及熔体高黏度等因素对纳米粒子产生的阻尼作用是阻止其团聚保持动力学稳定的重要条件。

3.4 铁基熔体中纳米粒子的运动行为

3.4.1 理论分析

当纳米粒子悬浮在流体中时，会受到流体分子的不停撞击，这些撞击的方向以及力量大小都是不同的。由于纳米粒子体积很小，所受到的撞击在各瞬间不能相互抵消，因此纳米粒子将不停地改变运动方向和运动速度，这就是布朗运动[30]。随着粒子粒径的增大，它受到的各个方向的撞击相抵消的可能性也越大，一般当粒子直径大于5μm时，这种无规则运动就将消失。

为了进一步分析纳米粒子在熔体中的运动行为，引入以下几点简化假设条件：（1）假设熔体为黏性不可压缩牛顿流体；（2）纳米颗粒为刚性球体；（3）纳米颗粒的物性采用其同物质的宏观材料物性，且不考虑纳米颗粒的存在对熔体物性产生的影响；（4）考虑颗粒宏观运动效果时，将其运动视为水平和垂直两个方向的叠加。

在垂直方向上，粒子的布朗运动可视为沉降速度的一种涨落，与沉降速度相比，其宏观效果可忽略为零。因此，可以不考虑粒子在垂直方向的布朗运动效果。钢液中夹杂物等粒子在垂直方向上的沉降运动速度一般可采用斯托克斯（Stocks）上浮公式 $v = \frac{2}{9}gr^2\frac{\rho_{steel} - \rho_{inclusion}}{\eta_{steel}}$ 来描述，粒子上浮速度随粒子粒径的增大而成平方关系增大。使用范围是布朗运动以外的粒径较大夹杂物的运动，适宜的夹杂物粒子粒径一般在 5 ~ 100μm。对于纳米级粒子，采用斯托克斯公式得到的上浮速度极小（如粒径为 50nm 粒子，按斯托克斯公式计算的上浮速度为 10^{-11}m/s 数量级，即 1h 内仅上浮 100nm 左右），可以忽略浮力使纳米粒子运动行为的影响。

在水平方向上，布朗运动引起颗粒间碰撞、聚集。朗之万（Langevin）把布朗粒子所受的力分成两部分：一是流体对粒子的黏滞阻力，另一个是无规则力。黏滞阻力来自流体原子、分子或原子团对颗粒的碰撞，阻碍粒子运动，可由斯托克斯定理（stocks 定理）$f = 3\pi d\eta v$ 得到。无规则力是流体中原子分子的无规则热运动施加在布朗粒子上的涨落不定的作用力，可根据能量均分定理 $\frac{1}{2}\overline{mv^2} = \frac{1}{2}k_BT$ 来确定其对粒子运动的贡献。

由郎之万理论，熔体中的纳米颗粒在任意方向的布朗运动的平均距离 $\overline{S}$ 为[31]：

$$\overline{S} = \sqrt{2Dt} \tag{3-39}$$

式中 D——颗粒扩散系数，$D = \frac{k_BT}{3\pi\eta d}$。

颗粒平均运动速度应为：

$$\bar{v} = \frac{dS}{dt} = \sqrt{\frac{k_BT}{6\pi\eta d}}\bigg/\sqrt{t} \tag{3-40}$$

式中 k_B——玻耳兹曼常数，$k_B = 1.381 \times 10^{-23}$；

t——时刻。

根据式（3-40），粒子尺寸越大，布朗运动速度越小；熔体黏度越大，布朗运动速度越小；流体温度越高，布朗运动速度越大。布朗运动考虑了粒子的热运动因素，运动速度的平方与粒子的粒径呈反比关系，与斯托克斯公式描述的运动速度与粒径关系恰好相反。

对于钢液，$T = 1893$K，$\eta = 0.002$Pa·s，纳米粒子的直径 $d = 50$nm，由式（3-40）可得 $\bar{v} = 3.73 \times 10^{-6}/\sqrt{t}$。从该式可以知，初始时刻，粒子的运动速度最大，随着时间延长，粒子运动速度不断下降。而且，随着时间延长，布朗运动粒子速度逐渐减小，碰撞几率也就随之减小。用该式可以求出不同时刻纳米颗粒在熔体中的运动速度，计算结果见表 3-5。

比较粒子的平均间距（292.2nm）与不同时刻的运动速度（表3-5）可知，纳米粒子在熔体中的碰撞几率还是比较高的。例如，在前10s时间内，纳米粒子布朗运动的路程达到其平均间距的64倍，比斯托克斯公式计算的纳米粒子上浮速度大得多。说明当粒子尺寸很小时（纳米级或亚微米级），热运动因素是影响粒子运动行为的主要因素，上浮力因素可以忽略。因此，用布朗运动分析熔体中的纳米级粒子运动行为是合适的。

但应该提到，熔体中纳米粒子碰撞并不一定代表能稳定的烧结在一起，前文也提到，发生软团聚的碰撞不会导致烧结。另外，因为纳米粒子在熔体中呈固态形式存在，且同质粒子没有化学反应，两个固体表面能直接稳定烧结在一起的可能性较小。通常，钢液中夹杂物容易碰撞、烧结而导致长大，主要在于夹杂物之间存在化学反应或者夹杂物呈熔融态易于黏接在一起。当夹杂物均为固态时，即使由于表面性质等原因导致其容易碰撞聚集，但不会烧结成为一体。

表3-5 纳米粒子在不同时刻的运动速度[35]

t/s	$\bar{v}$/nm · s^{-1}	t/s	$\bar{v}$/nm · s^{-1}	t/s	$\bar{v}$/nm · s^{-1}
1	3730	11	1125	25	746
2	2638	12	1077	30	681
3	2154	13	1035	35	630
4	1865	14	997	40	590
5	1668	15	963	45	556
6	1523	16	933	50	528
7	1410	17	905	55	503
8	1319	18	879	60	482
9	1243	19	856	65	463
10	1180	20	834	70	446

3.4.2 铁液中纳米 Al_2O_3 粒子的分散试验

理论分析得出，外加的纳米粒子在高温铁基熔体中存在有利的分散条件，且粒子的布朗运动速度随时间延长而减小，从而碰撞几率也减小。为了研究纳米粒子在高温铁基熔体中的实际分散效果，进行实验室条件下的理想试验研究[32]。试验过程如下：

（1）以电解铁粉（纯度为99.99%）为原料，压制成块体后，在Si-Mo棒加热体的多功能管式炉中加热熔化，得到纯铁熔体。采用电解铁粉的目的是为了尽量排除熔体中杂质及夹杂物对加入的纳米颗粒的影响。

（2）继续将熔体加热升温至1893K，将纳米添加剂采用插入法加入至熔体中，用石英棒充分搅拌，然后在1893K下恒温60min。添加的纳米粉为Al_2O_3，颗粒形状不规则，颗粒度为20~40nm。形貌如图3-7所示。

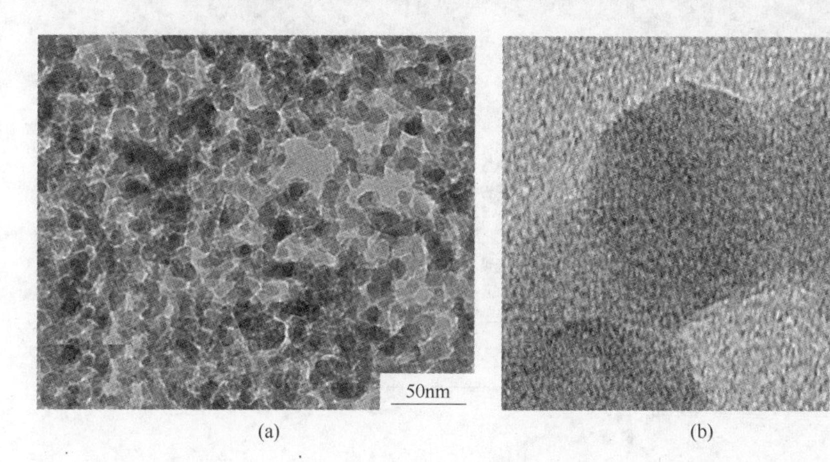

(a) (b)

图3-7 加入熔体之前的Al_2O_3纳米粉的TEM形貌照片
（a）TEM形貌；（b）HREM形貌

（3）熔体在坩埚中随炉冷却凝固。整个试验过程采用氩气保护。

对试样采用两种方式分析其中的第二相粒子（外加的纳米Al_2O_3）的形貌、大小和成分。（1）采用非水溶液电解分离试样中的第二相，然后放置在微栅上进行透射电镜（TEM）观察；（2）从试样中切取薄片，经磨抛、离子减薄制成薄膜试样用TEM观察。

图3-8为添加Al_2O_3纳米粉试样的SEM原位分析。在金相面上没有发现夹杂物相，可以推断，外加的纳米粒子没有产生团聚烧结成微米或者亚微米级夹杂物。由于SEM的分辨率有限，观察不到纳米级夹杂物。

图3-9为添加Al_2O_3纳米粉铸态薄膜试样中弥散分布的Al_2O_3纳米粒子形貌及能谱原位分析图。图3-9（a）为试样在TEM下观察的形貌图像，在铁基体中弥散地分布了较多的尺寸为20~40nm的粒子，粒子形状不规则。图3-9（b）能谱分析显示粒子为Al_2O_3。图中有些纳米粒子连接在一起，连接体的总尺寸60~80nm，仍处于纳米级尺度范围，没有明显的团聚和烧结。

图3-8 添加纳米Al_2O_3铸态试样的SEM分析

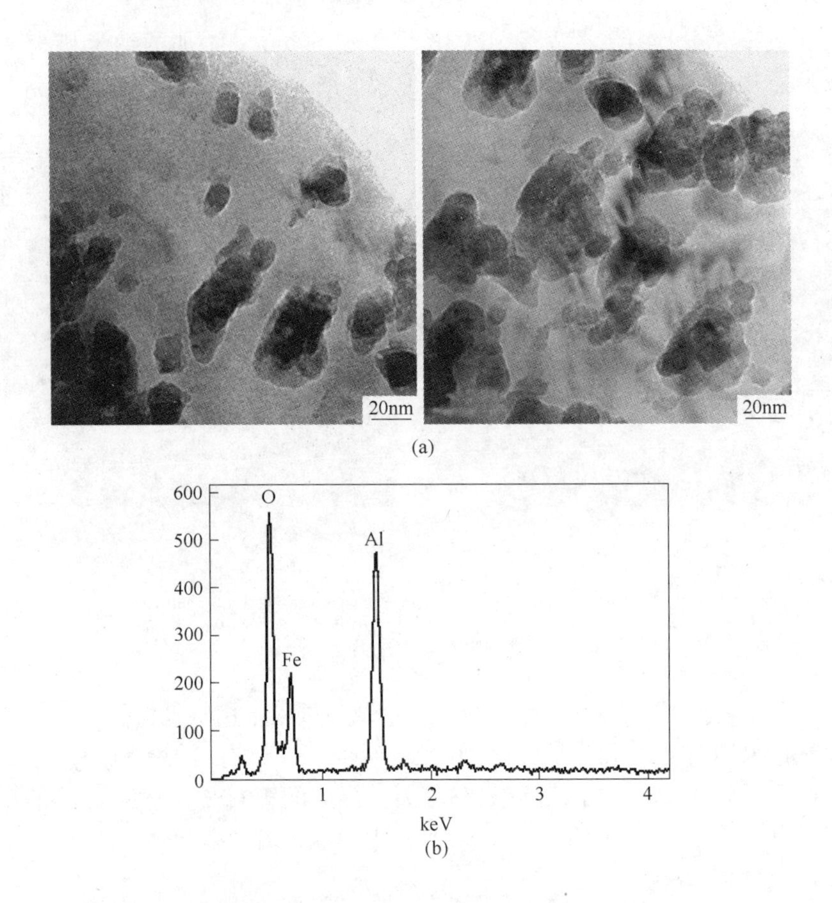

图 3-9　添加纳米 Al_2O_3 铸态薄膜试样的 TEM 及能谱分析图

（a）Al_2O_3 粒子的 TEM 分析；（b）粒子能谱分析图

图 3-10 为从添加纳米 Al_2O_3 试样中采用非水溶液电解法分离出来的 Al_2O_3 纳米粒子的 TEM 形貌、能谱分析及衍射花样图。图 3-10（a）可以看到许多尺寸为 20 ~ 40nm 左右的粒子，纳米粒子没有产生明显团聚、烧结现象，仍保持在纳米级尺度范围内。图中部分粒子连接在一起是因为粒子从基体中分离出来以后产生的软团聚。图 3-10（b）为粒子放大照片，纳米粒子的分散情况较好，粒子形状不规则，与加入熔体之前的 Al_2O_3 纳米粉原料粒子的形状相似。图 3-10（c）、（d）分别为粒子的能谱分析和衍射花样，能谱分析显示粒子成分为 Al_2O_3。衍射花样表明粒子为单晶形态，与图 3-7 的 Al_2O_3 纳米粉原料的 HREM 分析结果一致，原粉的单个纳米粒子也为单晶。

综合试验结果证实，外加至高温纯铁熔体中的纳米粒子在熔体中保持 60min，仍没有产生团聚和烧结现象，粒子仍处于纳米级，分散情况良好。主要原因在于铁基熔体中存在剧烈微热运动、Fe 原子或原子团运动的撞击推动作用

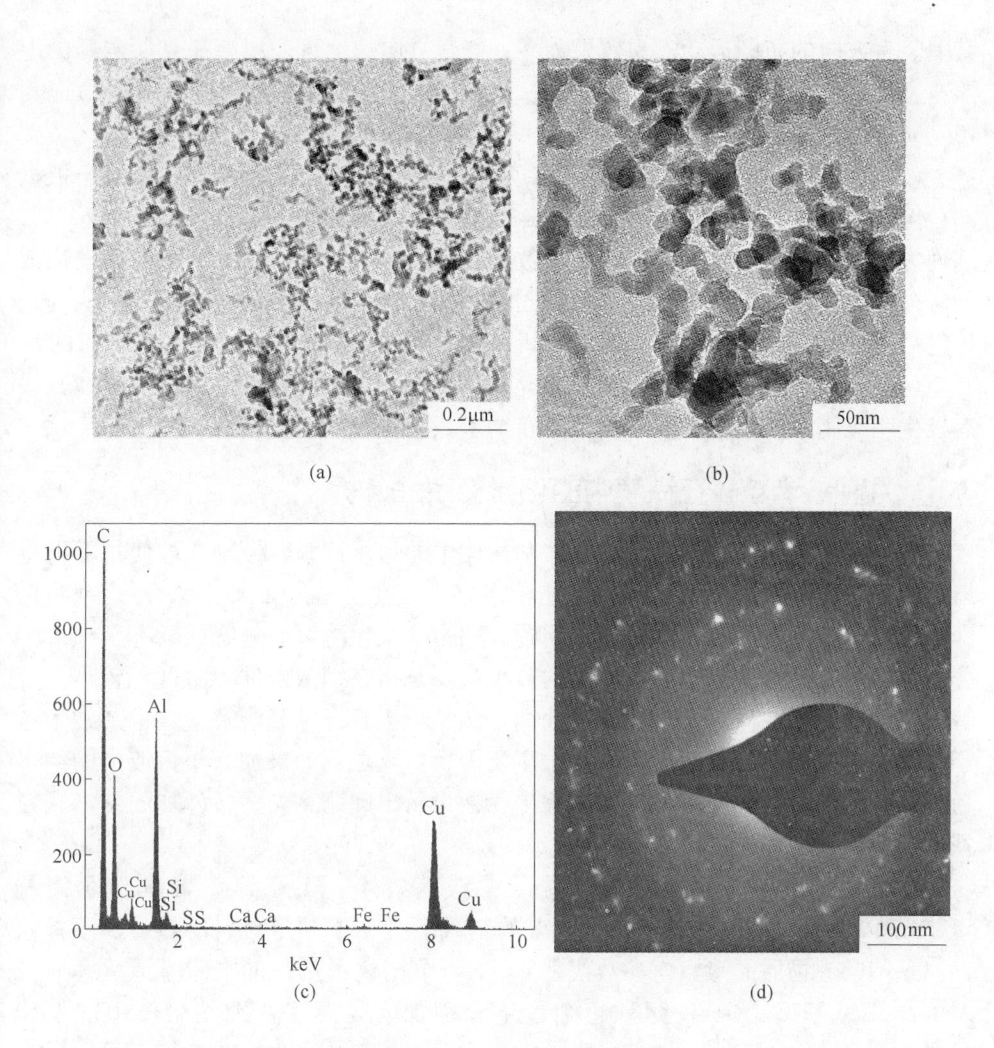

图 3-10 从添加纳米 Al_2O_3 试样中提取的纳米粒子的 TEM、能谱及衍射花样图

（a）电解分离的 Al_2O_3 粒子的 TEM 形貌；（b）电解分离的 Al_2O_3 粒子的 TEM 形貌；

（c）粒子能谱分析图；（d）粒子的衍射花样

以及熔体黏度较大，成为阻碍粒子发生团聚的重要因素。因此，在制备纳米添加剂时，只要纳米粉进行了充分的预分散，加入高温熔体中后不会产生严重团聚，又由于粒子以固态形式存在于熔体中，烧结可能性小。

通过上述分析，可以得出以下几点认识：

（1）高温熔体中存在剧烈微热运动、Fe 原子团撞击推动作用以及熔体较高的黏度，这些因素（水或空气介质中所不具备的）作用有利于阻止纳米粒子团聚。

（2）纳米颗粒在高温熔体中的运动可分解为水平和竖直两个方向的运动，

其中竖直方向的布朗运动宏观效果为零，竖直方向速度可采用斯托克斯定理的上浮速度描述。按照斯托克斯公式计算，纳米粒子相对钢液的上浮速度很小（为 10^{-11} m/s 数量级），因此可以忽略浮力对纳米粒子运动行为的影响。

（3）纳米粒子在水平方向上的布朗运动速度可采用郎之万公式描述。根据郎之万公式计算，对于 50nm 的粒子，10s 内运动总路程是其平均间距的 64 倍，远远大于按斯托克斯公式计算的运动效果。而且，随着时间延长，布朗运动造成的碰撞频率下降。由于纳米粒子是以固态形式存在于熔体中，碰撞后烧结成为一体的可能性小。因此，用布朗运动分析熔体中的纳米级粒子运动行为是合适的。

（4）外加的纳米粒子在高温纯铁熔体中保持 60min 仍能较好的分散存在，没有发生明显团聚、烧结，粒子仍保持在纳米级尺度范围内。

3.5 几种纳米粒子在铁液中的化学稳定性分析

前文探讨了纳米级颗粒在高温铁基熔体中的熔化行为，但是，即使是不发生熔化的纳米粒子在钢液中也不一定能稳定存在。在这里还必须考虑另一个因素，即纳米粒子在钢液中的化学稳定性问题，即不会发生溶解、分解或者不至于大部分发生溶解或分解。化学稳定性高的粒子主要是指在钢液条件下溶度积较小，分解或溶解性低，这样加入至钢液中的纳米颗粒不至于大部分溶解，这也是纳米粒子在钢液中能否保持固态形式的一个重要因素。反之，如果加入至钢液中的纳米粉大部分发生溶解，而后期凝固过程中存在再析出问题，失去了外加的纳米颗粒在钢液凝固形核中作用的意义。

本节主要分析了外加的纳米粒子在铁基熔体（工业纯铁熔体、35 钢和 55SiMnMo 钢液）中的热力学平衡状态的基础上（由于纳米材料的热力学参数缺乏，采用常规物质的热力学参数代替）。下一节阐述了进行的实验室试验，研究 Al_2O_3、TiN、TiO_2 和 VC 四种超细粒子分别加入高温工业纯铁熔体中的变化情况。

3.5.1 Al_2O_3 纳米粒子

3.5.1.1 工业纯铁熔体中 Al-O 平衡

根据冶金热力学基本原理，铁基熔体中化合物颗粒溶解过程是夹杂物（或析出物）形成过程的逆反应。因此，外加纳米颗粒的热力学稳定性（溶解度）大小取决于颗粒的化学性质、熔体的化学成分和温度。

工业纯铁成分见表 3-6，温度 $T = 1923$K，假设纳米颗粒加入前，工业纯铁液中不含 Al、O 元素。熔体中 Al 与 O 元素之间的反应为：

$$2[\mathrm{Al}] + 3[\mathrm{O}] = (\mathrm{Al_2O_3})_{(s)} \tag{3-41}$$

$$\Delta G^{\ominus} = -1202000 + 386.3T \quad \mathrm{J/mol} \tag{3-42}$$

[34]

$$K = \frac{a_{Al_2O_3}}{a_{Al}^2 a_O^3} = 2.95 \times 10^{12} \tag{3-43}$$

当 $T = 1923K$ 恒温时，对于 Al_2O_3，以纯物质为标准态，则 $a_{Al_2O_3} = 1$。对于铁液中元素以质量 1% 浓度溶液标准态，所以有：

$$f_{Al}^2[Al]^2 f_O^3[O]^3 = 3.3715 \times 10^{-13} \tag{3-44}$$

根据活度相互作用系数（表 3-7），有：

$$\lg f_{Al(1873K)} = e_{Al}^{C}[\%C] + e_{Al}^{S}[\%S] + e_{Al}^{P}[\%P] + e_{Al}^{Al}[\%Al] \tag{3-45}$$

$$\lg f_{O(1873K)} = e_O^C[\%C] + e_O^{Si}[\%Si] + e_O^{Mn}[\%Mn] + e_O^P[\%P] + e_O^S[\%S] + e_O^O[\%O] \tag{3-46}$$

表 3-6 工业纯铁化学成分 (%)

元素	C	Si	Mn	P	S
含量	0.01	0.012	0.10	0.007	0.007

表 3-7 1873K 时铁液中元素的活度相互作用系数 e_i^j [24]

元素	C	Si	Mn	P	S	Al	O	Ti	Ca	Mo
C	0.14	0.08	−0.012	0.051	0.046	0.043	−0.34	−0.038	−0.097	−0.0083
Si	0.18	0.11	0.002	0.11	0.056	0.058	−0.23	—	−0.067	2.36
Mn	−0.07	0.39	0.00	−0.0035	−0.048	(0.07)	−0.083	0.019	—	0.0045
P	0.13	0.12	0.00	0.062	0.028	(0.056)	0.13	−0.04	—	—
S	0.11	0.063	−0.026	0.029	−0.028	0.035	−0.27	−0.072	−100	0.0027
Al	0.091	0.0056	(0.012)	(0.05)	0.03	0.045	−6.6	(0.07)	−0.047	—
O	−0.45	−0.131	−0.021	0.07	−0.133	−3.9	−0.20	−0.6	−271	0.0035
Ti	−0.165	(2.10)	—	(−0.064)	−0.11	(0.12)	−1.8	0.013	—	—
N	0.13	0.047	−0.02	0.045	0.007	−0.028	0.05	−0.53	—	−0.011

设 Al_2O_3 加入前，熔体中不含 Al、O 元素。则可根据式（3-45）和式(3-46) 计算得到铁液中 Al、O 的活度系数为：

$$f_{Al(1873K)} = 1.022 \tag{3-47}$$

$$f_{O(1873K)} = 0.893 \tag{3-48}$$

将活度系数代入式（3-44）中，则 Al、O 元素在 1923K 时的平衡溶度积为：

$$[O] = 7.68 \times 10^{-5}[Al]^{-\frac{2}{3}} \tag{3-49}$$

按式（3-49）的计算结果用图表示，如图 3-11 所示。

由于工业纯铁原料中不含 Al，添加的 Al_2O_3 纳米颗粒将发生部分溶解。当熔体中 Al 和 O 浓度积 $[Al]^2[O]^3 = 4.53 \times 10^{-13}$ 时，溶解反应达到平衡。如图 3-11

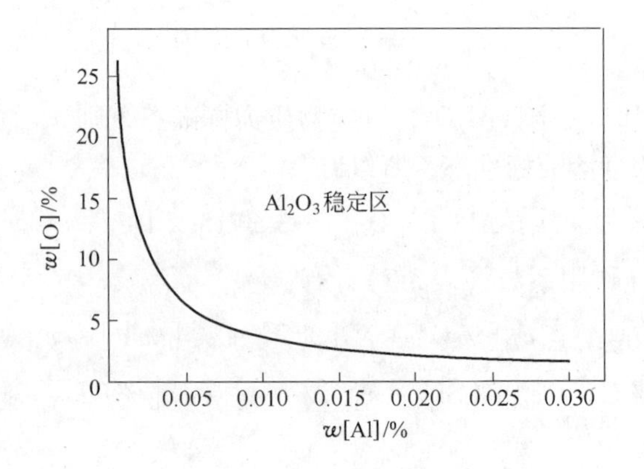

图 3-11 1923K 时工业纯铁熔体中 Al_2O_3 稳定区

所示，平衡曲线以上为 Al_2O_3 稳定区。在 1923K 时，工业纯铁原料为 4kg，Al_2O_3 纳米颗粒的加入量为纯铁质量的 0.5%，可得 Al_2O_3 溶解 0.117g 时，溶解反应达到平衡，此时 Al_2O_3 溶解量占总加入量的 0.58%。Al_2O_3 在工业纯铁熔体中的溶解度为 0.0029%。

3.5.1.2 35 钢液中 Al-O-X 平衡

加入钢液中的纳米 Al_2O_3 可能发生两种情况的反应：（1）脱氧剂加入之前，Al_2O_3 中的部分可能发生溶解反应；（2）脱氧剂加入后，Al_2O_3 可能与 Ca、Si、O 等元素反应生成低熔点复合夹杂物。

在纳米粉加入之后、脱氧剂加入之前，以 Al-O 为体系计算 Al_2O_3 的溶解度。外加 Al_2O_3 粒子的溶解反应方程式如下[33]：

$$2[\mathrm{Al}] + 3[\mathrm{O}] = (\mathrm{Al_2O_3})_{(s)} \tag{3-50}$$

$$\Delta G^{\ominus} = -1202000 + 386.3T = -2.303RT\lg K \quad \mathrm{J/mol} \tag{3-51}$$

代入 $T=1873\mathrm{K}$，得平衡时：

$$K = \frac{a_{\mathrm{Al_2O_3}}}{a_{\mathrm{Al}}^2 a_{\mathrm{O}}^3} = 2.19 \times 10^{13} \tag{3-52}$$

此时，外加 Al_2O_3 以纯物质为标准态，$a_{\mathrm{Al_2O_3}}=1$，所以得：

$$a_{\mathrm{Al}}^2 a_{\mathrm{O}}^3 = 4.55 \times 10^{-14} \tag{3-53}$$

根据亨利定律，活度定义为：

$$\alpha_i = f_i[i] \tag{3-54}$$

式中 α_i——i 元素的活度；

f_i——i 元素的活度系数；

[i] ——i 元素的质量分数浓度。

将式（3-54）代入式（3-53）可得：

$$f_{Al}^2 f_O^3 [Al]^2 [O]^3 = 4.45 \times 10^{-14} \tag{3-55}$$

组元的活度系数 f_i 可由下式给出：

$$\lg f_i = \sum_j e_i^j [j] \tag{3-56}$$

式中 e_i^j——元素 j 对 i 的活度相互作用系数；

[j] ——元素 j 的质量分数浓度。

35 钢的化学成分采用电炉粗炼出钢前的终点成分，见表 3-8。根据式(3-56)，组元的活度系数为：

$$\lg f_{Al} = \sum_j e_{Al}^j [j] = e_{Al}^C [C] + e_{Al}^{Si} [Si] + e_{Al}^{Mn} [Mn] + e_{Al}^P [P] + e_{Al}^S [S] + e_{Al}^{Al} [Al] \tag{3-57}$$

$$\lg f_O = \sum_j e_O^j [j] = e_O^C [C] + e_O^{Si} [Si] + e_O^{Mn} [Mn] + e_O^P [P] + e_O^S [S] + e_O^O [O] \tag{3-58}$$

表 3-8 35 钢的化学成分 （%）

元　素	C	Si	Mn	P	S
粗炼出钢时含量	0.24	0.11	0.25	0.01	0.027
LF 终点时含量	0.35	0.21	0.51	0.01	0.006

将各元素含量（其中$[Al]=5.0\times10^{-3}$、$[O]=1.042\times10^{-2}$）及相互作用系数（表 3-7）代入式（3-57）、式（3-58），得 $f_{Al(1873K)}=1.064$、$f_{O(1873K)}=0.737$，再将 f_{Al}、f_O 数值代入式（3-55）中，得 1873K 时[Al]、[O]的溶度积如下：

$$[Al]^2 [O]^3 = 9.716 \times 10^{-14} \tag{3-59}$$

35 钢中，根据碳氧积 $[C][O]=2.5\times10^{-3}$，估算 O 含量应为$[O]=1.042\times10^{-2}$。所以，由式（3-59）可得钢液中溶解 Al 含量为$[Al]=2.931\times10^{-4}$。假设加入添加剂前，钢液中不含溶解 Al，则溶解 Al 全部来自 Al_2O_3 纳米添加剂，则吨钢溶解 Al 量为 2.93g/t，即 Al_2O_3 的溶解度为 0.00055%，远小于在工业纯铁熔体中的溶解度。设 Al_2O_3 纳米颗粒的加入量为 200g/t，则可得纳米 Al_2O_3 在 35 钢中平衡时，溶解量占总加入量的 2.77%。

当钢液中加入脱氧剂 SiCa、SiAl 后，以 Al-O-X（X 可能为 Ca、Si）为体系讨论 Ca 对 Al_2O_3 溶解平衡的影响。钢液中可能发生的反应有：

$$(Al_2O_3)_{(s)} = 2[Al] + 3[O] \tag{3-60}$$

$$[Ca] + [O] = (CaO)_{(s)} \tag{3-61}$$

由于 Ca 与 O 有更强的亲和力，因此 Ca 能促进 Al_2O_3 的分解，从而增大 Al_2O_3 的溶解度。但同时，Al_2O_3 颗粒又可能与 Ca、O、Si 等发生反应生成铝酸钙、铝硅酸钙等复合氧化物，如下反应：

$$6(Al_2O_3)_{(s)} + [Ca] + [O] = (CaO \cdot 6Al_2O_3) \tag{3-62}$$

图 3-12 为 Al_2O_3-CaO 二元相图，可以看出随着钢液中 Ca 含量的增加，钙铝复合氧化物逐渐发生 $CaO \cdot 6Al_2O_3 \rightarrow CaO \cdot 2Al_2O_3 \rightarrow CaO \cdot Al_2O_3 \rightarrow 12CaO \cdot 7Al_2O_3 \rightarrow 3CaO \cdot 2Al_2O_3$ 转变。在炼钢过程中，希望生成液态的 $12CaO \cdot 7Al_2O_3$ 夹杂物，即可以保持球状也有利于上浮排除。

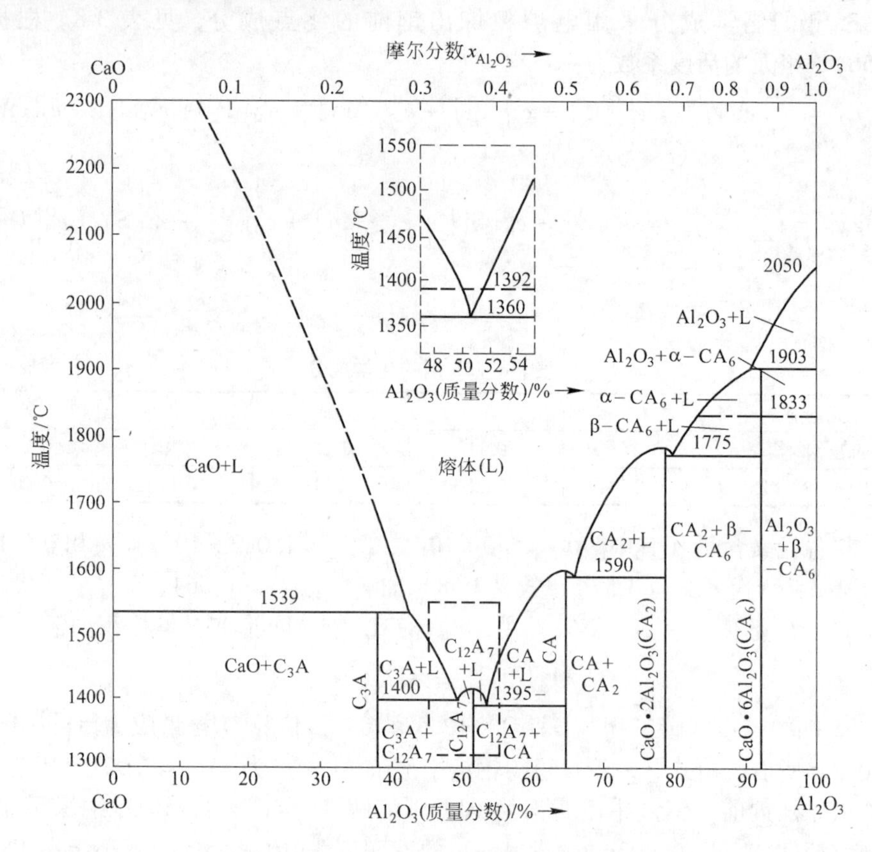

图 3-12 CaO-Al_2O_3 二元相图

在此要提出的是，加 Ca 后，计算时 Al_2O_3 的活度不能简单的以纯物质作为标准态处理，应考虑到 Al_2O_3 和 CaO 在发生不同反应时，不同反应平衡态下 Al_2O_3 的活度是不同的。1873K 时，不同反应平衡态时 Al_2O_3 及 CaO 的活度见表 3-9[34]。

根据式（3-52）可得 Al、O 关系为：

$$[Al]^2[O]^3 = \frac{a_{Al_2O_3}}{2.19 \times 10^{13} \times f_{Al}^2 f_O^3} \tag{3-63}$$

表 3-9 1873K 时不同化学反应平衡态下 $a_{Al_2O_3}$ 及 a_{CaO}

铝酸钙的不同反应平衡态	$a_{Al_2O_3}$	a_{CaO}
$CaO \cdot 6Al_2O_3/Al_2O_3$	1.000	0.003
$CaO \cdot 2Al_2O_3/CaO \cdot 6Al_2O_3$	0.637	0.043
$CaO \cdot Al_2O_3/CaO \cdot 2Al_2O_3$	0.414	0.100
$L/CaO \cdot Al_2O_3$	0.275	0.150
$12CaO \cdot 7Al_2O_3$	0.064	0.340
L/CaO	0.017	1.000

将 Al、O 的活度系数及表 3-9 中 $a_{Al_2O_3}$ 代入式（3-63）中，得 C·2A/C·6A、C·A/C·2A、L/C·A、12C·7A、L/CaO 反应平衡态下［Al］、［O］的平衡溶度积分别为：

$$[Al]^2[O]^3 = 6.35 \times 10^{-14} \tag{3-64}$$

$$[Al]^2[O]^3 = 4.13 \times 10^{-14} \tag{3-65}$$

$$[Al]^2[O]^3 = 2.74 \times 10^{-14} \tag{3-66}$$

$$[Al]^2[O]^3 = 6.38 \times 10^{-15} \tag{3-67}$$

$$[Al]^2[O]^3 = 1.69 \times 10^{-15} \tag{3-68}$$

式（3-59）($[Al]^2[O]^3 = 9.72 \times 10^{-14}$）对应为 C·6A/A 反应平衡态时的 Al、O 溶度积。根据式（3-59）和式（3-64）~式（3-68），分别作出 1873K 钢液中不同反应平衡态时 Al-O 的平衡关系曲线，如图 3-13 所示。图 3-13 中，曲线由低

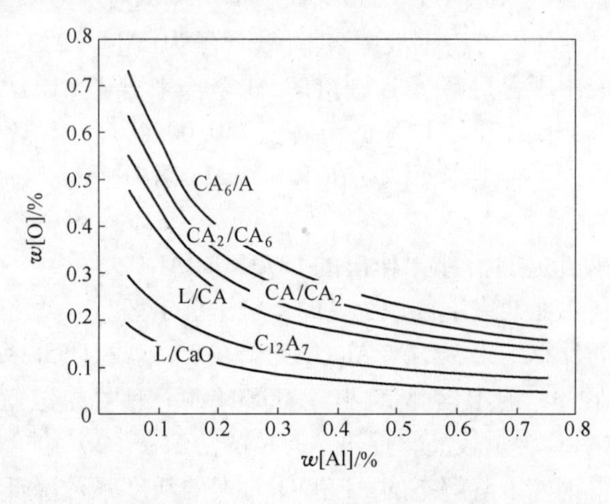

图 3-13 1873K 的 35 钢液中 Al_2O_3 与 CaO 不同反应平衡态时[Al]-[O]平衡关系

至高依次为式（3-59）和式（3-64）~式（3-68）表示的平衡关系，可以看出，当加入 Ca 脱氧后，[Al]、[O]的平衡溶度积不断降低。

当 Ca 量达到很高程度时，可能完全还原加入的 Al_2O_3 纳米粒子，但加入 Si-Ca 及 SiAl 脱氧剂，钢液中溶解 Ca 达不到这样高的量。

3.5.1.3 55SiMnMo 钢液中 Al-O 平衡

钢液采用硅铁、SiC 脱氧，其与 O 的亲和力比 Al 弱，所以不考虑脱氧剂对 Al_2O_3 分解反应平衡的影响，仅考虑 Al-O 系热力学，Al_2O_3 以纯物质为标准态，$a_{Al_2O_3}=1$。55SiMnMo 钢的化学成分见表 3-10。

表 3-10 55SiMnMo 的化学成分 （%）

元　素	C	Si	Mn	P	S	Mo
成分范围	0.568 ~ 0.582	1.06 ~ 1.12	1.00 ~ 1.08	0.025	0.011	0.43

钢液中 Al、O 的活度系数如下两式表示：

$$\lg f_{Al} = e_{Al}^{C}[\%C] + e_{Al}^{Si}[\%Si] + e_{Al}^{Mn}[\%Mn] + e_{Al}^{P}[\%P] + e_{Al}^{S}[\%S] + e_{Al}^{Al}[\%Al] \tag{3-69}$$

$$\lg f_{O} = e_{O}^{C}[\%C] + e_{O}^{Si}[\%Si] + e_{O}^{Mn}[\%Mn] + e_{O}^{P}[\%P] + e_{O}^{S}[\%S] + e_{O}^{Mo}[\%Mo] + e_{O}^{O}[\%O] \tag{3-70}$$

将 1873K 时铁液中元素的相互作用系数和各元素的含量（其中[Al] = 5.0×10^{-3}、[O] = 4.348×10^{-3}）代入式（3-69）和式（3-70）中，计算得 $f_{Al}=1.182$、$f_O=0.412$。再根据式（3-55），可得 1873K 时 Al、O 的溶度积为：

$$[Al]^2[O]^3 = 4.521\times10^{-13} \tag{3-71}$$

同样，根据碳氧积[C][O] = 2.5×10^{-3} 可估算钢液中 O 含量为[O] = 4.348×10^{-3}，根据式（3-71）可得钢液中溶解 Al 含量为[Al] = 2.343×10^{-3}。假设加入添加剂前，钢液中不含溶解 Al，则溶解 Al 全部来自于 Al_2O_3 纳米添加剂，吨钢溶解 Al 量为 23.43g/t，即 Al_2O_3 的溶解度为 0.0044%。当吨钢 Al_2O_3 纳米颗粒的加入量为 200g/t，可得纳米 Al_2O_3 在 55SiMnMo 钢中平衡时，溶解量占总加入量的 22.1%。

图 3-14 是根据上述计算结果作出的 1873K 时 Al_2O_3 粒子在 35 钢和 55SiMnMo 钢中的稳定区图，在曲线以上区域为 Al_2O_3 粒子稳定区。

根据热力学的计算结果，纳米 Al_2O_3 无论在 35 钢或是 55SiMnMo 钢中的溶解度都较小，而且在 35 钢中溶解度小于 55SiMnMo 钢中的溶解度。原因在于：（1）55SiMnMo钢中 C 含量较高，促进 Al_2O_3 的溶解；（2）合金元素的存在的综合作用结果，使得钢液中溶解态的 Al 和 O 元素的活度系数降低。以上计算都是基于钢液中不含溶解 Al 进行的，实际炼钢过程中，即使不用 Al 脱氧，加入的废

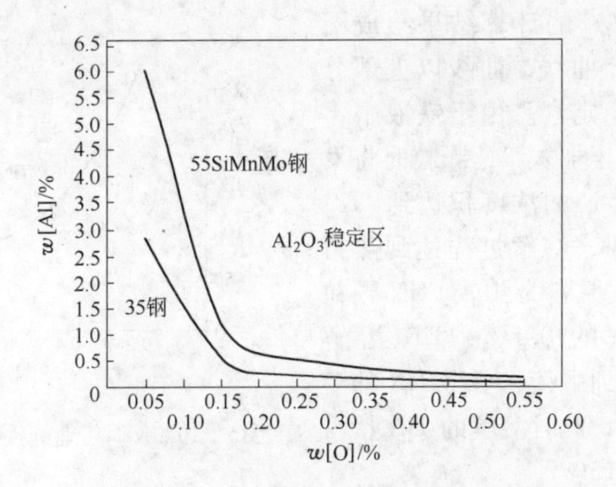

图 3-14 1873K 时在 35 和 55SiMnMo 钢液中 Al_2O_3 稳定区

钢或铁合金中或多或少会带入部分 Al，一般在 0.05% ~0.005% 之间，这部分 Al 的带入会降低 Al_2O_3 的分解趋势。

综上所述，纳米 Al_2O_3 在铁基熔体中溶解度较小，又由于 Al_2O_3 纳米粉的熔点很高，在钢液中不熔化，所以，外加纳米 Al_2O_3 颗粒在钢液中能以固态质点形式存在。

3.5.2 TiN 纳米粒子

3.5.2.1 工业纯铁熔体中的 Ti-N 平衡

假设在 TiN 颗粒加入之前，铁液中不含 Ti、N 元素，Ti 和 N 的化学反应为[35]：

$$[\mathrm{Ti}] + [\mathrm{N}] = (\mathrm{TiN})_{(s)} \tag{3-72}$$

$$\Delta G^{\ominus} = -291000 + 107.91T \quad \mathrm{J/mol} \tag{3-73}$$

$$K = \frac{a_{\mathrm{TiN}}}{a_{\mathrm{Ti}} a_{\mathrm{N}}} = 185.05 \tag{3-74}$$

TiN 以纯物质为标准态，有 $a_{\mathrm{TiN}} = 1$，根据铁液中元素的相互作用系数，$T =$ 1923K 时，得：

$$f_{\mathrm{Ti}} = 0.994 \tag{3-75}$$

$$f_{\mathrm{N}} = 1.000 \tag{3-76}$$

所以，1923K 时工业纯铁熔体中 Ti、N 平衡溶度积为：

$$[\mathrm{Ti}][\mathrm{N}] = 0.0054 \tag{3-77}$$

将式（3-77）的计算结果绘成图3-15所示的平衡曲线，曲线以上部分为TiN颗粒的稳定区。由于铁液中不含Ti、N，所以当加入TiN颗粒时将发生溶解，当Ti、N的浓度积达到[Ti][N] = 0.0054时，溶解过程达到热力学平衡。当纯铁原料为4kg，TiN颗粒加入量为纯铁的0.5%，TiN溶解7.03g时反应达到平衡，可得TiN的溶解度为0.176%，此时溶解的TiN量占总加入量的35.15%。

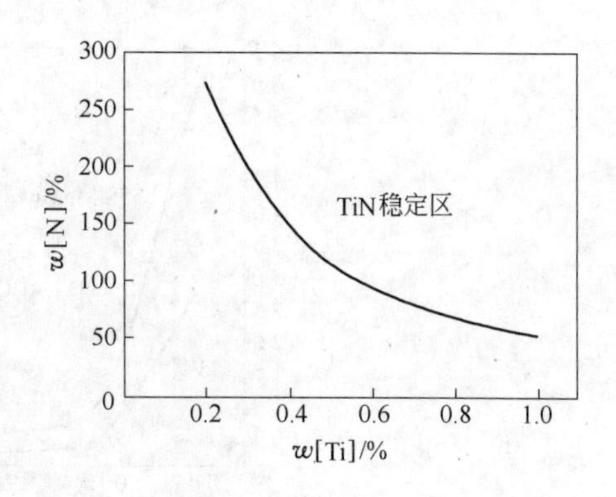

图3-15 1923K时工业纯铁熔体中TiN稳定区

3.5.2.2 35钢液中Ti-N-O-X平衡

在脱氧剂加入前，以Ti-N-O为体系考察TiN的热力学，钢液中可能的化学反应[35]：

$$[Ti] + [N] \xlongequal{\quad} TiN_{(s)} \tag{3-78}$$

$$\Delta G^{\ominus} = -291000 + 107.91T \quad J/mol \tag{3-79}$$

$$2[Ti] + 3[O] \xlongequal{\quad} Ti_2O_{3(s)} \tag{3-80}$$

$$\Delta G^{\ominus} = -1073388.8 + 359.97T \quad J/mol \tag{3-81}$$

根据式（3-79）和式（3-81）计算得Ti、N和Ti、O的活度积为：

$$a_{Ti}a_N = 0.00332 \tag{3-82}$$

$$a_{Ti}^2 a_O^3 = 8.51 \times 10^{-12} \tag{3-83}$$

根据表3-8中35钢的成分及活度相互作用系数计算Ti、N、O的活度系数分别为$f_{Ti} = 1.541$、$f_N = 1.076$、$f_O = 0.740$。将活度系数代入式（3-82）、式（3-83）中，得平衡溶度积为：

$$[Ti][N] = 0.002 \tag{3-84}$$

$$[Ti]^2[O]^3 = 9.08 \times 10^{-12} \tag{3-85}$$

分别按式（3-84）和式（3-85）作出Ti、N和Ti、O的平衡关系如图3-16和图3-17所示。当Ti含量一定时，钢中生成Ti_2O_3所需O含量远低于生成TiN所需N含量。若在相同的N、O含量条件下，Ti_2O_3的稳定性远高于TiN的稳定性。

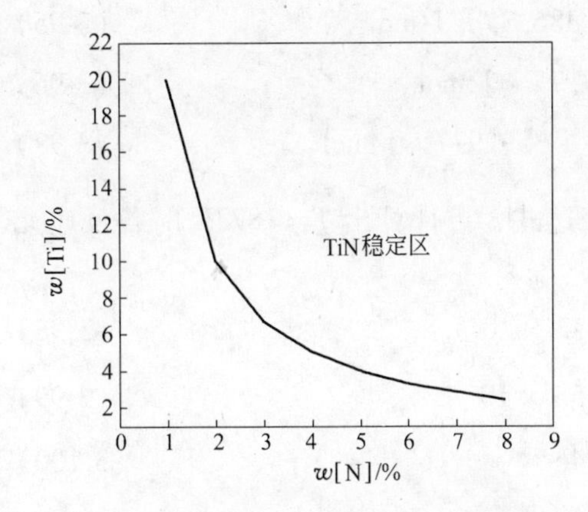

图 3-16 1873K 时 35 钢液中 TiN 稳定区

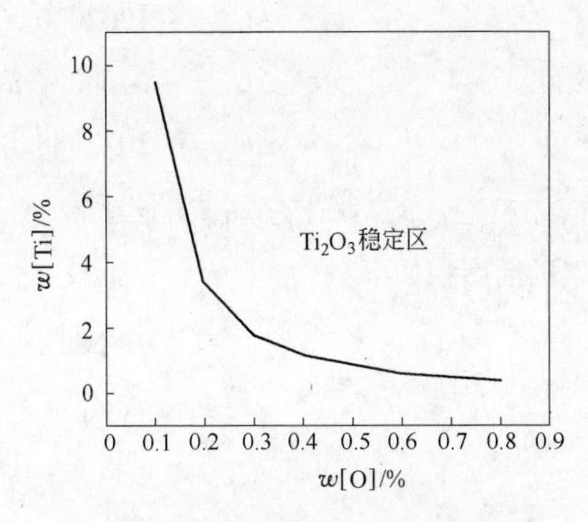

图 3-17 1873K 时 35 钢液中 Ti_2O_3 稳定区

将反应式（3-78）和式（3-80）合并得：

$$2TiN_{(s)} + 3[O] \xlongequal{} Ti_2O_{3(s)} + 2[N] \tag{3-86}$$

$$\Delta G^{\ominus} = -491388.8 + 144.2T \quad J/mol \tag{3-87}$$

$$\Delta G = \Delta G^{\ominus} + 2.303RT\lg K = -491388.8 + 144.2T + 19.15T\lg\left(\frac{a_N^2}{a_O^3}\right) \quad J/mol \tag{3-88}$$

取温度 $T = 1873K$，反应达到平衡时 $\Delta G = 0$，则有：

$$a_N = 1216.2a_O^{3/2} \tag{3-89}$$

可见，当 TiN 与 Ti_2O_3 稳定性相同时，TiN 需要的溶解 N 含量远高于 Ti_2O_3 需要的 O 含量。O 含量越低，TiN 平衡需要的 N 含量也越低。所以在钢液未脱氧时，原始氧含量高，TiN 可能部分（溶解 Ti 被氧化）转化为 Ti_2O_3 形式。实际过程中，加入 TiN 纳米添加剂后立刻加脱氧剂进行脱氧，因此 TiN 氧化的程度不会太高。

加入脱氧剂之后，以 Ti-N-O-X(Al、Ca)为体系考察 TiN 在 35 钢液中热力学稳定性问题。钢液中可能存在的化学反应有：

$$[Ti] + [N] \xlongequal{} TiN_{(s)} \tag{3-90}$$

$$2[Al] + 3[O] \xlongequal{} Al_2O_{3(s)} \tag{3-91}$$

$$[Al] + [N] \xlongequal{} AlN_{(s)} \tag{3-92}$$

$$2[Ti] + 3[O] \xlongequal{} Ti_2O_{3(s)} \tag{3-93}$$

上述反应对应的标准吉布斯自由能分别为：

$$\Delta G^{\ominus} = -291000 + 107.91T \quad J/mol \tag{3-94}$$

$$\Delta G^{\ominus} = -1202000 + 386.3T \quad \text{J/mol} \tag{3-95}$$

$$\Delta G^{\ominus} = -64680 + 27.7T \quad \text{J/mol} \tag{3-96}$$

$$\Delta G^{\ominus} = -1073388.8 + 359.97T \quad \text{J/mol} \tag{3-97}$$

根据公式 $K = e^{-\frac{\Delta G^{\ominus}}{RT}}$ 及各反应的平衡常数表达式，可计算出 $T = 1873\text{K}$ 时各反应元素的活度积如下：

$$a_{Ti}a_{N} = 3.32 \times 10^{-3} \tag{3-98}$$

$$a_{Al}^{2}a_{O}^{3} = 4.53 \times 10^{-14} \tag{3-99}$$

$$a_{Al}a_{N} = 0.44 \tag{3-100}$$

$$a_{Ti}^{2}a_{O}^{3} = 8.51 \times 10^{-12} \tag{3-101}$$

按照表 3-8 所示化学成分，计算各元素的活度系数为：$f_{Ti} = 1.541$；$f_{N} = 1.076$；$f_{Al} = 1.064$；$f_{O} = 0.740$。代入式（3-98）~ 式（3-101）中，得各元素的平衡溶度积为：

$$[Ti][N] = 0.002 \tag{3-102}$$

$$[Al]^{2}[O]^{3} = 9.716 \times 10^{-14} \tag{3-103}$$

$$[Al][N] = 0.384 \tag{3-104}$$

$$[Ti]^{2}[O]^{3} = 9.08 \times 10^{-12} \tag{3-105}$$

根据碳氧积 $[C][O] = 2.5 \times 10^{-3}$ 估算钢液中 O 含量为 $[O] = 1.042 \times 10^{-2}$，按式（3-103）可得钢液中平衡的 $[Al] = 2.931 \times 10^{-4}$，远低于 35 钢液中的 Al 含量（一般铁合金带入的 Al 一般为 0.005% 左右）。当钢液加 Al 脱氧后，O 含量降低，且生成 Al_2O_3 的可能性大于 Ti_2O_3，故加 Al 减小了 TiN 的分解趋势，可得 TiN 在脱氧 35 钢液中的溶解度为 0.0022%。另外，根据式（3-104），对于平衡 $[Al] = 2.931 \times 10^{-4}$，生成 AlN 反应需要的 N 量很大（高达 10^{3} 量级），所以生成 AlN 反应不可能进行。

上述分析得出：1873K 时，35 钢液中各化合物的热力学稳定性顺序为：$Al_2O_3 > Ti_2O_3 > TiN > AlN$。在未加 Al 脱氧时 TiN 发生分解，当加 Al 脱氧后，根据反应式（3-103）及式（3-105），TiN 的溶解度降低（在脱氧钢液中溶解度低于未脱氧钢液中）。同理，Ca 脱氧也会使 TiN 的溶解度降低。

3.5.2.3 55SiMnMo 钢液中 Ti-N 平衡

钢液采用硅铁、SiC 合金弱脱氧，在此脱氧元素对 TiN 溶解平衡的影响。根据表 3-10 钢液化学成分和表 3-7 活度相互作用系数（$f_{Ti} = 240.44$，$f_{N} = 1.265$）及式（3-98）计算得 Ti、N 的平衡溶度积为：

$$[Ti][N] = 1.09 \times 10^{-5} \tag{3-106}$$

根据式（3-106）作出 TiN 在 55SiMnMo 钢液中平衡的稳定区，如图 3-18 所示。

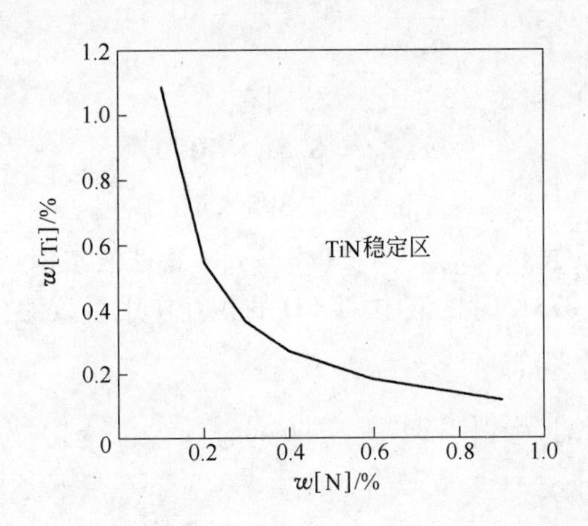

图 3-18 1873K 时 55SiMnMo 钢液中 TiN 的稳定区

比较式（3-102）和式（3-106）两式可知，TiN 粒子在 55SiMnMo 钢中的热力学稳定性远高于 35 钢中的稳定性（溶度积高 10^2 数量级），主要原因在于 55SiMnMo 钢中合金元素特别是 Si 含量较高，提高了 Ti 的活度系数，导致 TiN 更加稳定。TiN 热力学性质不同于 Al_2O_3，C 含量对其稳定性没有明显影响。

通过对 1873K 时 Al_2O_3 和 TiN 粒子在 35 钢和 55SiMnMo 钢液中的热力学计算可以得出：（1）Al_2O_3 粒子在 35 钢中溶解度小于 55SiMnMo 钢中溶解度；而 TiN 则相反，在 55SiMnMo 钢中的溶解度小于在 35 钢中溶解度。（2）Al_2O_3 粒子的溶解平衡受钢液中 C 含量影响较大，C 含量增大，Al、O 的活度系数下降。（3）TiN粒子的溶解平衡受合金元素特别是 Si 含量的影响较大，Si 含量增加，Ti 的活度系数提高较多。总的来讲，两种粒子在钢液中的溶解度均不大，而 Al_2O_3 粒子的溶解度小于 TiN。

3.5.3 TiO_2 纳米粒子

Ti 的氧化物有多种价态形式，如 Ti_2O_3、TiO_2、Ti_3O_5 等，其中以 Ti_2O_3 和 TiO_2 较为稳定。下面以形成 Ti_2O_3 和 TiO_2 的热力学平衡过程分析 Ti、O 平衡。假设初始铁液不含 Ti、O 元素，则化学反应的 $\Delta G = \Delta G^{\ominus}$。

铁液中 Ti、O 的平衡控制热力学方程[36]为：

$$2[\mathrm{Ti}] + 3[\mathrm{O}] = (\mathrm{Ti_2O_3})_{(s)} \tag{3-107}$$

$$\lg\left|\frac{a_{\mathrm{Ti}}^2 a_{\mathrm{O}}^3}{a_{\mathrm{Ti_2O_3}}}\right| = -\frac{56060}{T} + 18.08 \tag{3-108}$$

$$[\mathrm{Ti}]+2[\mathrm{O}] = (\mathrm{TiO_2})_{(s)} \tag{3-109}$$

$$\lg\left|\frac{a_{\mathrm{TiO_2}}}{a_{\mathrm{Ti}}a_{\mathrm{O}}^2}\right| = \frac{30672}{T} - 10.33 \tag{3-110}$$

根据式（3-108）和式（3-110），分别有：

$$a_{\mathrm{Ti}}^2 a_{\mathrm{O}}^3 = 8.51\times10^{-12} \tag{3-111}$$

$$a_{\mathrm{Ti}} a_{\mathrm{O}}^2 = 2.398\times10^{-6} \tag{3-112}$$

根据活度相互作用系数 $\lg f_{i(1873\mathrm{K})} = \Sigma(e_i^j[\%j])$ 及铁液中相互作用系数数值[22]和纯铁成分，计算得 1873K 时铁液中 Ti、O 的相互作用系数为：

$$\begin{aligned}\lg f_{\mathrm{Ti}(1873\mathrm{K})} &= \Sigma(e_{\mathrm{Ti}}^j[\%j]) \\ &= e_{\mathrm{Ti}}^{\mathrm{C}}[\%\mathrm{C}] + e_{\mathrm{Ti}}^{\mathrm{Si}}[\%\mathrm{Si}] + e_{\mathrm{Ti}}^{\mathrm{Mn}}[\%\mathrm{Mn}] + e_{\mathrm{Ti}}^{\mathrm{S}}[\%\mathrm{S}] + e_{\mathrm{Ti}}^{\mathrm{P}}[\%\mathrm{P}] + e_{\mathrm{Ti}}^{\mathrm{Ti}}[\%\mathrm{Ti}] \\ &= -0.00094\end{aligned}$$

$$f_{\mathrm{Ti}(1873\mathrm{K})} = 0.998 \tag{3-113}$$

$$\begin{aligned}\lg f_{\mathrm{O}(1873\mathrm{K})} &= e_{\mathrm{O}}^{\mathrm{C}}[\%\mathrm{C}] + e_{\mathrm{O}}^{\mathrm{Si}}[\%\mathrm{Si}] + e_{\mathrm{O}}^{\mathrm{Mn}}[\%\mathrm{Mn}] + e_{\mathrm{O}}^{\mathrm{P}}[\%\mathrm{P}] + e_{\mathrm{O}}^{\mathrm{S}}[\%\mathrm{S}] + e_{\mathrm{O}}^{\mathrm{O}}[\%\mathrm{O}] \\ &= -0.0086\end{aligned}$$

$$f_{\mathrm{O}(1873\mathrm{K})} = 0.980 \tag{3-114}$$

将式（3-113）、式（3-114）代入式（3-111）、式（3-112）中，得出 1873K 时生成 $\mathrm{Ti_2O_3}$、$\mathrm{TiO_2}$ 所需铁液中的 Ti、O 平衡溶度积为：

$$[\%\mathrm{Ti}]^2[\%\mathrm{O}]^3 = 9.08\times10^{-12} \tag{3-115}$$

$$[\%\mathrm{Ti}][\%\mathrm{O}]^2 = 2.50\times10^{-6} \tag{3-116}$$

图 3-19 和图 3-20 是根据式（3-115）和式（3-116）绘制的铁液中 $\mathrm{Ti_2O_3}$

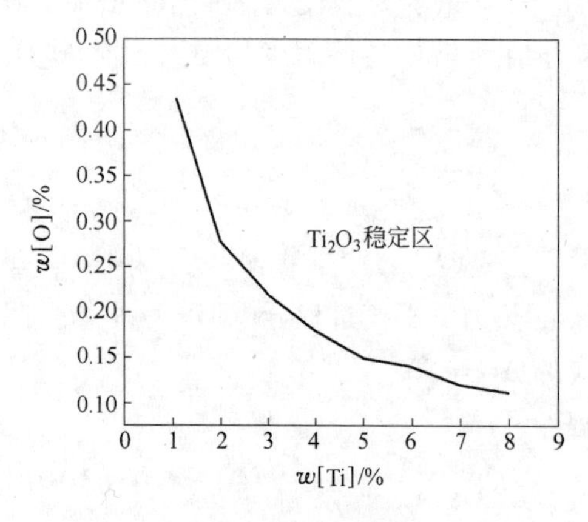

图 3-19 1923K 时工业纯铁熔体中 $\mathrm{Ti_2O_3}$ 稳定区

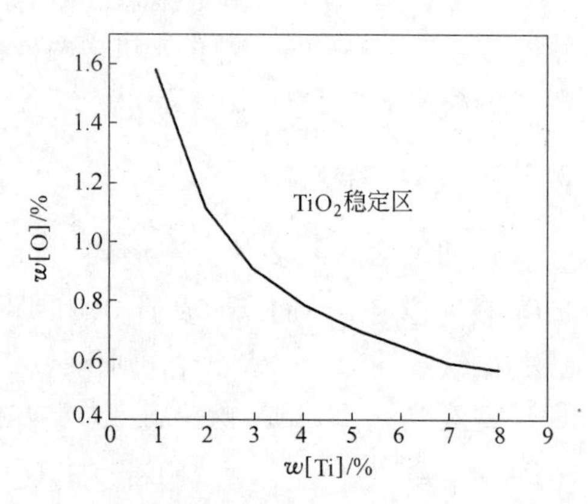

图 3-20 1923K 时工业纯铁熔体中 $\mathrm{TiO_2}$ 稳定区

和 TiO_2 的热力学稳定区。从图中可以看出，当 Ti 含量一定时，Ti_2O_3 稳定所需 O 含量低于 TiO_2 稳定所需 O 含量，也即 TiO_2 分解时可能优先向 Ti_2O_3 转变。如当铁液中[Ti] = 0.01%、[O] ≥ 0.00449% 时，Ti_2O_3 就可以稳定存在，而[O] ≥ 0.0158% 时，TiO_2 才能稳定存在。因此，在强脱氧条件下，Ti_2O_3 稳定性高于 TiO_2，在未脱氧钢中或弱脱氧条件下，TiO_2 稳定性高于 Ti_2O_3。

3.5.4　VC 超细粒子

根据文献[37]，γ 奥氏体相中 VC 析出的反应式为：

$$V_\gamma + C_\gamma = VC \tag{3-117}$$

γ 相中 VC 的溶度积为：

$$\lg[V]_\gamma[C]_\gamma = -\frac{9500}{T} + 6.72 \tag{3-118}$$

当在 γ 相温度范围（985 ~ 1667K）内，T = 1573K 时，V、C 的平衡溶度积为：

$$[V]_\gamma[C]_\gamma = 0.258 \tag{3-119}$$

根据溶度积绘制的 VC 平衡曲线如图 3-21 所示。可见，在 1300℃ 时 VC 很容易发生分解反应。但是在 1923K 时的工业纯铁熔体，由于 VC 的分解反应是一个热力学的不平衡过程，局部熔体区域内 VC 不一定完全溶解。从实际钢中碳化钒（或碳氮化钒）的析出过程可知，其析出与具体的动力学条件和局部浓度积有关，即使在总体条件下不能平衡析出，但在局部区域，在高钒含量钢中有时可以析出碟片状碳化钒第二相[13]。

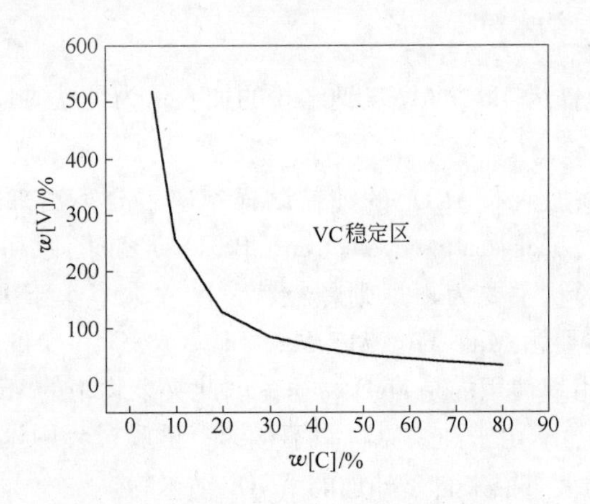

图 3-21　1573K 时 γ 相中 VC 的平衡溶度积

3.6　铁基熔体中外加纳米粒子的实验室研究

热力学分析表明 Al_2O_3、TiN 粒子在高温铁基溶液中能稳定存在。但是，当颗粒粒度下降至纳米级时，比表面积增加，比表面能增加，必然会对颗粒的溶解度、溶解反应化学平衡以及溶解速率等产生影响。本节在实验室条件下，进行了工业纯铁熔体中外加超细颗粒试验，通过分析凝固试样中外加超细颗粒的存在状态，实证研究超细粒子是否溶解、熔化以及团聚等问题。冶炼试验在 Si-Mo 棒作为加热体的多功能管式炉中进行，采用氧化镁坩埚、氩气保护，原料为工业纯铁，主要成分见表 3-6。纯铁熔化后继续温度升至 1923K，恒温 20min，将包裹在铁皮中的纳米添加剂颗粒插入铁液中，石英棒搅拌，然后恒温 10min，随炉冷却。

将凝固得到的铸锭加工成直径 10mm、长度 100mm 的圆棒，作为电解试样，采用非水溶液电解法提取其中的非金属夹杂物。电解液为非水溶液，主要成分为甲醇、丙三醇、三乙醇胺和四甲基氯化铵，溶液 pH = 8。电解时，以不锈钢为阴极，试样为阳极，控制温度为 −5 ~ +5℃，电流密度不大于 $100mA \cdot cm^{-2}$。电解结束后，将夹杂物采用超声波振荡至无水乙醇中，用磁选法去除其中的磁性夹杂物，用淘洗法收集非金属夹杂物。

采用 LEO-1450 型扫描电镜（SEM）及 KEVEX sigma 能谱分析系统对纯铁铸态试样中的夹杂物进行三种方式的分析：（1）直接分析金相试样中夹杂物的分布及组成；（2）将通过电解分离将得到的非金属夹杂物放置在导电胶带上进行形貌、大小及成分分析；（3）将电解分离得到的非金属夹杂物采用“RTO 金属包埋切片微米-纳米表征法”技术重新包埋在金属铜中，并抛磨至夹杂物的切面制成金相试样，对夹杂物内部形貌及组成进行分析。

3.6.1　添加 Al_2O_3 纳米粉

试验用工业纯铁为 4kg，Al_2O_3 纳米粉的加入量为纯铁质量的 0.5%，颗粒粒径为 80 ~ 150nm[38]。

图 3-22 为从添加纳米 Al_2O_3 的纯铁试样中电解分离出来的非金属夹杂物的 SEM 背散射电子（back-scattered electron，BSE）形貌图像和 EDS 能谱分析图。图 3-22 中夹杂物形状主要为不规则颗粒状，尺寸大多小于 10μm。能谱分析表明，这些夹杂物主要由 Mn、Fe、Al、Mg、Si、Cr、O 和少量的 S 元素组成。由于原料不含 Mg，坩埚使用的是 MgO 材质，因此夹杂物中的 MgO 主要来自于 MgO 坩埚（图中 C 标记）。由于纯铁原料中不含铝，试验过程中没有使用铝脱氧，可以肯定夹杂物中的大量铝来自于外加的 Al_2O_3 纳米粉。

对图 3-22 中的夹杂物逐个进行能谱分析发现，图中 A 标记的颗粒聚集体和

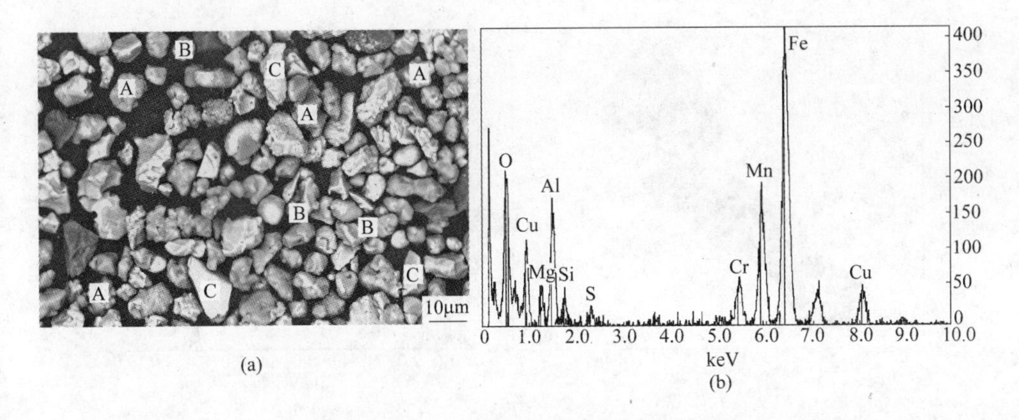

图 3-22 从添加纳米 Al_2O_3 样品中分离出来的夹杂物 SEM 形貌及能谱图

（a）夹杂物 SEM 形貌；（b）夹杂物能谱图

B 标记的单颗粒是以 Al_2O_3 为主复合少量 Mn、Cr 元素的复合夹杂物，其中单颗粒复合夹杂的尺寸一般小于 5μm，多颗粒聚集体的尺寸一般为 5～10μm。

图 3-23 为典型的多颗粒聚集体的背散射电子像及对应的能谱分析图。能谱显示夹杂物主要由 Al、O 和少量 Mn、Cr 元素组成。这类夹杂物可能是由几个外加的单颗粒 Al_2O_3 碰撞到一起形成的，夹杂物尺寸小于 10μm。颗粒产生团聚、烧结的原因是熔体搅拌不充分，动力学条件较差。

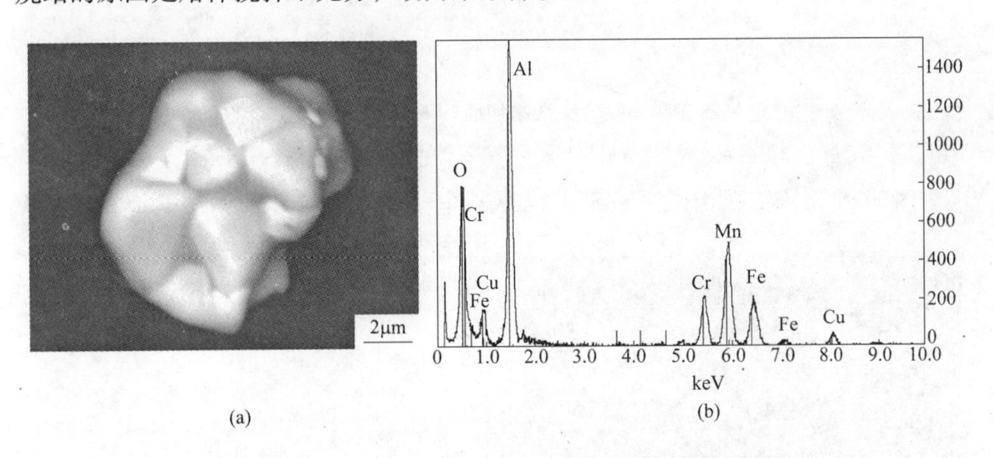

图 3-23 典型多颗粒含 Al 复合夹杂物 SEM 形貌及能谱图

（a）夹杂物 SEM 形貌；（b）夹杂物能谱图

图 3-24 为试样中一个夹杂物的切面图，图 3-24（b）为夹杂物 A 处的能谱图。可见，外加的单相 Al_2O_3 存在于复合夹杂物的内部，尺寸为 1～4μm。微米级的单相 Al_2O_3 是由于搅拌不够充分若干个纳米 Al_2O_3 颗粒团聚而成，或是加入的 Al_2O_3 纳米粉中颗粒较粗的部分。图 3-24（c）为夹杂物 B 处的能谱图，说明颜色较浅的部分是以 MnS 为主含有少量 Al、O 的复合夹杂物。

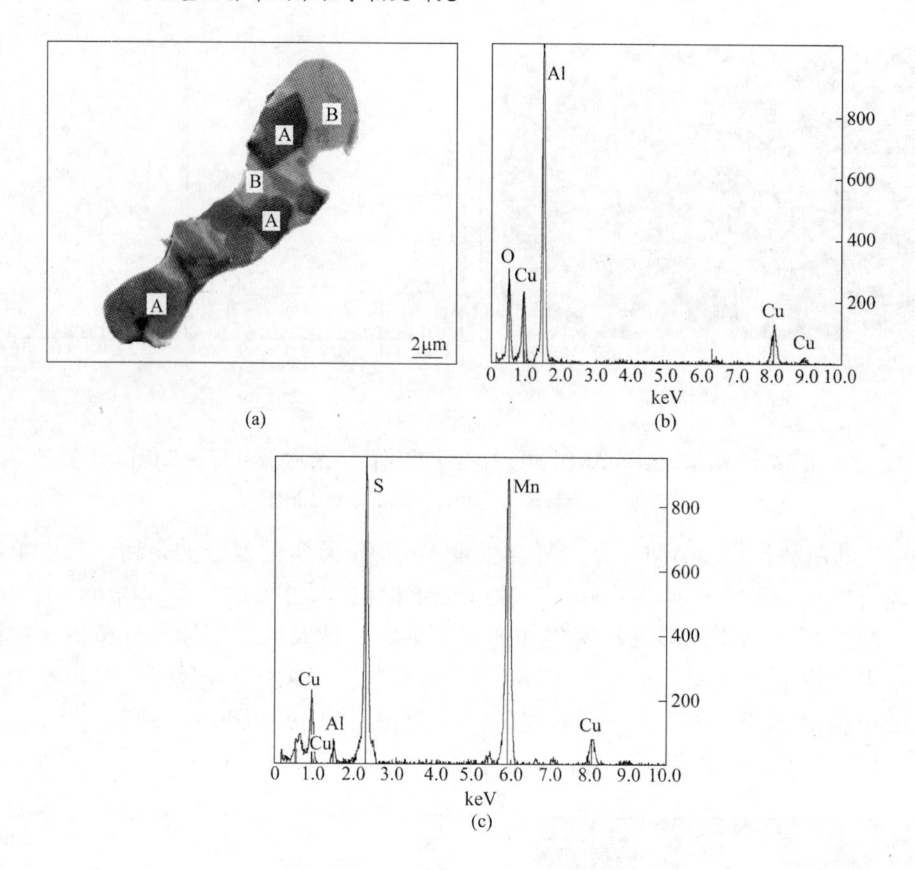

图 3-24　复合夹杂物切面 SEM 形貌及能谱图
（a）复合夹杂物切面 SEM 形貌；（b）A 处能谱图；（c）B 处能谱图

图 3-25 为铸锭金相试样的 SEM 背散射电子像和夹杂物能谱图。金相面上夹

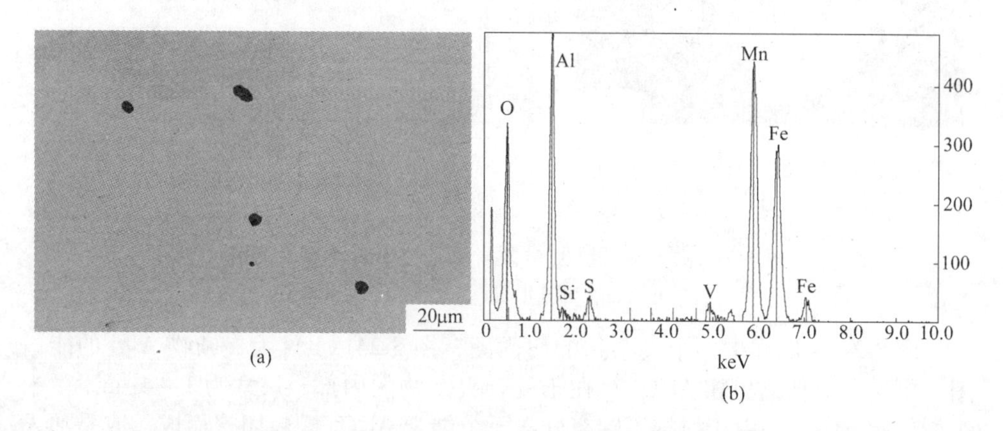

图 3-25　金相试样 SEM 形貌及夹杂物能谱分析图
（a）试样 SEM 形貌；（b）夹杂物能谱图

杂物主要由 Al、Mn、O 和 S 元素组成，类似于图 3-25 中的复合夹杂物，主要为外加的 Al_2O_3 和纯铁中的 MnS 组成的复合夹杂物。Al_2O_3 在这类复合夹杂物的内部，夹杂物的尺寸小于 8μm，形状不规则。

因此，从分析添加纳米 Al_2O_3 工业纯铁中夹杂物结果可以肯定，外加 Al_2O_3 纳米粉在高温铁基熔体中能够稳定存在，没有发生熔化和溶解行为，证实了热力学计算结果。

试验中，在扫描电镜下未观察到试样中存在单相的纳米级 Al_2O_3 颗粒，这是因为在高温熔体中固态 Al_2O_3 纳米颗粒容易成为夹杂物的析出核心并和其他夹杂物发生复合，复合后仍为纳米级的夹杂物用淘洗法很难收集。由于扫描电镜的分辨率所限，纳米粉在高温熔体中的行为有待用透射电镜进行深入的研究。在收集到的夹杂物中，未发现纳米 Al_2O_3 发生团聚而烧结成大于 10μm 的夹杂物，说明纳米粉经预分散后，只要加入方法合适，进行充分地搅拌，纳米粉在高温熔体中的分散是可以实现的。

3.6.2 添加 TiN 超细粉

试验用原料纯铁 4kg，TiN 加入量为纯铁质量的 0.5%，TiN 平均粒径为 2.7μm[39]。

图 3-26 为从铸态试样中电解分离出来的非金属夹杂物的 SEM 形貌和能谱分析图。图 3-26 中，夹杂物主要为不规则颗粒状，尺寸大多小于 10μm。能谱分析表明夹杂物主要由 Ti、Si、Mg、Mn、Fe、Ca、O 和少量 S 元素组成。由于原料中不含 Mg，使用的坩埚为 MgO 材质，因此夹杂物中的 Mg 主要来源于 MgO 坩埚（图 3-26 中 C 标记）。纯铁原料中不含 Ti，可以肯定夹杂物中的 Ti 来自于外加的 TiN 颗粒。对图 3-26 中的夹杂物进行逐一能谱分析发现，A 标记的主要是含 Ti

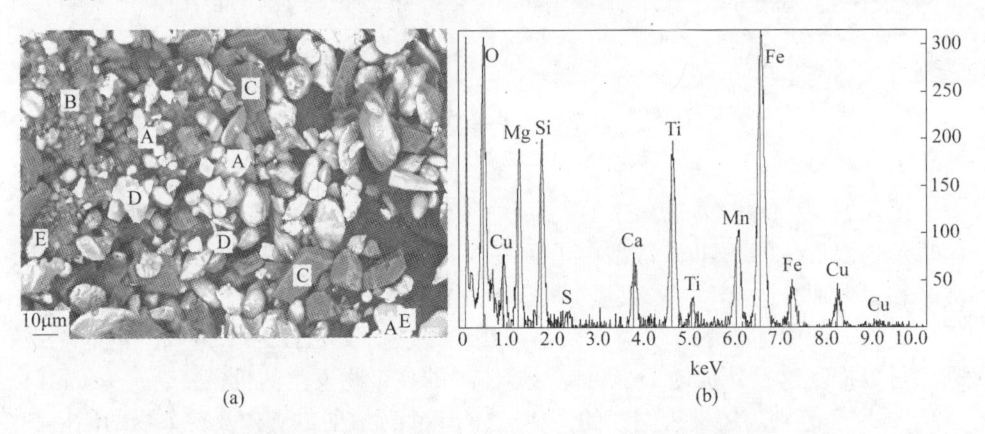

图 3-26 从添加 TiN 颗粒的铸锭中分离出来的夹杂物 SEM 形貌及能谱图
（a）夹杂物 SEM 形貌；（b）夹杂物能谱图

夹杂物，B 标记为 CaO，D 标记为 SiO_2。其中，在少量含 Ti 夹杂物上有点状的白色微小夹杂，能谱显示其为 MnS（图 3-26 中 E 标记）。

图 3-27 是几个典型的含 Ti 夹杂物的形貌。从能谱分析显示，A 标记处主要成分为 Ti，B 和 C 标记成分主要是 Mn、S、O 和 Si，主要附着在 Ti 上生长。含 Ti 夹杂物的尺寸为 2 ~5μm 之间。

(a)

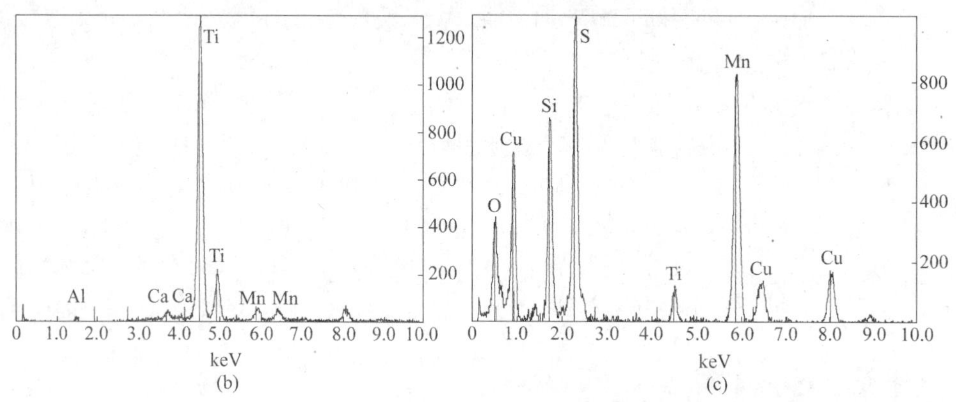

(b)　(c)

图 3-27　几个典型含 Ti 夹杂物 SEM 形貌图及能谱图

（a）形貌；（b）A 处能谱图；（c）B、C 处能谱图

图 3-28 为将电解分离出来的夹杂物重新包埋在金属 Cu 中，抛磨夹杂物的一面显示内部形貌的 SEM 背散射电子像及 A 类夹杂物的能谱分析。能谱显示 A 类夹杂物主要成分为 TiN，多数呈方形，尺寸 1 ~4μm，与外加的 TiN 颗粒尺寸相近。另外，图中还显示，这类夹杂物与其他夹杂物发生了复合，但相界面十分清晰，可以推断这是外加的 TiN 颗粒与熔体中的夹杂物发生的机械复合。

图 3-29 分别为铸锭未腐蚀的金相试样 SEM 背散射电子像及夹杂物的能谱图。金相面上几个夹杂物的成分大致相同，主要是由 Ti 和少量的 N、O、Mn、Si 元素组成，尺寸 2 ~5μm。这类夹杂物类似于前文提到的含 Ti 夹杂物，有研究表

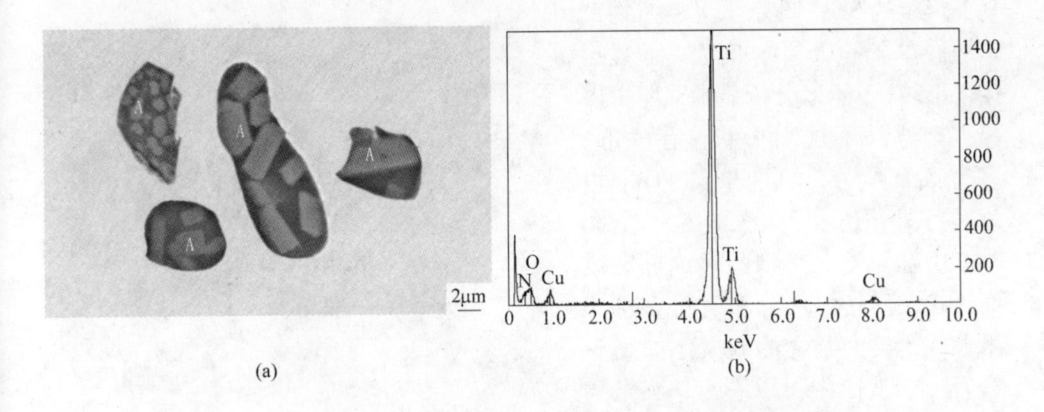

(a) (b)

图 3-28 分离出来的夹杂物的切面 SEM 形貌及 A 处能谱图

（a）复合夹杂物切面 SEM 形貌；（b）夹杂物中 A 处能谱图

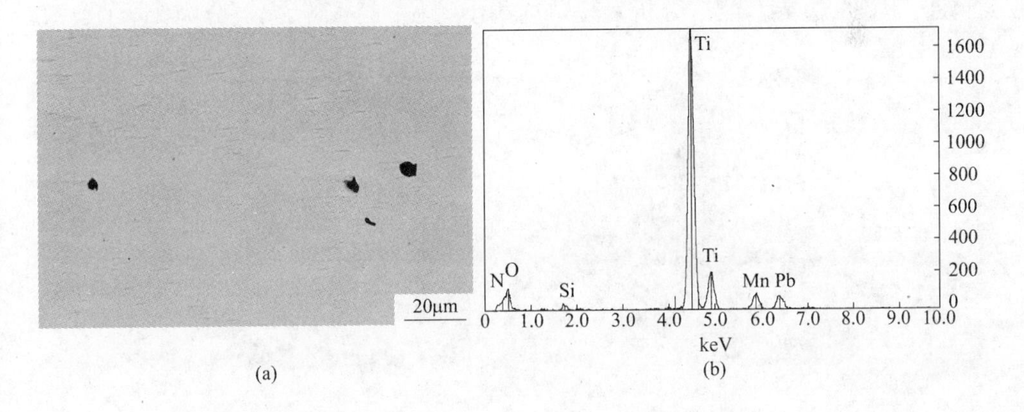

(a) (b)

图 3-29 金相试样 SEM 形貌及夹杂物能谱分析

（a）试样 SEM 形貌；（b）夹杂物能谱图

明[36]，钢中内部生长的这种 TiN 复合夹杂物可以作为 δ-铁素体的形核核心，对铸态组织起细化作用。本实验 TiN 颗粒为外加至熔体中，是否能够起到细化凝固组织的作用，还有待于进一步的试验研究。

通过外加单微米级 TiN 粉的工业纯铁中夹杂物分析结果可以得出，TiN 微粉在铁基熔体中能稳定存在，没有发生熔化和溶解现象，颗粒边界轮廓清楚，与 TiN 原粉颗粒相似。TiN 易与熔体中夹杂物作用形成复合夹杂物，TiN 颗粒之间没有发生直接碰撞而烧结的现象。

3.6.3 添加 TiO_2 纳米粉[44]

试验用纯铁质量为 4kg，TiO_2 纳米粉平均粒度为 80nm 左右，加入量为纯铁质量的 0.5%[42]。图 3-30 是从添加 TiO_2 纳米颗粒的纯铁试样中提取的夹杂物内部切面形貌的 SEM 照片（将夹杂物重新镶嵌在金属 Cu 中，磨去一面显示内部形貌）。能谱分析显示，图中黑色夹杂物（不规则形状，有棱角）多为 MgO 成分，可能来自于 Mg 坩埚。另外，值得注意的是，在图 3-30 中有一类夹杂物整体成椭圆或纺锤状，且其内部分布有许多细小颗粒，这类夹杂物的放大像如图 3-31 所示。从图中可以看出，夹杂物内部复合有许多小颗粒，小颗粒的尺寸在 1 ~ 3μm 之间，且与其周围有较为明显的边界。能谱分析发现，这些小颗粒的主要元素成分为 Ti、O、Al、

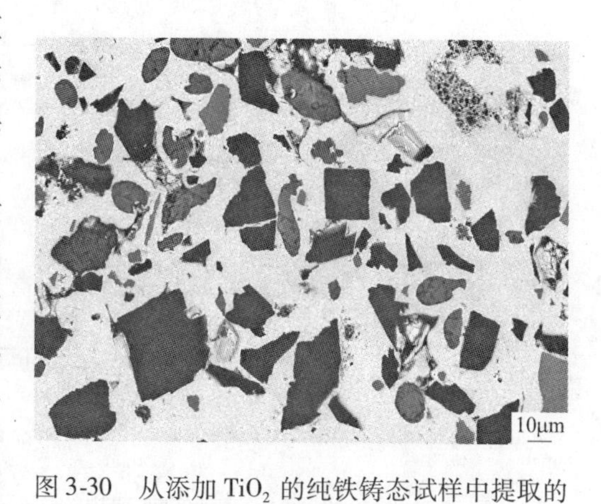

图 3-30 从添加 TiO_2 的纯铁铸态试样中提取的夹杂物的切面 SEM 形貌

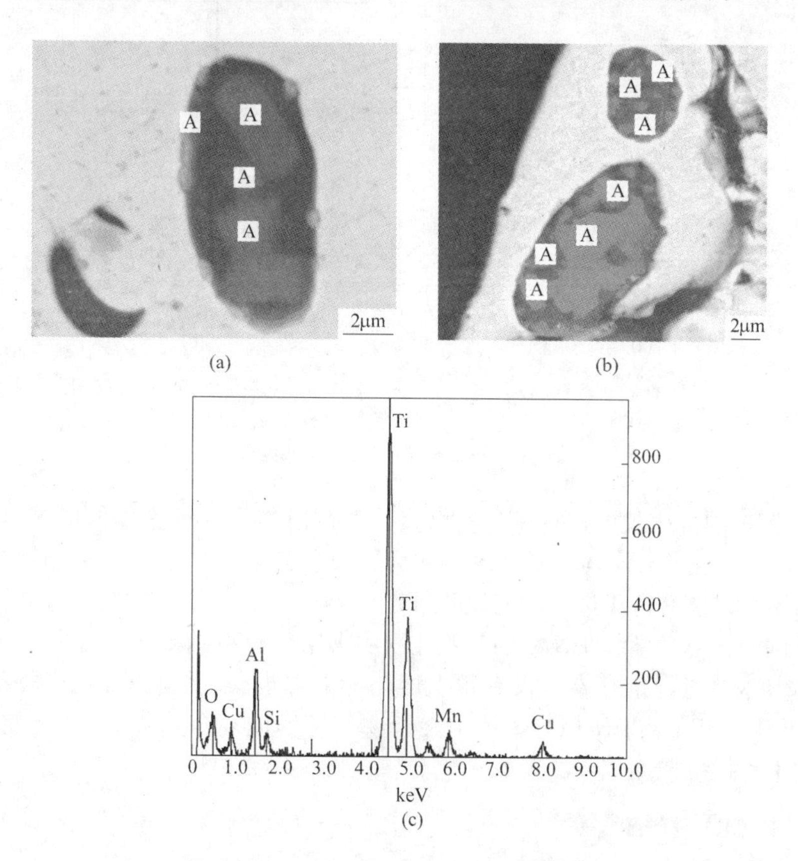

图 3-31 典型含 Ti、O 复合夹杂物切面 SEM 形貌及能谱图

（a），（b）复合夹杂物形貌；（c）A 处能谱图

Si、Mn，包裹在小颗粒周围的暗黑色部分的主要元素成分为 Si、Mn、O，也含有极少量 Ti。

从这些基本现象可以推断，外加至铁液中的 TiO_2 纳米颗粒中的部分可能与熔体中的夹杂物发生复合，复合的方式可能是被熔体中的液态夹杂物机械式包裹。另外，有部分 TiO_2 发生分解，Ti 以原子方式固溶于纯铁或夹杂物中。SEM 未观察到纳米级的 TiO_2 颗粒，可能的原因是纳米颗粒发生小规模团聚成单微米颗粒，或是 TiO_2 分解成较为稳定的 Ti_2O_3 方式存在。另外，SEM 的分辨率较低，不易观察到纳米级夹杂物。

3.6.4 添加 VC 超细粉

试验用纯铁为 4kg，VC 颗粒平均粒度 1.5μm 左右，加入量为纯铁质量的 0.5%[40]。

图 3-32 是从添加 VC 的工业纯铁的铸态试样中提取的非金属夹杂物 SEM 形貌及能谱分析。能谱分析显示夹杂物主要由 V、O、Mg、Al、Si、Ca、Mn、Ti、Fe 等元素组成。从图 3-32 中可以看到，有一类夹杂物表面上分布有许多白色小斑点（这类夹杂物用 A 标记），夹杂物整体呈灰色，形状不规则。图 3-32（c）能谱分析

(a)

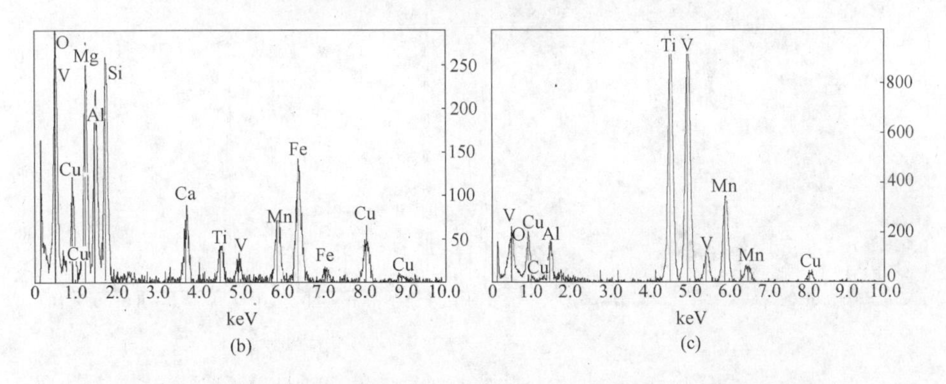

图 3-32 从添加 VC 的试样中提取的非金属夹杂物 SEM 形貌及能谱图

（a）SEM 形貌；（b）夹杂物的平均成分；（c）A 类夹杂物的平均成分

显示，这类夹杂物主要由V、O、Al、Mn、Ti组成，其表面上的细小白色斑点为MnS。这类夹杂物与第3.5.3节中TiN表面复合白色斑点的夹杂物十分相似。图3-33是这类夹杂物的放大形貌和能谱分析，从图中可以看到，MnS白色斑点有的呈点状、有的呈条带状，另外，在夹杂物表面上还有一类斑点（图3-33中A标记），能谱分析显示斑点是V含量较高的部分，在其周围区域V含量较低。

图3-33 图3-32中几个典型A类夹杂物的放大形貌

图3-32中还有一类夹杂物呈暗黑色(如图中B标记)，这类夹杂物主要由Mg、O元素组成，应来自于MgO坩埚材料。最后一类夹杂物是表面没有白色MnS斑点的灰色夹杂物，这类夹杂物的组成与A类基本相似，区别在于表面没有MnS夹杂物。

图3-34是从添加VC的纯铁试样中提取出来的非金属夹杂物的内部切面的形

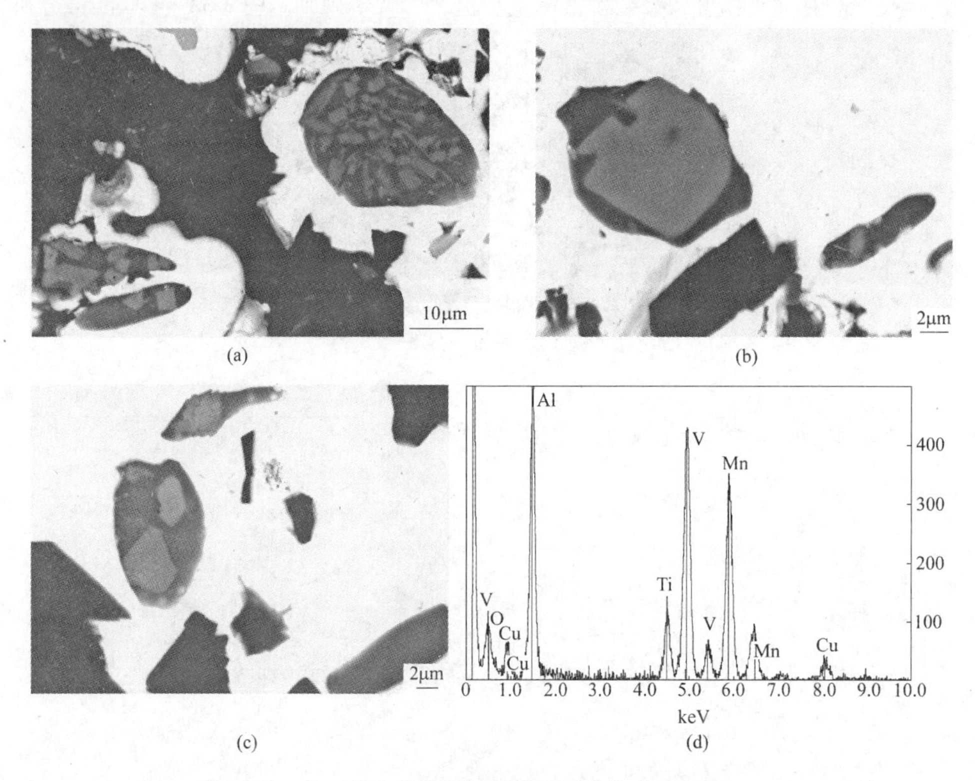

图3-34 夹杂物的内部切面形貌及能谱分析图

(a)~(c) 夹杂物内部切面形貌；(d) 夹杂物能谱图

貌照片和能谱分析情况。从形貌图可以看到，夹杂物内部含有许多颗粒状细小夹杂物，大部分小颗粒尺寸为 1 ~ 2μm。能谱显示这些小颗粒主要是由 V、O、Al、Mn、Ti 组成。另外，可以看出这些小颗粒与周围区域有较为明显的相界面分开，这可能反映出夹杂物的一定复合机理或者复合方式，但要搞清楚这些复合机理还需要做深入研究。

图 3-35(a)、(b)是添加 VC 纯铁的金相试样上的一个含 V 夹杂物的形貌及能谱分析，夹杂物的成分基本与上述含 V 夹杂物相同。该夹杂物中的 C 及 V 元素分布的面扫描情况如图 3-35(c)、(d)所示，从面扫描 C、V 的分布看，C 的分布比较均匀，且浓度较低，V 在夹杂物中间部位浓度较高，其余部分较低。总的来看，V 的浓度明显高于 C 浓度。

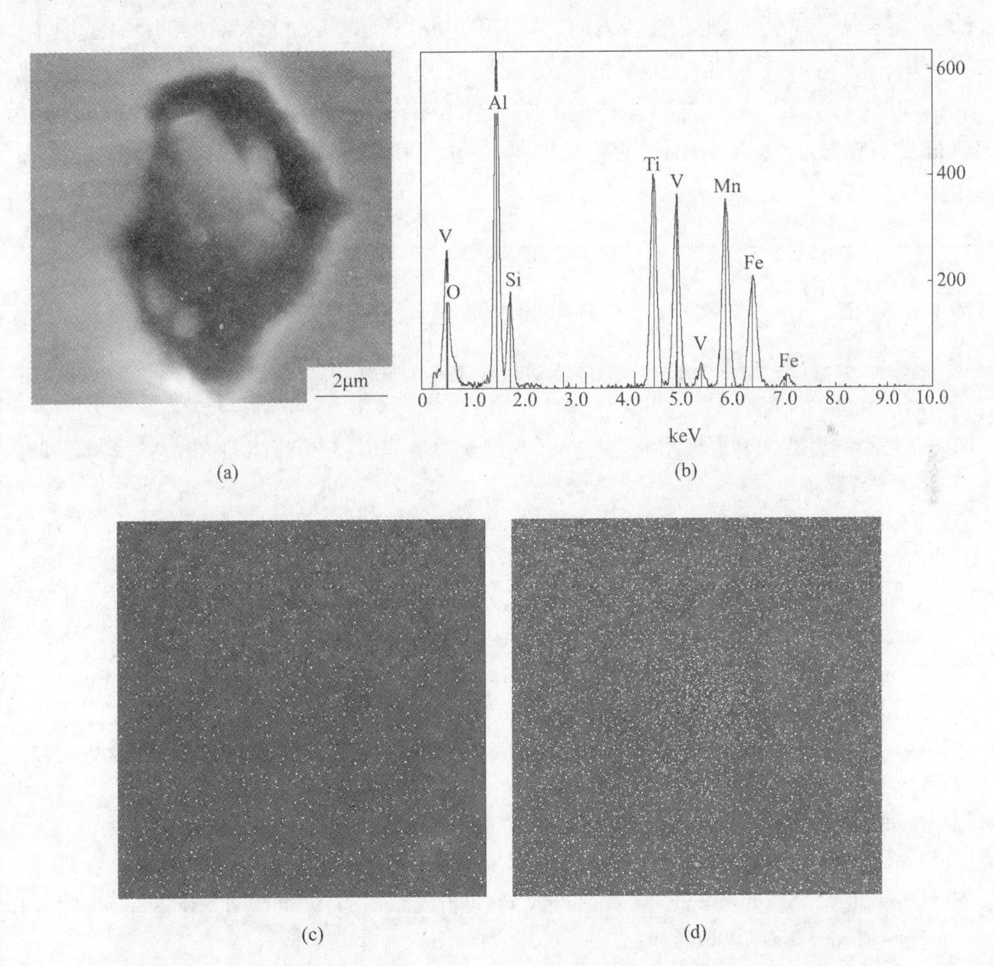

图 3-35 金相面上一个含 V 夹杂物的形貌、能谱及 C/V 元素面分布

(a) 形貌；(b) EDS 分析；(c) C 元素分布；(d) V 元素分布

3.7 小结

为了探索纳米级颗粒在钢液中的行为，主要为熔化、溶解和运动行为，本章阐述了通过理论分析和实验室试验的研究结果。首先，研究了不同种类的纳米颗粒在铁基熔体（工业纯铁、钢液）中的热力学行为，结果表明，多种纳米粒子在铁基熔体中热力学稳定性高，理论上不发生溶解与熔化。在此基础上，研究了钢液外加纳米颗粒的实验室方法。由于如何将纳米级超细粉直接加入高温液态钢中，并实现颗粒的弥散化和均匀分散，本身就是一个难题。我们采用预分散纳米粉制成纳米添加剂的方法成功地把纳米粉加入了钢液中。利用该方法，通过实验室试验研究了不同纳米颗粒在高温铁基熔体中的运动行为和存在状态。由于高温铁基熔体中存在着强烈的微热运动，熔体的黏度较大，对纳米颗粒的团聚产生阻尼作用，使纳米颗粒在熔体中能保持较好的分散状态，难以发生团聚、烧结现象；同时，结果还表明大部分种类的纳米颗粒在钢液中能稳定地存在，或均匀分散，或与夹杂物发生作用，在夹杂物形成过程和钢液凝固过程中起到外来核心作用。

参考文献

[1] 李强，宣益民. 铜——水纳米流体流动与对流换热特征[J]. 中国科学 E 辑，2002，32：331～337.

[2] 李强，宣益民. 纳米流体强化导热系数机理初步分析[J]. 热能动力工程，2002，11：568～571.

[3] Keblinski P，Phillpot S R，Choi S U S，et al. Mechanisms of heat flow in suspensions of nano-sized particles (nanofluids)[J]. Int Journal of Heat and Mass Transfer，2002，45：855～863.

[4] Murshed S M S，Leong K C，Yang C. Enhanced thermal conductivity of TiO_2-water based nanofluids[J]. Int Journal of Thermal Sciences，2005，44：367～373.

[5] Tseng W J，Lin K C. Rheology and colloidal structure of aqueous TiO_2 nanoparticle suspensions [J]. Materials Science and Engineering A，2003，355(1-2)：186～192.

[6] Zener C. Private communication to smith C S[J]. Trans Amer Inst Metall Engrs，1949，175：15～17.

[7] Gladman T. On the theory of precipitate particles on grain growth in metals[J]. Proc Roy Soc，1966，A294：298～309.

[8] Lifshiz I M，Slyozov V V. The kinetics of precipitate from supersaturated solid solutions[J]. J Phys Chem Solids，1961，19：35～50.

[9] Wagner C. Theory of precipitate change by redissolution [J]. Z Elektrochem，1961，65：581～591.

[10] Liu Delu，Wang Yuanli，Huo Xiangdong，et al. Electron microscopic study on nano-scaled

precipitation in low carbon steels[J]. Journal of Chinese Electron Microscopy Society, 2002, 21(3):283～286.

[11] 唐仁正. 物理冶金学[M]. 北京: 冶金工业出版社, 1997.

[12] Chiang L K. The formation of as-cast equiaxed grain structures in steel using titanium-based inoculation technology: state-of-the-art review[J]. Workshop on new Generation Steel, Beijing China, 2001(11):1～17.

[13] Bramfitt B L. The effect of carbide and nitride additions on the heterogeneous nucleation behavior of liquid iron[J]. Metallurgical Transactions, 1970, 7(1):1987～1995.

[14] 杨庆祥, 廖波, 崔占全, 等. 凝固温度对稀土夹杂物成为初生奥氏体非均质形核核心作用的影响[J]. 材料研究学报, 1999, 13(4):353～358.

[15] F. 奥特斯. 钢冶金学[M]. 倪瑞明, 张圣弼, 项长祥, 译. 北京: 冶金工业出版社, 1997.

[16] 李代锺. 钢中的非金属夹杂物[M]. 北京: 科学出版社, 1983.

[17] 张立德, 牟季美. 纳米材料和纳米结构[M]. 北京: 科学出版社, 2001.

[18] Couchman P R, Jesser W A. Thermodynamic theory of size dependence of melting temperature in metals[J]. Nature, 1977, 269 (6): 481～483.

[19] 谢丹, 齐卫宏, 汪明朴. 金属纳米微粒熔化热力学性能的尺寸形状效应[J]. 金属学报, 2004, 40(10):1041～1044.

[20] 苏品书. 超微粒子材料技术[M]. 台湾: 复汉出版社, 1989.

[21] 梁英教. 物理化学[M]. 北京: 冶金工业出版社, 1992.

[22] 陈家祥. 炼钢常用图表数据手册[M]. 北京: 冶金工业出版社, 1984.

[23] 王国承, 侯春菊, 张立恒, 等. 铁液中 Al_2O_3 纳米颗粒溶解和熔化的热力学研究[J]. 有色金属科学与工程, 2011, 2(1):23～27.

[24] Russel W B, Saville D A, Schowalter W R. Colloidal Dispersion. Cambridge University Press, Cambridge, England, 1989.

[25] 王补宣, 李春辉, 彭晓峰. 纳米颗粒悬浮液稳定性分析[J]. 应用基础与工程科学学报, 2003, 11(2):167～173.

[26] 王焕荣, 叶以富, 王伟民, 等. 液态纯铁的微观原子模型[J]. 科学通报, 2000, 45(14):1501～1504.

[27] 王焕荣, 叶以富, 闵光辉, 等. 液态纯铁微观结构的温度变化特性[J]. 物理化学学报, 2001, 17(9):820～823.

[28] 藤新营, 闵光辉, 刘含莲, 等. 液态纯铁1550℃的黏度及表面张力与结构的相关性[J]. 材料科学与工艺, 2001, 9(4):383～386.

[29] 骆军, 翟启杰, 赵沛. 近熔点液态纯铁和 Fe-C 二元合金的微观结构[J]. 金属学报, 2003, 39(1):5～9.

[30] 王诚泰. 统计物理学[M]. 北京: 清华大学出版社, 1991.

[31] 陈宗淇, 戴闽光. 胶体化学[M]. 北京: 高等教育出版社, 1985.

[32] 王国承, 邓庚凤, 方克明. 铁液中纳米 Al_2O_3 粒子的运动行为研究. 北京科技大学学报, 2009, 31(7):826～830.

[33] Hiroki Ohta, Hideaki Suito. Activities in $CaO-SiO_2-Al_2O_3$ slag and deoxidation equilibria of Si and Al[J]. Metall and Material Trans, 1996, 27B: 943 ~ 953.

[34] 龚坚，王庆祥. 钢液钙处理的热力学分析[J]. 炼钢，2003，19(3):56 ~ 59.

[35] 傅杰，朱剑，迪林，等. 微合金钢中 TiN 的析出规律研究[J]. 金属学报，2000，36(8):801 ~ 804.

[36] 王明林. 低碳钢凝固过程含钛析出物的析出行为及其对凝固组织影响的机理研究[D]. 北京：钢铁研究总院，2001.

[37] 雍岐龙. 钢铁材料中的第二相[M]. 北京：冶金工业出版社，2006.

[38] 王国承，王铁明，李松年，等. 高温纯铁熔体中外加氧化铝纳米粉的研究[J]. 北京科技大学学报，2007，29(6):578 ~ 581.

[39] 王国承，方克明，王铁明. 高温纯铁熔体中外加氮化钛超细颗粒的研究[J]. 钢铁钒钛，2006，27(2):21 ~ 25.

[40] 王国承，黄浪，方克明. 工业纯铁熔体外加 TiO_2 及 VC 超细颗粒的试验[J]. 钢铁钒钛，2010，31(1):17 ~ 23.

4 钢液外加纳米级粒子研究

4.1 钢中纳米相获得技术

第二相在钢中的作用与其体积分数、尺寸、形状及分布状态相关，为了获得较好的强韧化效果，必须准确控制第二相的这些影响因素。获得第二相的方法有内部析出法和外部加入法，目前绝大部分研究以及生产中第二相粒子的获得主要是通过内部析出方法得到，外部加入方法研究较少。

4.1.1 内部析出法

炼钢过程中，由于氧化、脱硫、脱氧以及合金化等过程，钢中将产生大量的非金属夹杂物。通过控制钢液条件，降低粒子析出温度，使钢液凝固和热加工过程中析出细小弥散的夹杂物和碳化物粒子，这种方法被称为内部析出法。

要想钢中获得细小的夹杂物，首先，必须在钢液凝固之前去除各种已生成的较大颗粒的非金属夹杂物；其次，应控制各种夹杂物生成元素的浓度积小于其在固相线时的平衡溶度积，以保证粒子在固态下析出，从而获得细小的第二相粒子。因为固相中析出的粒子避免了在液态中所发生的运动碰撞凝聚。此外，固态钢中原子扩散速度远小于其在液态中的扩散速度，所以析出粒子的长大速率非常小。要保证粒子在固相线附近析出的关键在于：（1）浇铸时，钢液的过热度要小；（2）应将析出元素的浓度积控制在该析出温度的平衡溶度积之下，即要求钢液应达到一定的纯净度。

对微合金钢中 TiN 析出规律的研究[1]发现，若将析出控制在固相线以上很窄的温度范围内（10～20K），则析出的 TiN 粒子尺寸较小（1～3μm），在晶界上析出的粒子尺寸则更小。在 CSP 工艺生产过程中，通过一系列工艺过程，如高纯化冶炼、快速凝固以及连轧，有效地将杂质元素浓度积控制到小于固相线附近的平衡溶度积，促使大量粒子在固态下析出。通过快速冷却凝固，使析出的第二相粒子的长大速度明显下降。另外，在后期的连轧过程中，晶界处析出的极细粒子对晶粒长大起到了有效的钉扎作用。据文献［2］可知，在成品板材中，氧化物夹杂的尺寸大部分为 2～3μm，金相观察不到硫化物和氮化物夹杂，在透射电镜上可观察到大量尺寸为 10～20nm 的氧化物和小于 1μm 的 MnS。

李正邦[3]参考 Mitchell 和 Fukumoto 提出的“零夹杂”（钢中夹杂物尺寸小于

1μm）钢的概念，并从理论上分析了零非金属夹杂钢制备的可能性，指出要获得“零夹杂”钢，必须控制钢中氧与脱氧元素的活度积，防止在固相线温度以前析出夹杂物。

近年来开发的氧化物冶金技术，即利用奥氏体内的细小夹杂物粒子作为针状铁素体的形核核心，在奥氏体晶内形成细小针状铁素体，以细化原奥氏体晶粒。其中，在奥氏体晶粒内获得细小（ <1μm）夹杂物第二相是氧化物冶金的关键。文献[4]表明，在加钛的C-Mn钢中，由于形成细小的Ti_2O_3，当MnS在Ti_2O_3上析出时，吸收了附近区域的锰元素，造成贫锰区，这有利于促进针状铁素体形核。

总之，要获得大量细小的第二相粒子，钢液高纯净化是关键。另外，配合快速凝固连铸工艺，能够抑制夹杂物在液相中的析出，从而保证粒子细小化。对一些夹杂物尺寸及钢的洁净度要求较高的钢，如DI罐、超深冲钢、显像管阴罩材料和轮胎子午线等，采用这种控制是十分有利的。但是，固相下析出的粒子对钢的铸态组织起不到形核核心作用，即对细化铸态晶粒没有作用，只能对后期热加工过程中的组织晶粒长大起钉扎阻碍作用。

4.1.2　外部加入法

从外部向钢液中加入超细粒子的研究报道尚不多见。Masayoshi Hasegawa[5]开发了一种用等离子喷吹方法向浇铸的钢流中喷吹粒子。试验结果表明，加入颗粒平均直径为11μm的Al_2O_3和9μm的ZrO_2粒子后，钢的硬度、强度和冲击韧性均显著提高。J. M. Gregg等[6]开发了一种往熔态钢中添加粒子的技术。首先，将微粉放置于固态钢预先加工的小孔中，然后将钢样品置于真空感应炉内加热至熔化，保持熔化状态5s后，快速冷却凝固。分析凝固后的钢样发现，外加TiN、TiO_2和Ti_2O_3粒子对钢中形成针状铁素体十分有效，细化了奥氏体晶粒。雷毅等[7~11]对低碳钢中外加ZrO_2、ZrC，20Mn2钢中外加ZrC进行了研究，得到较好的细晶和强化效果。

从这些研究结果可以看出，钢中外加超细粒子对钢的组织细化和提高其性能均有很好的作用。与内生析出第二相粒子相比，外加方法更具有可控性，而且对钢的纯净度无特定的要求。然而，上述这些加入方法在现代冶金生产工艺上还存在许多问题，目前还很难用于工业生产中。等离子喷吹方法用于连铸工艺还很困难，而往熔态钢中添加粒子的技术更是无法用于炼钢工业生产中，仅适于实验室研究。

4.1.3　纳米粉的加入量

纳米粉的加入量主要根据两方面的原理计算得到：一是假设纳米粉成为钢中非金属夹杂物形核的非均质核心，计算所需质点的总量即纳米粉的添加量；二是假设纳米粉作为钢液结晶时的初生铁素体（δ）或奥氏体（γ）相长大的非均质核心，计算所需质点总量即纳米颗粒的加入量。这两种计算都是建立在纳米粉质点在钢液中完全理想分散的基础上进行的。

（1）依据纳米颗粒成为夹杂物异质核心计算。根据纳米粉作为非金属夹杂物的形核核心，即一个纳米颗粒成为一个夹杂物的形核核心。以1t 钢为例，假设钢中非金属夹杂物含量为 m_{inclu}，纳米粉和非金属夹杂物均为球形，纳米粉密度为 ρ_{nano}、平均直径为$\overline{d_{nano}}$，夹杂物密度为 ρ_{inclu}。添加纳米粉后夹杂物平均尺寸细化至$\overline{d}_{inclu}$。则需要添加纳米粉的量 $m_{nano-inclu}$如下式：

$$m_{nano-inclu} = \frac{(m_{inclu}/\rho_{inclu})}{(4\pi/3)(\overline{d_{inclu}}/2)^3} \times \frac{4}{3}\pi\left(\frac{\overline{d_{nano}}}{2}\right)^3 \rho_{nano} \tag{4-1}$$

纳米粉和夹杂物的密度按 $\rho_{nano} = \rho_{inclu} = 3.97 \times 10^3 kg/m^3$，计算得到吨钢中作为非金属夹杂物形核核心所需的纳米粉量，见表4-1。

表4-1 吨钢中细化夹杂物的纳米粉加入量理论计算值

夹杂物含量/%	纳米粉直径/nm	纳米粉的理论加入量/kg	
		夹杂物细化至1μm	夹杂物细化至0.5μm
0.01	50	1.25×10^{-5}	1.0×10^{-4}
	100	1.0×10^{-4}	8.0×10^{-4}
	150	3.4×10^{-4}	2.7×10^{-3}
	200	8.0×10^{-4}	6.4×10^{-3}
	500	1.25×10^{-2}	1.0×10^{-1}
0.02	50	2.5×10^{-5}	2.0×10^{-4}
	100	2.0×10^{-4}	1.6×10^{-3}
	150	6.8×10^{-4}	5.4×10^{-3}
	200	1.6×10^{-3}	1.3×10^{-2}
	500	2.5×10^{-2}	2.0×10^{-1}

（2）依据纳米颗粒作为钢液结晶的异质核心计算。根据纳米颗粒作为初生铁素体或奥氏体形核核心，即一个纳米颗粒作为一个立方晶粒的形核核心。以1t 钢为例，假设钢凝固的初生铁素体或奥氏体晶粒为立方体，添加纳米颗粒后，钢液结晶的单个晶粒边长为 a，纳米粉为球形，纳米粉密度为 ρ_{nano}、平均直径为$\overline{d_{nano}}$。则需要添加纳米粉的量 $m_{nano-metal}$如下式：

$$m_{nano-metal} = \frac{10^3/(7.8 \times 10^3)}{a^3} \times \frac{4}{3}\pi\left(\frac{\overline{d_{nano}}}{2}\right)^3 \rho_{nano} \tag{4-2}$$

同样，根据式（4-2）可以计算纳米粉加入量，见表4-2。

表 4-2 吨钢中作为晶粒形核核心的纳米粉加入量的理论计算值

晶粒边长/μm	纳米粉直径/nm	纳米粉理论加入量/kg
5	50	3.36×10^{-5}
	100	2.69×10^{-4}
	150	9.07×10^{-4}
	200	2.15×10^{-3}
	500	3.36×10^{-2}
2	50	5.25×10^{-4}
	100	4.20×10^{-3}
	150	1.14×10^{-2}
	200	3.36×10^{-2}
	500	5.25×10^{-1}

以上计算没有考虑纳米粉在钢液中的溶解问题以及其他损失。实际上，纳米粉加入钢液中存在一个收得率问题。首先是纳米添加剂的收得率问题，一般用于钢液脱氧的金属或合金的收得率在30%～50%，所以在此假设纳米添加剂收得率为50%。其次，纳米颗粒存在一个团聚的可能性问题，假设团聚度为5（即平均5个单颗粒团聚成一个颗粒）。此外，当添加剂中辅料熔化后，还存在纳米颗粒的收得率问题，在此假设纳米颗粒的收得率为50%。因此，在考虑这些因素后，得到纳米粉的总加入量的计算公式为：

$$m_{\text{nano}} = 20\times(m_{\text{nano-metal}} + m_{\text{nano-metal}}) \tag{4-3}$$

假设纳米粉平均直径为120nm，将钢中所有非金属夹杂物细化至0.5μm，晶粒细化至2μm，通过式（4-3）计算可得吨钢纳米粉（$\rho_{\text{nano}}=3.97\times10^3\text{kg/m}^3$ 的 Al_2O_3）的加入量为176.8g。

4.1.4 纳米粉的加入方法

如何将纳米粉加入至钢液中的关键问题是如何能够较好地控制纳米颗粒在钢水中的弥散程度。

纳米颗粒具有尺寸小、比表面积大、活性高、易团聚、体积密度小等特点，而钢液具有密度大、黏度高、温度高以及存在覆盖渣等特点，所以在炼钢生产中很难用喷粉、喂丝等传统方法直接将纳米粉加入至钢液内部，并使其均匀分散。传统喷粉的粉体粒度基本在几百微米左右，无法适用于纳米级粉体的团聚特性。

图4-1及图4-2是试验所用的 Al_2O_3、TiN 纳米粉的SEM形貌照片，纳米粒子的平均粒径为80～150nm。

为了解决纳米粉如何加入至钢液中的问题，并尽量保持纳米颗粒加入钢液后能够比较均匀地分散，必须保证加入之前纳米颗粒已保持较好的分散状态。为

图 4-1 Al_2O_3 纳米粉的场发射 SEM 照片

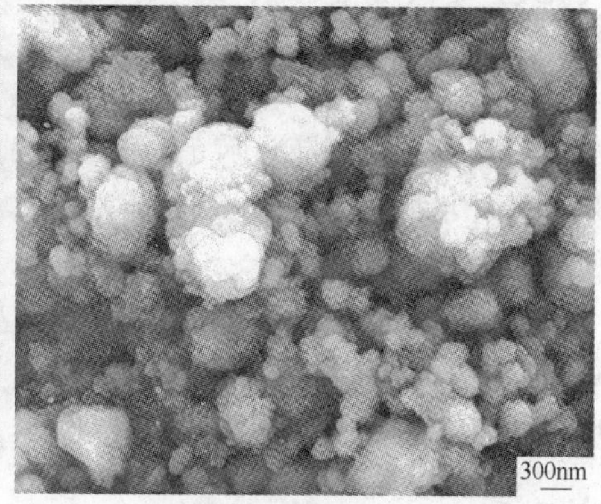

图 4-2 TiN 纳米粉的场发射 SEM 照片

此，采用如下方法对纳米粉进行预加工处理，即将纳米粉制成纳米颗粒添加剂。步骤如下：

(1) 将纳米粉颗粒（Al_2O_3、TiN）在无水乙醇中进行较长时间超声分散，将乙醇挥发烘干。

(2) 按一定配比将预分散的纳米粉与辅料（辅料应对钢液不会造成污染）混合在一起进行球磨混合，为了使纳米颗粒与辅料混合达到均匀，球磨混合时间应较长。

(3) 将混合均匀后的粉体采用一定的压力压制成块状试样，经破碎后得到一定粒度和致密度的纳米添加剂。

图 4-3 是采用该方法将 Al_2O_3、TiN 纳米粉加工成炼钢纳米添加剂的实物照片。为保证添加剂加入钢液中后，添加剂中的辅料能迅速熔化，随后纳米粒子能

图 4-3 纳米添加剂实物照片

被流动的钢液带动分散，纳米添加剂粒度一般破碎至1.0cm左右。经这种加工的纳米添加剂密度约为4.8×10^3kg/m^3。

在炼钢过程中，可以通过两种方式将预先制备好的纳米添加剂加入至钢液中：(1) 在出钢时钢液脱氧合金化之前，随钢流一起加入或者预先在钢包中加入，利用出钢时钢液的冲击和剧烈的湍流作用，达到充分搅拌纳米颗粒的目的；(2) 在模铸或连铸中间包中，可以将一部分纳米添加剂随钢流一起加入至锭模或中间包中。哪一种方式更加适合或者两种方式同时使用，需要通过试验来进行优化选择。这种加入方法不改变现有炼钢生产工艺，不增加炼钢设备，不污染钢液和环境，不增加劳动强度。

实验室试验时，可将纳米添加剂包于薄铁皮中，采用插入的方法加入至坩埚内熔体中，用石英棒搅拌熔体，尽量均匀化。实验室条件下由于缺少大量钢水的冲击作用，所以纳米粉的分散效果一般不如实际生产中好。

4.2 外加纳米颗粒钢的工业试验

在研究了液态钢中纳米粉的加入方法以及纳米粒子在高温铁基熔体中的物理化学相关问题的基础上，本章通过工业生产性试验，研究了添加纳米粉钢的力学性能、组织和夹杂物变化情况，并分析纳米粉的存在状态和作用机理。

4.2.1 试验过程及纳米粉加入工艺

试验用纳米粉种类、加入量以及钢种安排情况见表4-3。

表4-3 试验用纳米粉种类、加入量以及钢种安排

纳米添加剂	钢 种	电炉吨位/t	加入量/g·t^{-1}	试验工厂
Al_2O_3	35	20	200	唐山某钢厂
Al_2O_3	55SiMnMo	20	200	湖南某钢厂
TiN	55SiMnMo	20	200	湖南某钢厂
未添加	55SiMnMo	20	0	湖南某钢厂

4.2.1.1 35钢试验过程及纳米粉加入工艺

35钢的粗炼（熔化、氧化）在20t电弧炉中完成，成分合格后扒出氧化渣，出钢至LF钢包炉中。出钢时，随钢流加入Al_2O_3纳米添加剂，Al_2O_3纳米粉的加入量为钢液总重量的0.02%。出钢时加入纳米添加剂，可以利用钢液的剧烈冲击作用和钢液的湍流作用分散纳米颗粒。然后加入SiCa、SiAl合金和少量高纯Al进行脱氧合金化，随后在LF炉中精炼1.5h。LF精炼主要工艺为加热、吹氩、造渣（石灰+火砖块+汤道砖）、SiC粉还原精炼、钢液成分微调。精炼完成后，经模铸得到铸锭。

浇铸每支锭重约3.1t，将铸锭切去头尾，切割成380mm×380mm×600mm坯料。锻压工艺采用反复L60-L40二次镦拨，倒棱滚圆摔加工成直径为$\phi=18$mm圆棒。开锻温度1250℃，终锻温度800℃，然后空冷至室温。按横截面面积变化计算，锻压变形量为82.4%。试验基本工艺流程如图4-4所示。

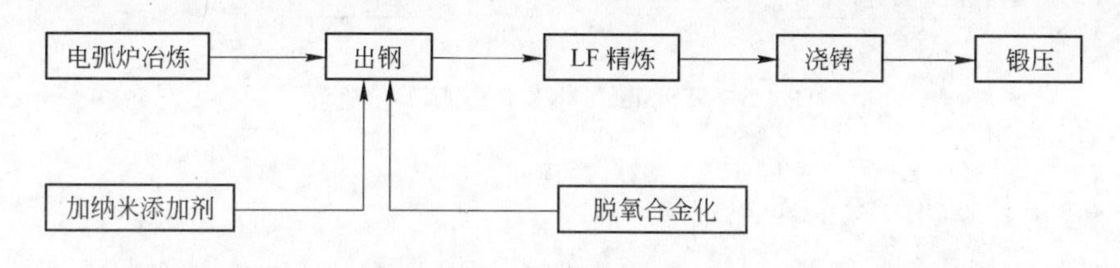

图4-4 35钢生产试验工艺流程

4.2.1.2 55SiMnMo钢试验过程及纳米粉加入工艺

中空钢（又称钎钢）主要用于制造开山凿岩用钎杆，广泛应用于冶金、矿山、铁道交通、建筑、水利等行业的凿岩爆破工程[12]。中空钢按截面形状可分为中空六角钢和中空圆钢两种。中空六角钢用于制造手提式、气腿式、向上式及轻型导轨式凿岩机的钎杆（如整体钎、锥形钎）。中空圆钢用于制作重型导轨式凿岩机的大钎杆（如接杆钎）。由于中空钢的生产工艺和质量要求都比棒材复杂和严格，因此多年来国内外的各专业生产厂家一直在不断地进行生产工艺的试验研究及技术改造。我国目前的中空钢在质量、生产技术、工艺装备、品种和标准要求等方面与瑞典等先进技术国家相比还存在较大差距[13]。

55SiMnMo钢是我国钎杆系列产品中适用于小钎杆的主导产品，与小型凿岩机配合使用，可完成小直径浅孔凿岩、井下巷道掘进以及岩石二次破碎凿孔，水泥面的开凿等工程。该钢是我国自行研制的适合我国资源条件的重要钎钢钢种[12]。55SiMnMo钢组织一般为空冷贝氏体，具有高的弹性极限、屈强比和疲劳强度及合理的韧塑性配合。

55SiMnMo钢的冶炼试验在20t电弧炉中完成，成分合格后扒出氧化渣，首先往钢液中加入Al_2O_3纳米添加剂，然后加硅铁、SiC粉脱氧，添加合金进入还原期精炼。冶炼完成后，浇铸过程中随注流往锭模中加入部分的Al_2O_3纳米添加剂。Al_2O_3纳米粉的加入量为钢液总量的0.02%，还原前炉内加入量占总加入量的93.3%，浇铸时加入量占总加入量的6.7%。添加TiN纳米粉的试验工艺相同。

55SiMnMo钢的锭型为150mm×150mm×1100mm，每支铸锭重约3t。切去头尾，锻压加工成直径为$\phi=35$mm的圆棒，按横截面变化计算锻压变形量为82.9%。开锻温度1100℃，终锻温度900℃，然后空冷至室温。试验的基本工艺流程如图4-5所示。

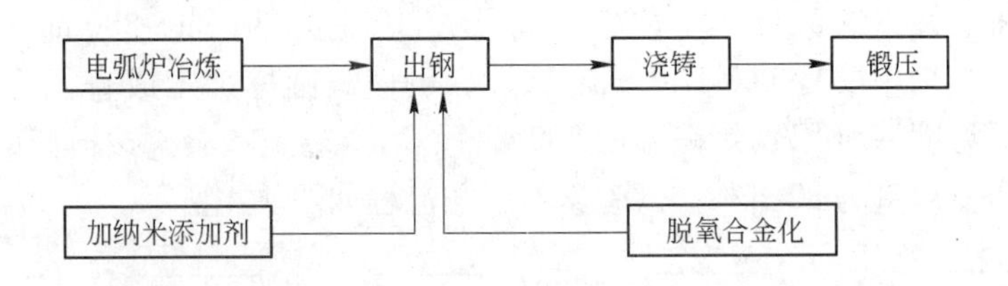

图 4-5　55SiMnMo 钢生产试验工艺流程

4.2.2　试样分析方法

钢的化学成分采用国标规定的化学和光谱方法分析，由钢厂完成。

钢的力学性能测试样为锻压后的空冷试样，主要通过拉伸和冲击试验检测抗拉强度、屈服强度、伸长率和常温冲击韧性（冲击功）等强度、塑性和韧性三个方面的指标。图 4-6 为国标规定的一种拉伸试样的形状、尺寸和表面光洁度规格要求。力学性能检测试验采用《金属拉伸试验方法》(GB 228—1987)[14]、《金属拉伸试验试样》(GB 6397—1986)[15] 和《钢材力学及工艺性能试验取样规定》(GB 2975—1982)[16] 标准进行。主要测试抗拉强度、屈服强度、伸长率和断面收缩率四个指标。根据拉伸试样的拉伸曲线及应力-应变曲线确定强度和塑性指标。图 4-7 为标准夏比 V 形缺口冲击试样的形状、尺寸和表面光洁度要求。试验采用《金属夏比缺口冲击试验方法》(GB/T 229—1994)[17]、《金属夏比冲击断口测定方法》(GB/T 12778—1991)[18] 和《钢材力学及工艺性能试验取样规定》(GB 2975—1982)[16] 进行。

非水溶液电解提取夹杂物/第二相及其分析方法详见第 5 章。

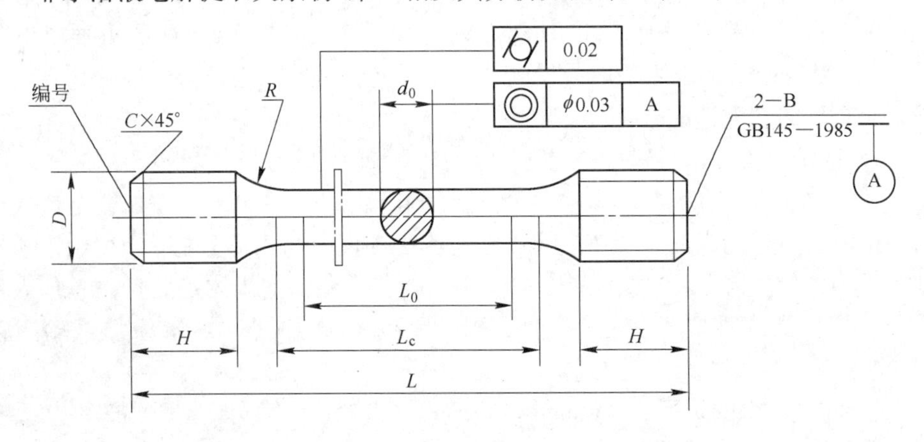

图 4-6　拉伸试样图

（d_0 = 10mm；L_0 = 50mm；L_c = 60mm；R = 8mm；L 根据夹持头长度而定，114mm；夹头直径 D = 16mm；夹头长度 H = 20mm）

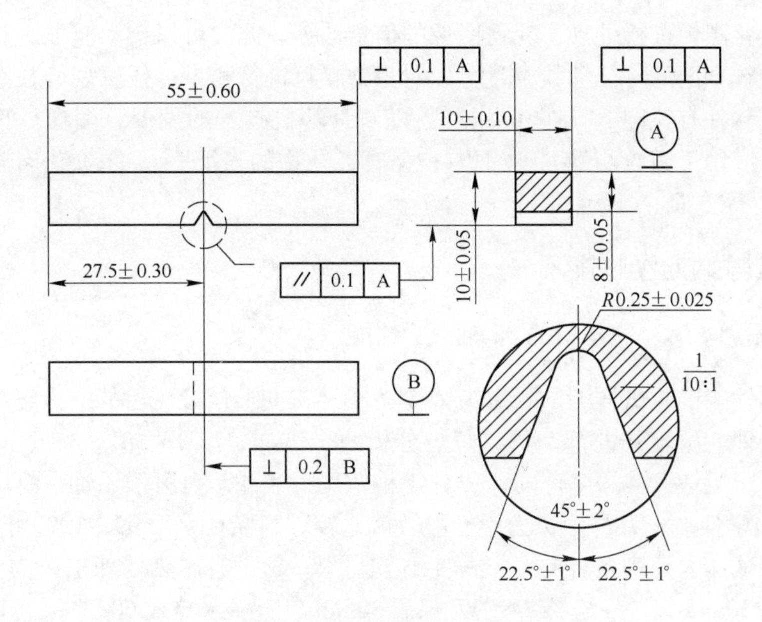

图 4-7 标准夏比 V 形缺口冲击试样图

钢的组织观察采用光学显微镜（OM）、扫描电镜（SEM）观察钢的组织。试验中钢（35 钢、55SiMnMo 钢）的组织样品有两种：一是铸态组织；二是锻后空冷组织。样品处理方法为：首先将试样线切割成 ϕ12mm×12mm 的小圆柱，磨平抛光，然后用 4% 硝酸酒精溶液进行腐蚀，腐蚀时间 5s 左右。

夹杂物的图像分析法。图像分析法是基于几何学、体视学理论开发出来的定性和定量研究颗粒尺寸和形状的方法。在材料科学、矿物学等领域已有深入应用。优点是可对多幅图像中的大量粒子进行测量、统计，方便而又较准确地得到粒径分布。根据体视学原理，从二维截面上获得的普适参数来表征三维立体显微组织结构有 Delesse 定律体视关系[19]。

$$V_V = A_A \tag{4-4}$$

式中 V_V——体积密度（单位体积中某种相的体积）；

A_A——面积分数（单位测试面积中该相的总截面积）。

式（4-4）说明面积分数实际上是体积密度的无偏期望值，显然这是大量数据的统计结果，只有从二维平面上取得足够多的数据时，面积分数才能接近于体积分数。因此，足够多的二维数据是结果真实性的保证。

图像分析法通常采用灰度或形状分析法，包括图像的获取和处理两个过程。图像常用电子显微镜和光学显微镜观察拍摄获得。图像处理一般由以下几个步骤组成：（1）灰度图像二值化；（2）图像中待研究颗粒的提取；（3）图像转换和降噪；（4）图像分割；（5）图像编辑；（6）图像测量和计算。采用图像处理软件对数值化图像进行处理，获得图像的信息数据。此法可以自动获取颗粒的个数和每个颗粒全面的特征参数，且可以对每个颗粒进行测量，任意划分粒级进行分析。公共软件有美国 NIH 的 Image J。随着计算机技术的发展，图像处理技术已经被广泛应用于微粒测量[20]、钢中非金属夹杂物的表征[21]、评价花岗岩结构特征描述[22]等方面。

4.3 试验钢力学性能

4.3.1 添加 Al_2O_3 纳米粉的 35 钢力学性能

力学性能试验试样测试状态为铸锭经 82.4% 变形量锻压后的空冷组织，试样未经热处理。试验共进行 5 炉，每炉分析两个试样，取平均值。35 钢的主要化学元素成分见表 4-4，符合国标成分规格范围。表 4-5 列出了添加 Al_2O_3 纳米粉 35 钢的力学性能，并与国标力学性能数值比较。国标 GB/T 699—1999 推荐 35 钢力学性能试样的处理条件是：试样毛坯尺寸 25mm，毛坯热处理工艺为 870℃正火 + 保温 30min 以上 + 空冷、850℃保温 30min 以上 + 水淬或 600℃保温 60min 以上 + 回火处理。

表 4-4 35 钢的化学成分 （%）

元 素	C	Si	Mn	P	S
试验 35 钢	0.35	0.27	0.66	0.016	0.006
国标 35 钢	0.32 ~ 0.39	0.17 ~ 0.37	0.50 ~ 0.80	≤0.035	≤0.035

表 4-5 添加 Al_2O_3 纳米粉 35 钢力学性能与国标比较

指 标	屈服强度 σ_s/MPa	抗拉强度 σ_b/MPa	伸长率 δ_5/%	冲击功 A_{KU2}/J
添加 0.02% Al_2O_3	460	650	30	102
国标数值	315	530	20	55
指标平均增量	46.0%	22.6%	50.0%	85.5%

从力学性能数值可知，添加 Al_2O_3 纳米粉 35 钢的锻压后空冷态（未经热处理）试样的各项力学性能远高于按国标规定热处理后的 35 钢试样的力学性能。添加纳米粉 35 钢的屈服强度（σ_s）和抗拉强度（σ_b）分别比国标性能提高了 46.0% 和 22.6%，伸长率（δ_5）提高了 50.0%，冲击功（A_{KU2}）增加了 85.5%。冲击功是代表材料韧性的一个指标，是强度和塑性的综合性能体现。本试验中材料的强度和塑性都有较大提高，因此材料的韧性大幅提高。

可以推断，如果添加 Al_2O_3 纳米粉的 35 钢经过国标规定的热处理工艺进行热处理后，钢材的综合力学性能将更好。可见，添加 Al_2O_3 纳米粉对 35 钢的力学性能的提高有利。

4.3.2 添加 Al_2O_3 纳米粉的55SiMnMo钢力学性能

试验对比分析了添加和未加 Al_2O_3 纳米粉的55SiMnMo钢的力学性能。力学性能测试状态为铸锭经82.9%变形量锻压后的空冷组织，试样未经热处理。55SiMnMo钢主要合金元素含量见表4-6。未添加和添加 Al_2O_3 纳米粉钢各试验生产了10炉，每炉取2个试样进行分析，统计其平均值。试验55SiMnMo钢的常规力学性能见表4-7。

表4-6 55SiMnMo钢的主要合金元素含量 (%)

元素	C	Si	Mn	P	S	Mo
成分范围	0.568～0.582	1.06～1.12	1.00～1.08	0.025	0.011	0.43
国标成分	0.50～0.60	1.10～1.40	0.60～0.90	≤0.030	≤0.030	0.40～0.55

表4-7 添加与未加 Al_2O_3 纳米粉55SiMnMo钢的力学性能比较

指标	屈服强度 σ_s/MPa	伸长率 δ_5/%	冲击韧性 A_{KU2}/J
未加 Al_2O_3	880～920	4.0～6.0	20～28
添加0.02% Al_2O_3	1020～1100	7.0～9.0	45～48
指标平均增量	17.8%	60.0%	93.8%

从表中性能数值可以看出，添加 Al_2O_3 纳米粉55SiMnMo钢的锻后空冷态试样的各项力学性能比未加纳米粉钢有较大提高，屈服强度（σ_s）提高了17.8%，伸长率（δ_5）提高60.0%，冲击功（A_{KU2}）提高93.8%，钢材的综合性能有很大提高。

4.3.3 添加TiN纳米粉的55SiMnMo钢力学性能

试验对比分析了添加和未加TiN纳米粉的55SiMnMo钢的力学性能，测试状态为铸锭经82.9%变形量锻压后的空冷组织，试样未经热处理。添加和未加TiN纳米粉钢各试验生产了10炉，每炉取2个试样进行分析，统计其平均值。试验55SiMnMo钢的常规力学性能见表4-8。添加TiN纳米粉的55SiMnMo钢的屈服强度比未加纳米粉钢提高了10.0%。与添加 Al_2O_3 纳米粉的55SiMnMo钢相比，添加TiN对55SiMnMo钢性能提高不明显，仅有屈服强度得到提高。

表4-8 添加TiN纳米粉的55SiMnMo钢的力学性能

指标	屈服强度 σ_s/MPa	伸长率 δ_5/%	冲击韧性 A_{KU2}/J
未加TiN	880～920	4.0～6.0	20～28
添加0.02% TiN	940～1040	4.0～5.0	20～24
指标平均增量	10.0%	0.0%	0.0%

材料的结构决定性能，钢的力学性能与钢的组织以及钢中的第二相（包括夹杂物）的变化、改善有密切关系。加入纳米粉后，钢的组织以及夹杂物产生了怎样的变化？以下将从这两个方面的变化探求钢力学性能提高的机制。

4.4 试验钢的组织观察

4.4.1 铸态组织

4.4.1.1 未加与添加纳米 Al_2O_3 的 35 钢的铸态组织

图 4-8 是未加 Al_2O_3 纳米粉的 35 钢铸锭试样的光学显微（OM）组织图像。钢的铸态室温组织由珠光体（P）和先共析铁素体（α）组成。图中明显的呈白色线条状组织为铁素体，是高温奥氏体（γ）在冷却过程中在原奥氏体晶界上先析出的。随着温度降低，高温奥氏体产生共析转变，室温下观察到在原奥氏体晶粒范围内组织全部由铁素体和珠光体构成，白色线条状铁素体包围的粗大晶粒大小就相当于原高温奥氏体晶粒大小。根据 Fe-C 相图和杠杆定律计算，35 钢的室温组织中铁素体和珠光体含量分别为 56.13% 和 43.87%。

图 4-8 未加 Al_2O_3 纳米粉 35 钢铸态试样光学显微组织

图 4-9 是添加 Al_2O_3 纳米粉的 35 钢铸态试样光学显微组织图像。室温组织也

图 4-9 添加 Al_2O_3 纳米粉 35 钢铸态试样光学显微组织

是由铁素体和珠光体组成，与未加纳米粉35钢的组织类型相同（与图4-8比较），两种组织的含量比例同上。

对比图4-8和图4-9来看，未加与添加 Al_2O_3 纳米粉35钢的组织类型没有明显变化，均由 $\alpha + P$ 构成，外加纳米粒子对35钢的铸态组织类型没有改变作用。至于铁素体或者珠光体的显微结构大小及其变化，从光学照片无法准确分析和比较，需用SEM做细致观察。

4.4.1.2 未加与添加 Al_2O_3 或TiN纳米粉的55SiMnMo钢的铸态组织

图4-10为未加纳米粉的55SiMnMo钢的铸态室温组织光学显微照片[23]。从图可以看到，组织主要是在原高温奥氏体内形成的大量针状贝氏体（B）和铁素体（α）组成。每个针状单体贝氏体组织尺寸较为粗大，大部分宽度为4~8μm、平均长度范围为60~100μm。另外注意到，在基体中分布有一定量的非金属夹杂物，夹杂物的大小不一，尺寸在4~15μm之间，分布在原奥氏体的晶界或晶内。

根据Fe-C相图可知，对于含C量约在0.55%（大于包晶点0.53%）的钢，其初生相大部分为奥氏体相。随着温度降低，转变成为完全奥氏体，当温度进一步降低时，奥氏体先析出α铁素体，最后发生共析转变成为贝氏体组织。与35钢的奥氏体共析转变不同的是，55SiMnMo钢最后共析转变生成许多的贝氏体组织，原因主要在于钢中Mo和Mn元素增大了奥氏体的稳定性，导致CCT曲线右移，因而将连续冷却速度推移至贝氏体转变速度区间，从而奥氏体发生贝氏体转变。由图4-10可知，该钢凝固是室温时共析出大量的贝氏体。根据杠杆定律估算，55SiMnMo钢室温组织中铁素体和贝氏体含量分别为29.4%和70.6%。

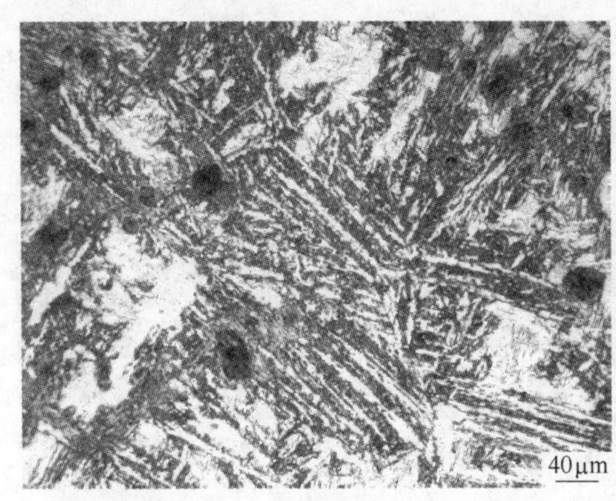

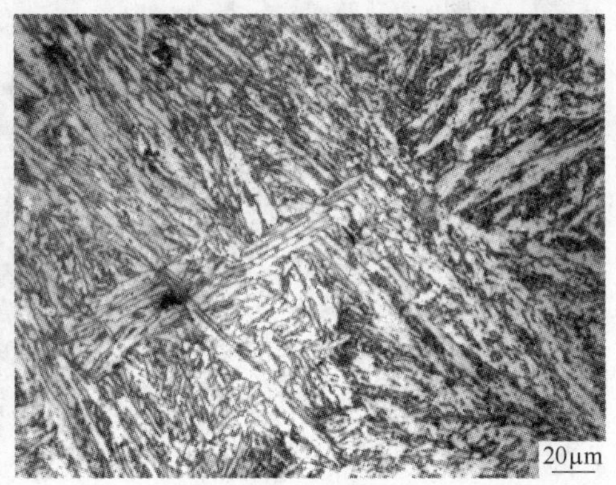

图4-10 未加纳米粉55SiMnMo钢铸态试样光学显微组织

图4-11为添加 Al_2O_3 纳米粉55SiMnMo钢铸态组织光学显微照片[24]，可以看出室温铸态组织也是由针状贝氏体和铁素体构成，两种组织的含量与前述相同。从贝氏体单体的大小来看，比未加 Al_2O_3 纳米粉的55SiMnMo钢的贝氏体略显细

小，大部分宽度范围为 2 ~ 4μm、长度范围为 40 ~ 80μm。另外注意到，在基体奥氏体的晶界或晶内分布有许多细小的非金属夹杂物，夹杂物大小为 1 ~ 8μm。与未加纳米粉钢中的夹杂物相比（图 4-10 中的夹杂物），此处夹杂物的尺寸明显较为细小。

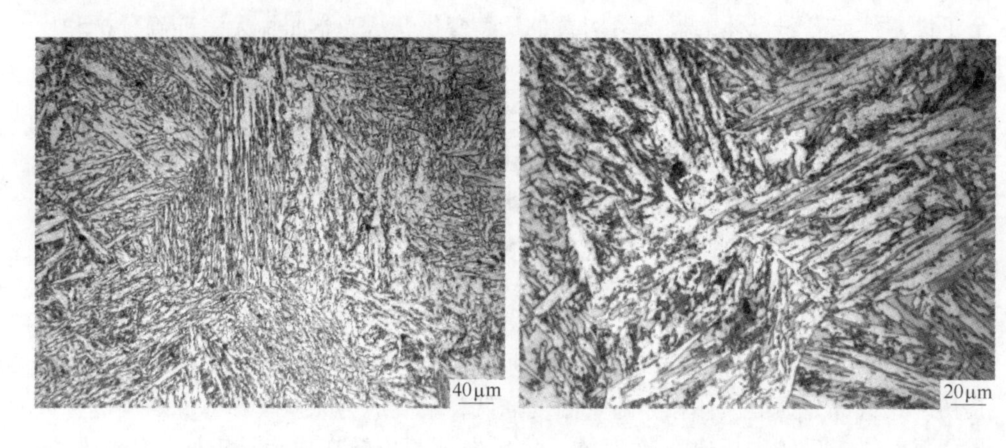

图 4-11　添加 Al_2O_3 纳米粉 55SiMnMo 钢铸态试样光学显微组织

图 4-12 为添加 TiN 纳米粉 55SiMnMo 钢铸态组织光学显微照片[23]，组织由针状贝氏体和铁素体组成，两种组织的含量与前述相同。单体 B 结构的宽度范围在 2 ~ 6μm 之间，长度范围为 40 ~ 60μm。与未添加纳米粉钢相比，贝氏体组织有一定程度的细化。

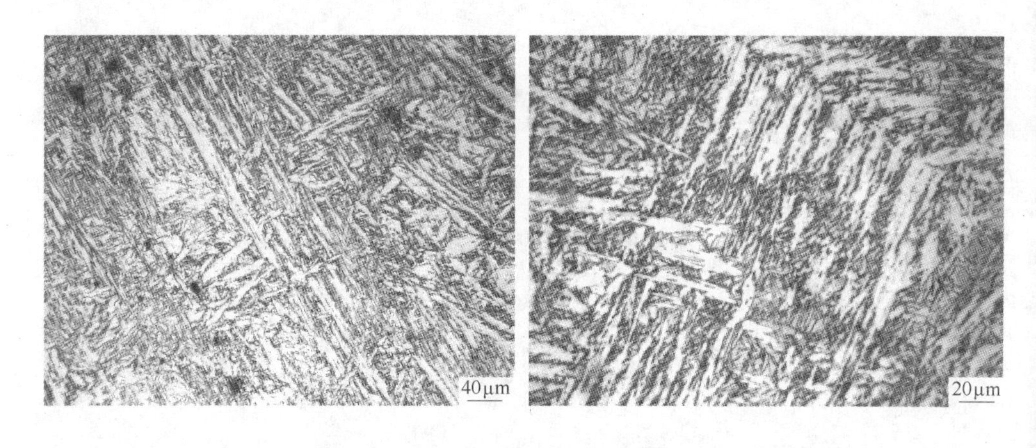

图 4-12　添加 TiN 纳米粉 55SiMnMo 钢铸态试样光学显微组织

比较图 4-10、图 4-11 和图 4-12 可知，添加纳米 Al_2O_3 或 TiN 的 55SiMnMo 钢与未加纳米粉 55SiMnMo 钢的室温铸态组织的类型相同，均由贝氏体和铁素体组成，纳米粉对 55SiMnMo 钢的铸态组织类型没有改变作用。从组织大小变化来看，添加纳米粉钢中贝氏体组织有一定程度的细化，针状贝氏体宽度和长度均有一定程度的减小，可能在于纳米粉对钢液结晶过程起到了一定的异质核心作用。

4.4.2 锻后空冷组织

图4-13为未加 Al_2O_3 纳米粉 55SiMnMo 钢锻后空冷态组织的光学照片。锻后空冷态组织仍是由针状贝氏体和铁素体组成，另外混合有部分的珠光体和铁素体组织。铸锭经锻压变形后，变性量为82.9%，奥氏体经过充分再结晶形核，导致转变新生成的贝氏体组织变得十分细小。每个针状贝氏体结构的宽1~2μm、长10μm左右。

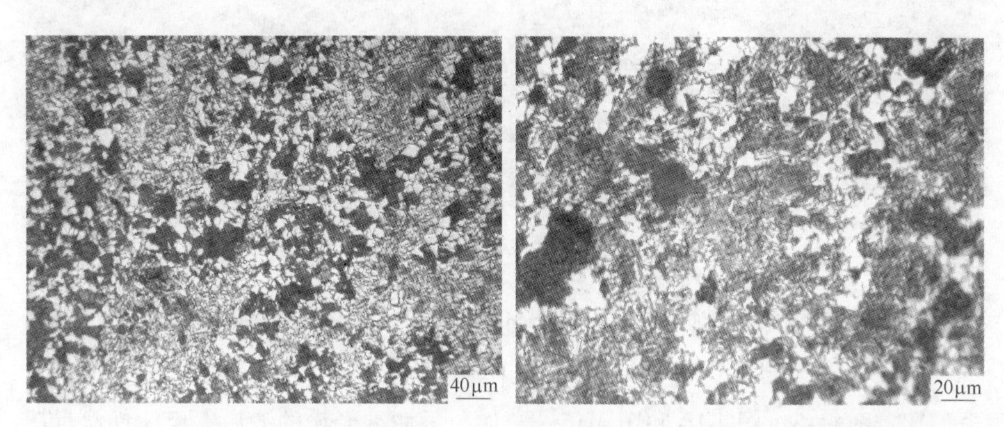

图4-13 未加纳米粉 55SiMnMo 钢锻后空冷态试样光学显微组织

图4-14为添加 Al_2O_3 纳米粉 55SiMnMo 钢锻后空冷态组织图像，主要为贝氏体和铁素体。经锻压空冷后，针状贝氏体变得十分细小，估算每个针状贝氏体结

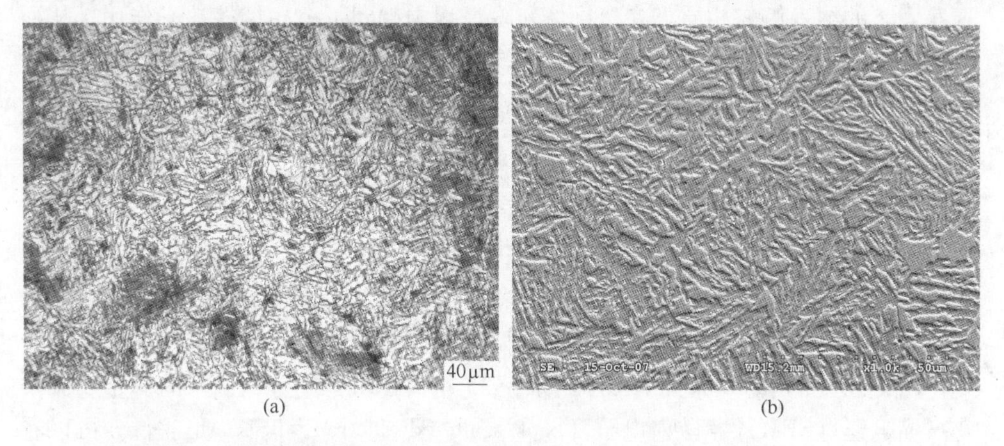

(a) (b)

图4-14 添加 Al_2O_3 纳米粉 55SiMnMo 钢的锻后空冷态试样显微组织

(a) OM 组织；(b) SEM 组织

构宽 1 ~2μm、长 10μm 左右。与未添加 Al_2O_3 纳米粉锻后钢中部分细小贝氏体（图 4-14 中部分细小贝氏体）相比，大小基本相同。

图 4-15 为添加 TiN 纳米粉 55SiMnMo 钢锻后空冷态试样显微组织图像，主要为贝氏体和铁素体。经过锻压后，针状贝氏体组织变得十分细小，贝氏体的宽度为 1 ~2μm、长度为 10μm 左右。

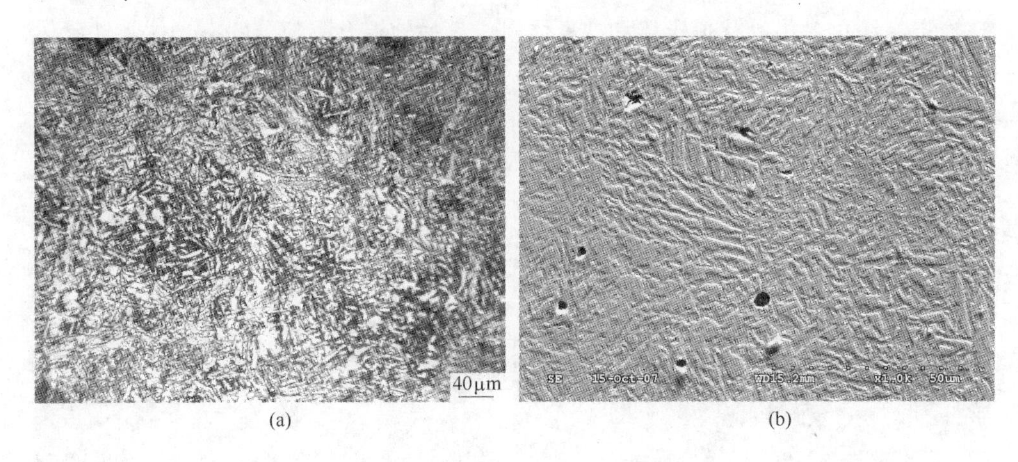

(a) (b)

图 4-15 添加 TiN 纳米粉 55SiMnMo 钢锻后空冷态试样显微组织

（a）OM 组织；（b）SEM 组织

比较图 4-13、图 4-14 和图 4-15，未加与添加纳米粉的锻后态组织针状贝氏体大小基本相同，没有明显变化。另外注意到，添加纳米粉的钢锻后空冷组织中，没有出现珠光体，说明纳米粉在过冷奥氏体转变过程中起了一定作用，作用机理有待于进一步深入研究。在奥氏体温度下，存在大量未溶的外加纳米粒子，这些固态的纳米第二相质点在奥氏体转变过程中起到了新相形核核心作用，从而加速奥氏体转变过程，但是转变造成组织的这种变化机理目前没有搞清楚，须待做进一步的试验分析。纳米粒子对组织产生的这种影响，对提高钢的性能起到一定作用。

4.5 钢中的夹杂物分析

4.5.1 35 钢中的夹杂物分析

4.5.1.1 未加 Al_2O_3 纳米粉 35 钢中夹杂物

图 4-16（a）是从未加 Al_2O_3 纳米粉 35 钢铸锭试样中分离出来的非金属夹杂物扫描电镜（SEM）背散射电子（back-scattered electron，BSE）形貌像。可以看出，夹杂物主要呈不规则状，大部分尺寸在 50 ~100μm 之间，少数夹杂物尺寸大于 100μm。图 4-16（b）为夹杂物的能谱分析情况，从分析结果看，夹杂物主

要由 O、Mg、Si、S、Ca、Al 元素组成。根据表 4-9 中夹杂物所含元素的平均含量推断，夹杂物主要由简单氧化物（MgO、SiO_2、CaO、FeO 等）、不规则状硅酸盐及少量铝硅酸盐等复合夹杂物组成。

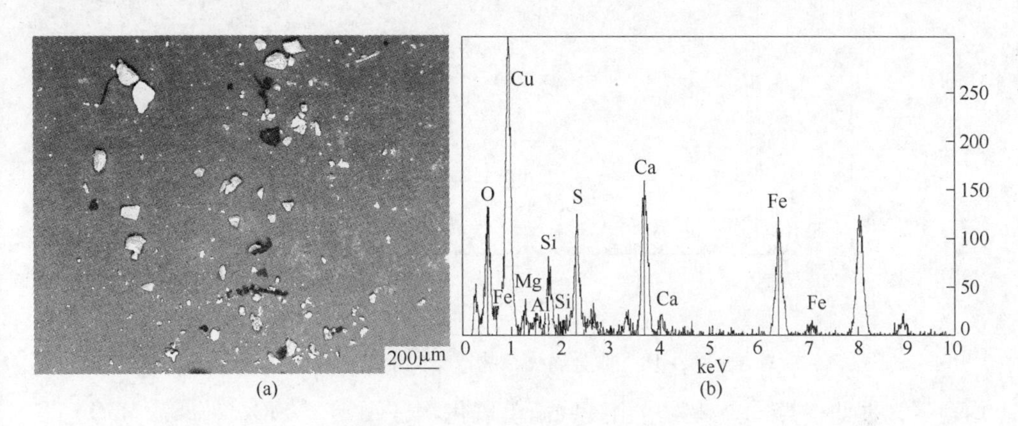

图 4-16　未加纳米粉的 35 钢铸锭中分离出来的夹杂物 SEM 形貌及能谱图
（a）SEM 形貌；（b）能谱图

表 4-9　非金属夹杂物中各元素平均含量　（%）

元　素	O	Mg	Al	Si	S	Ca	Fe
含　量	52.58	2.83	2.01	4.55	6.43	11.83	19.77

4.5.1.2　添加 Al_2O_3 纳米粉 35 钢中夹杂物

图 4-17 是从添加 Al_2O_3 纳米粉 35 钢铸锭试样中提取的非金属夹杂物的 SEM 形貌像，夹杂物主要有不规则状和球状两类，大部分尺寸在 10～50μm 之间，极少不规则状夹杂物尺寸大于 100μm（可能来源于炉衬耐火材料）。从图 4-18 能谱分析看，夹杂物主要由 O、Al、Si、Ca、Ti、Mn 元素组成。表 4-10 是各元素平

图 4-17　从添加 Al_2O_3 纳米粉 35 钢铸锭中提取的非金属夹杂物 SEM 照片

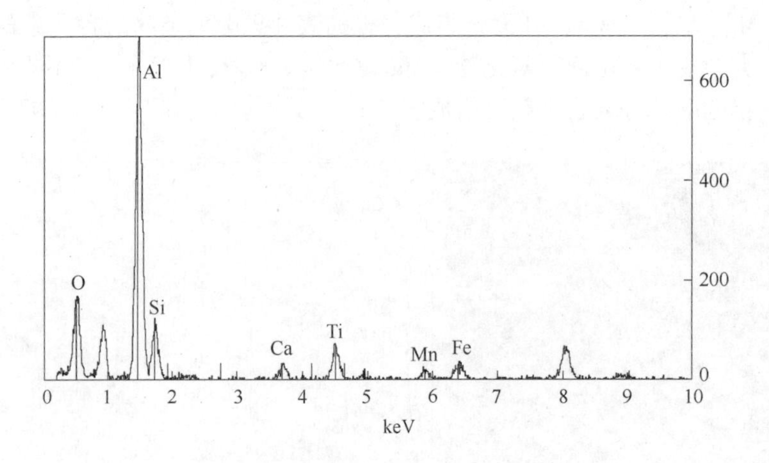

图 4-18 非金属夹杂物成分的能谱分析

均含量，据此推算，夹杂物应由一些简单氧化物（Al_2O_3、SiO_2、FeO、MnO）和复合硅酸盐、铝硅酸盐等组成，与未加纳米粉 35 钢中夹杂物类型基本相同。

表 4-10 非金属夹杂物中各元素含量 （%）

元 素	O	Al	Si	Ca	Ti	Mn	Fe
含 量	48.31	32.80	6.85	1.57	4.78	1.95	3.74

图 4-19 为几类球形非金属夹杂物的 SEM 形貌像。从夹杂物球的表面看，有表面呈光滑均匀的灰色球体（A 标记）、表面带暗斑点分布的球体（B 标记）以及表面光滑均匀的暗黑色球体（C 标记）三类，三种球状夹杂物尺寸均在 15 ~ 20μm 之间；还有一类尺寸更小，尺寸在 3 ~ 10μm 之间，表面为光滑白色（D 标记）。能谱显示，A、B、D 三种球形夹杂物主要成分是铝硅酸盐，表面不同在于元素含量不同导致。C 标记夹杂物属于硅酸盐类，含 Al 极少，形状呈球状也很少，大部分呈不规则状。

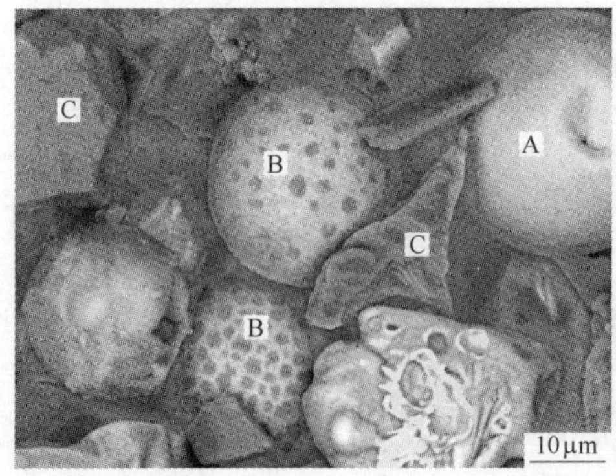

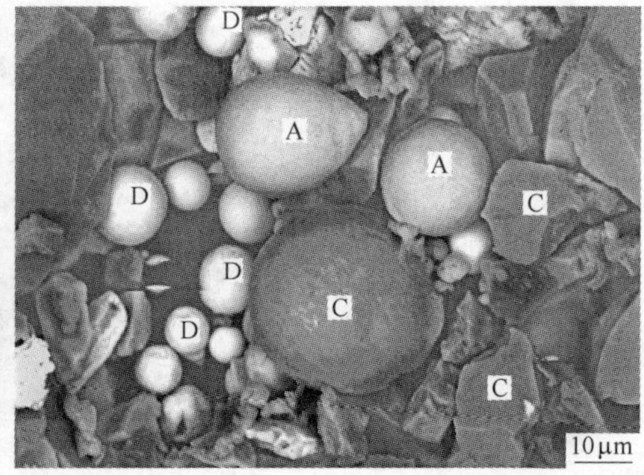

图 4-19 球形非金属夹杂物的 SEM 照片

图4-20为图4-17所示夹杂物中不规则状的纯 Al_2O_3 夹杂形貌及能谱分析，这类夹杂物从形貌上看与不规则状硅酸盐相同，难以区分；对大部分不规则状夹杂物进行逐一能谱分析发现，这类纯 Al_2O_3 夹杂物较少，大部分是硅酸盐类夹杂。从尺寸大小及形貌判断，这类氧化铝夹杂物不是来自外加的纳米颗粒，在未添加 Al_2O_3 纳米粉35钢中也存在这类夹杂物。

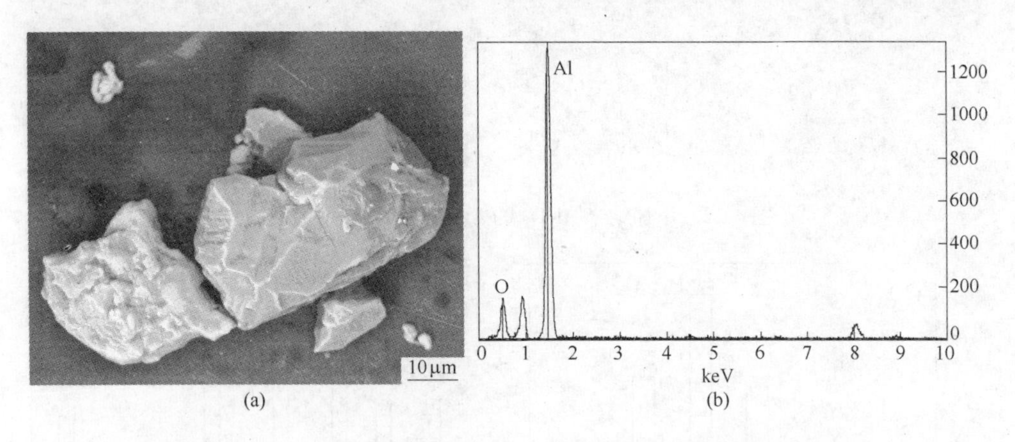

图4-20 图4-17中不规则状纯 Al_2O_3 夹杂物放大形貌及能谱分析图

（a）Al_2O_3 夹杂物放大形貌；（b）Al_2O_3 夹杂物能谱图

4.5.1.3 夹杂物的大小、形貌与成分对比分析

利用图像分析软件 Image J 对未加与加纳米 Al_2O_3 的35钢金相试样中夹杂物尺寸进行对比分析。在SEM下任选四个视场，拍摄四张金相面上的夹杂物照片（图4-21和图4-22），采用NIH图像分析软件 Image J 处理，得到未加与添加纳米粉35钢铸态试样中夹杂物尺寸及分布情况。

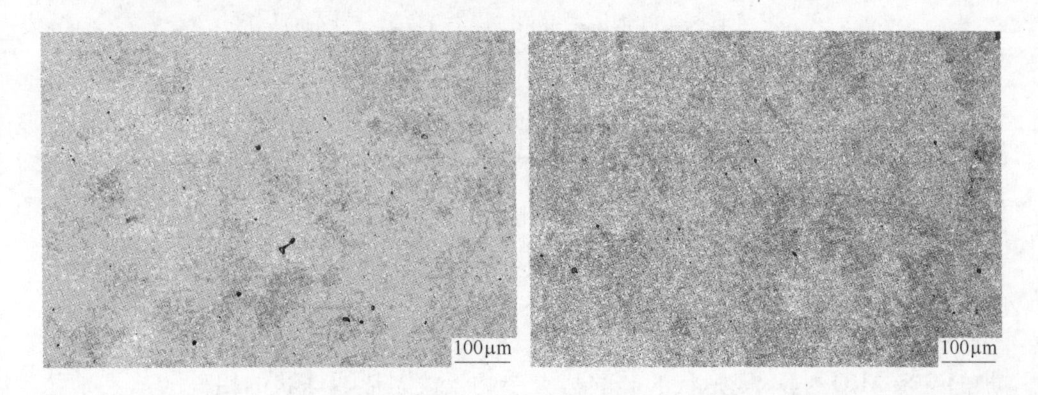

图4-21 未加纳米粉35钢金相试样中夹杂物

夹杂物尺寸及其分布分析结果如图4-23所示。可以看到，添加纳米 Al_2O_3 钢金相面上夹杂物尺寸有所减小，大部分在4μm左右；未加纳米粉钢中夹杂物尺

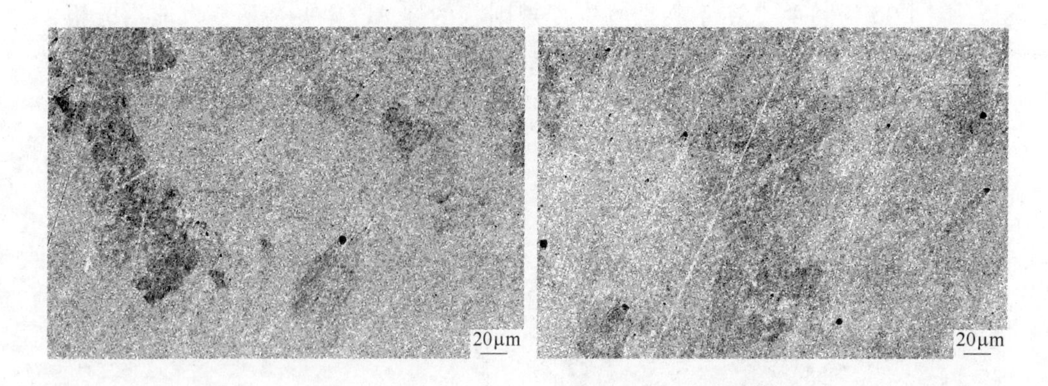

图 4-22　添加纳米 Al_2O_3 的 35 钢金相试样中夹杂物

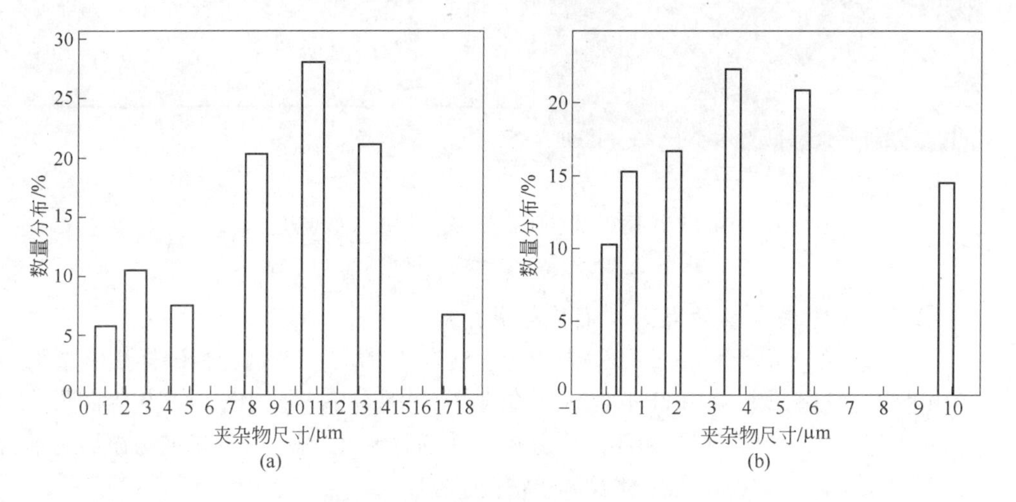

图 4-23　35 钢铸态金相试样上夹杂物尺寸分布
（a）未加 Al_2O_3；（b）添加 Al_2O_3

寸多在 11μm 左右。金相面上夹杂物的分布由于带有随机性特点，一个金相面上无法显示所有夹杂物种类及其整体形貌，所以只有统计的金相面视场越多，结果才越准确。本试验统计出来的夹杂物比电解分离出来的夹杂物尺寸普遍偏小。当统计面不是很多时，采用该法表征夹杂物的实际尺寸准确度较低，但可以反映出添加纳米粉后，钢中夹杂物细化的趋势。

从前文的分析注意到，添加纳米 Al_2O_3 的钢中出现部分球状夹杂物，应是外加的纳米 Al_2O_3 与不规则状的硅酸盐夹杂物反应，形成球状的铝硅酸盐夹杂物（图 4-19 中的 A、B、D 标记的球状夹杂物）。根据图 4-24 所示 SiO_2-CaO-Al_2O_3 三元相图，当 Al 含量较低时，硅酸盐夹杂物主要以假硅灰石（CaO · SiO_2）或者硅钙石（3CaO · $2SiO_2$）形式存在；随着 Al 含量不断提高，夹杂物化学成分由假硅

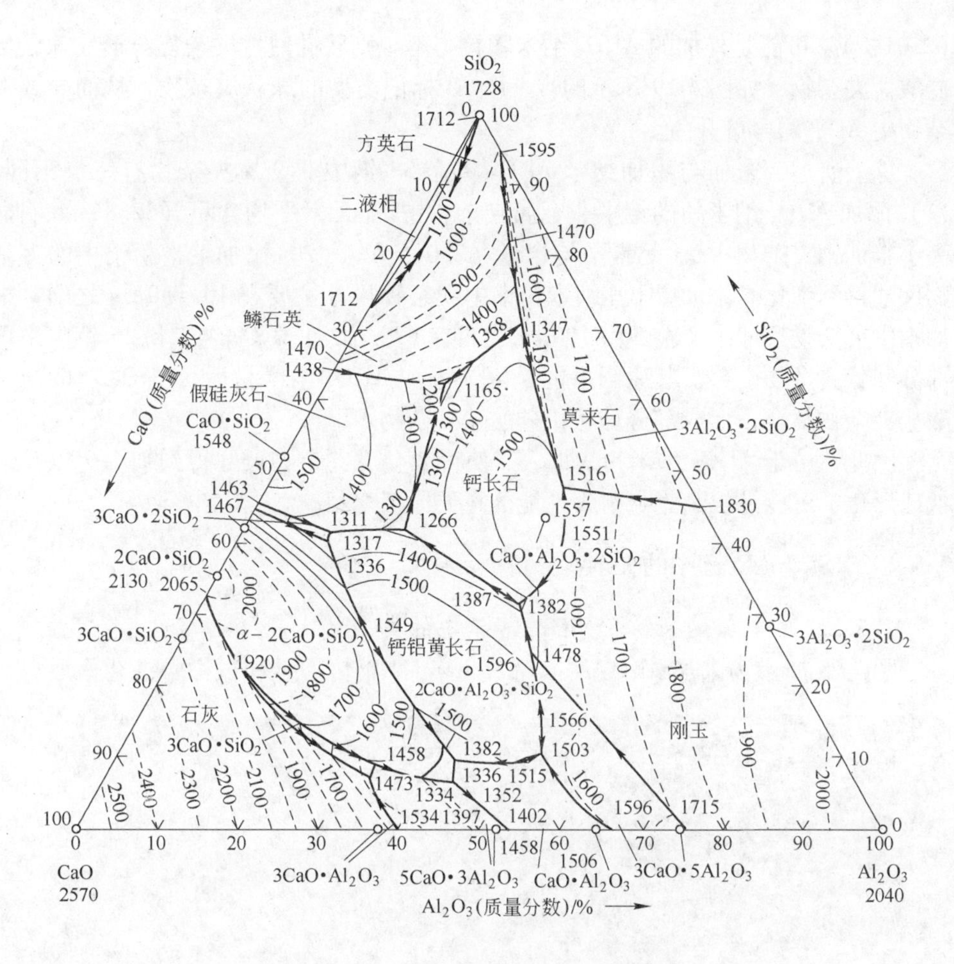

图 4-24 SiO_2-CaO-Al_2O_3 三元相图

灰石或硅钙石逐渐向钙长石（$CaO \cdot Al_2O_3 \cdot 2SiO_2$）或钙黄长石（$2CaO \cdot Al_2O_3 \cdot SiO_2$）转变。夹杂物化学成分发生的这种转变必然导致其熔点下降，在炼钢温度下呈液态，容易形成球状夹杂物。

本试验通过在电炉氧化期结束时（还原期之前）在钢液中添加 Al_2O_3 纳米粒子，粒子可能存在两种行为：（1）在还原期脱氧过程中夹杂物形成时起到形核核心作用，从而使原本低 Al 含量时生成的 Si-Ca 系氧化物夹杂物转变成为 Si-Ca-Al 系氧化物夹杂物；（2）实际冶炼过程中，钢液脱氧及夹杂物形成过程是一个非平衡态的复杂热力学和动力学过程，夹杂物的形成过程往往取决于钢液局部区域中的热、动力学因素，外加纳米 Al_2O_3 粒子在某些局部区域也可能被 Si、Mn 等脱氧剂还原，从而 Al 以原子状态进入钢液、夹杂物中或重新发生脱氧反应形成新夹杂物。

另外，从夹杂物元素的平均含量可以看出：添加 Al_2O_3 纳米粉 35 钢中的夹杂物中 Al 平均含量（32.8%）明显高于未加纳米粉钢中夹杂物中 Al 平均含量

(2.01%)。可能是外加的 Al_2O_3 纳米颗粒与不规则状硅酸盐夹杂复合形成球状铝硅酸盐夹杂物，如图 4-19 所示的 A、B、D 标记类型的球状夹杂物，从而导致夹杂物中 Al 平均含量升高。

综上所述，未加与添加纳米 Al_2O_3 铸态 35 钢中非金属夹杂物有三点不同：(1) 添加 Al_2O_3 纳米粉的钢中非金属夹杂物中 Al 元素平均含量（32.8%）明显高于未加钢夹杂物中 Al 元素平均含量（2.01%）。(2) 添加纳米粉钢中的夹杂物尺寸得到细化。添加 Al_2O_3 纳米粉钢中夹杂物尺寸主要在 10～50μm 之间，未加钢中夹杂物尺寸主要在 50～100μm 之间。(3) 添加 Al_2O_3 纳米粉 35 钢中出现部分球状夹杂物。分析其原因可能是因为添加 Al_2O_3 纳米粉后，Al_2O_3 可能与硅酸盐夹杂物复合，形成部分球状铝硅酸盐夹杂物。

因此，由于 Al_2O_3 纳米粉的加入，使得非金属夹杂物尺寸得到细小化以及形状球形化，可能是提高钢材力学性能的重要原因之一。

4.5.2　55SiMnMo 钢中的夹杂物分析

4.5.2.1　未加纳米粉 55SiMnMo 钢中的夹杂物

图 4-25 所示为未加 Al_2O_3 纳米粉 55SiMnMo 钢铸态金相试样中夹杂物形貌及

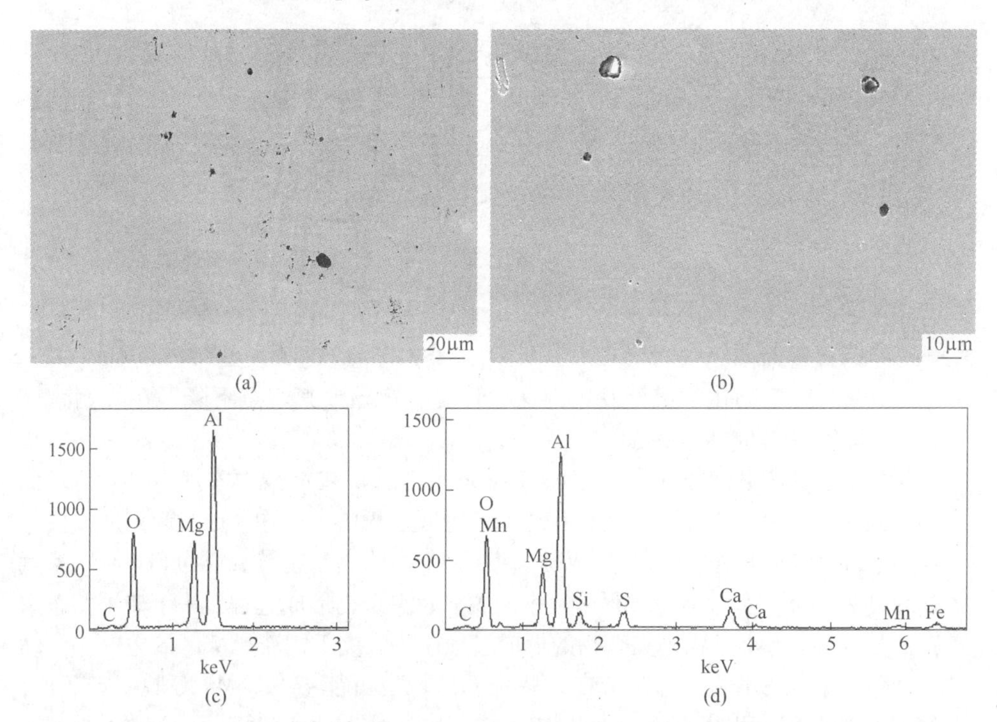

图 4-25　未加纳米粉 55SiMnMo 铸态金相试样夹杂物形貌及能谱分析图

(a),(b)金相面夹杂物；(c),(d) 能谱图其组成分析。在图所示两个金相面中，夹杂物的线度尺寸基本在5～10μm之间。夹杂物的主要由Al、O、Si、Mn、Mg、S、Ca等元素组成，按照表4-11夹杂物中元素含量推算，夹杂物可能是镁铝尖晶石（$MgAl_2O_4$）型、铝硅酸盐、Al_2O_3、MnS及CaO等复合夹杂物组成。

表4-11 夹杂物中元素平均含量 （%）

元 素	O	Si	Al	Mg	Ca	S	Mn
质量分数	52.38	2.44	24.47	8.16	6.53	2.98	3.04
摩尔分数	66.61	1.77	18.45	6.83	3.32	1.89	1.13

4.5.2.2 添加Al_2O_3纳米粉55SiMnMo钢中的夹杂物

图4-26是添加Al_2O_3纳米粉55SiMnMo钢铸态金相试样中的夹杂物及能谱SEM分析。从线度尺寸看，大部分夹杂物大小为1～2μm，明显小于图4-25中夹杂物尺寸。同时，对比图4-25与图4-26还可以看到，在相同大小的视场范围内，添加Al_2O_3纳米粉钢中夹杂物的个数明显增加。从成分看，夹杂物主要由Al、O、Mn、Mg、S、Si、Ca等元素组成，与未加纳米粉钢中夹杂物成分基本一致（表4-12和表4-13），但是有部分夹杂物中Al含量有较明显提高，如图4-26（c）中夹杂物Al含量达36.10%。

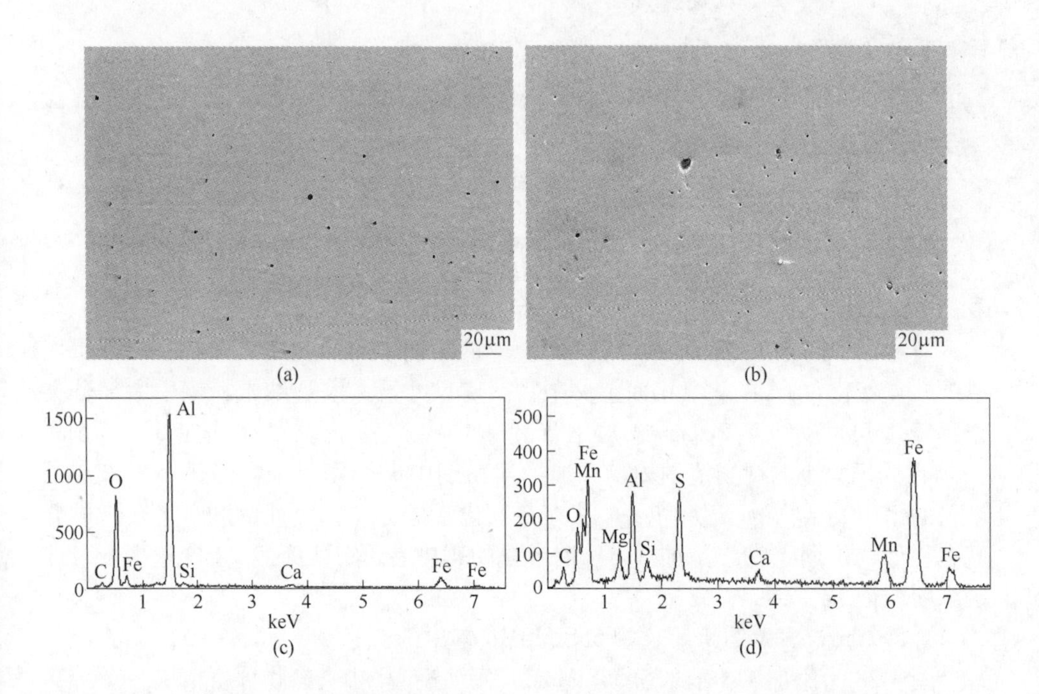

图4-26 添加Al_2O_3纳米粉55SiMnMo钢铸态试样中的夹杂物形貌及能谱分析图

(a),(b)金相面夹杂物；(c),(d)能谱图

表 4-12 图 4-26（c）中夹杂物元素平均含量 （%）

元素	O	Si	Al	Ca
质量分数	62.18	0.84	36.10	0.88
摩尔分数	73.66	0.57	25.36	0.41

表 4-13 图 4-26（d）中夹杂物元素平均含量 （%）

元 素	O	Si	Al	Mg	Ca	S	Mn
质量分数	34.84	2.52	12.58	3.98	3.04	15.38	27.40
摩尔分数	54.97	2.26	12.02	4.13	1.91	12.11	12.59

图 4-27 中的较大颗粒夹杂物为镁铝尖晶石（$MgAl_2O_4$）型夹杂物，线度尺寸在 8μm 左右。这种夹杂物在未添加 Al_2O_3 纳米粉的钢中也存在，同图 4-25（c）夹杂物成分。

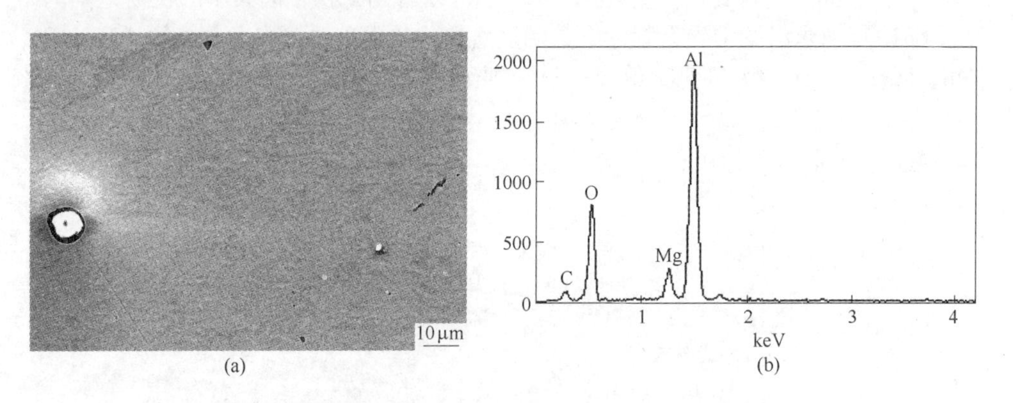

图 4-27 添加 Al_2O_3 纳米粉铸态 55SiMnMo 钢中的 $MgAl_2O_4$ 夹杂物形貌及能谱分析图
（a）$MgAl_2O_4$ 夹杂物形貌；（b）$MgAl_2O_4$ 夹杂物能谱图

对比添加与未加 Al_2O_3 纳米粉的 55SiMnMo 钢中的非金属夹杂物，可以得出以下几点变化：（1）从金相面上夹杂物线度尺寸看，添加纳米粉钢中大部分夹杂物线度尺寸为 1～2μm，未加纳米粉钢中夹杂物的线度尺寸在 5～10μm；（2）在同样大小的视场范围内，添加纳米粉钢中夹杂物的个数明显多于未加纳米粉的钢中夹杂物的个数；（3）从夹杂物化学成分看，两种试样中夹杂物成分基本相似，不同点在于添加 Al_2O_3 纳米粉的钢中有部分夹杂物 Al 含量高于未加纳米粉的钢。

4.5.2.3 添加 TiN 纳米粉 55SiMnMo 钢中的夹杂物

图 4-28 为添加 TiN 纳米粉 55SiMnMo 钢铸态试样中夹杂物分析情况。图 4-28（a）中 A、B 分别标记两类夹杂物。从形貌看，A 标记夹杂物有长条状、方形等，线度尺寸在 500nm～3μm 之间。B 标记夹杂物近似圆形，线度尺寸在

500nm ~ 1.5μm 之间。图 4-28（b）及表 4-14 为 A 标记夹杂物的成分和元素平均含量分析，夹杂物为纯 MnS。图 4-28（c）及表 4-15 为 B 标记夹杂物的成分和元素平均含量，夹杂物由 Ti、N、Mn、S、Si 元素组成，即主要是由 TiN 和 MnS 复合组成。

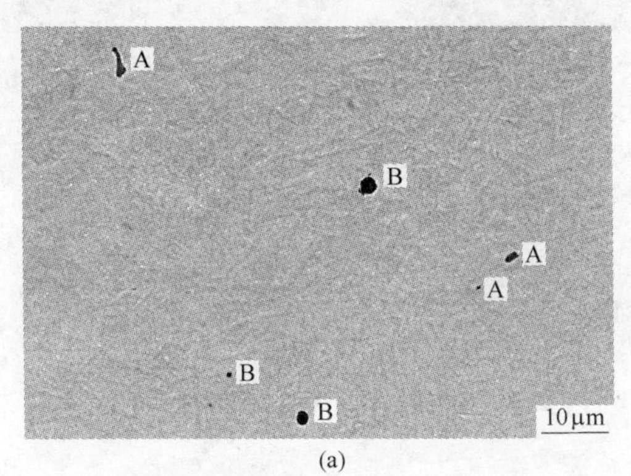

(a)

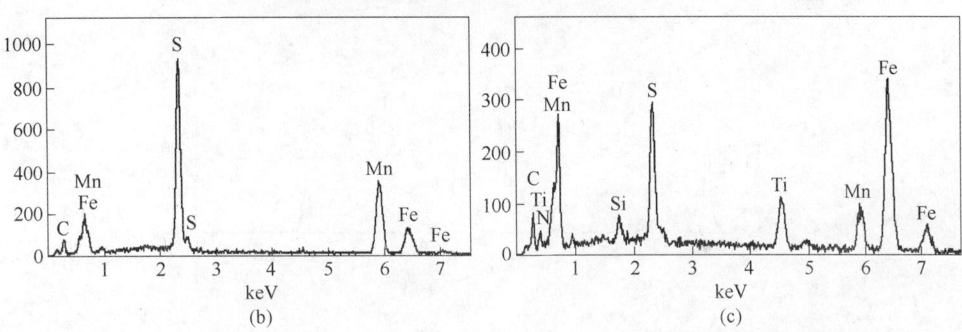

图 4-28 添加 TiN 纳米粉 55SiMnMo 钢铸态试样中夹杂物形貌及能谱分析图

（a）金相面夹杂物；（b）A 标记夹杂物能谱图；（c）B 标记夹杂物能谱图

表 4-14 图 5-28（b）中 MnS 夹杂物中 Mn、S 含量 （%）

元 素	Mn	S
质量分数	66.38	33.62
摩尔分数	53.53	46.47

表 4-15 图 5-28（c）中夹杂物的各元素平均含量 （%）

元 素	N	Si	S	Ti	Mn
质量分数	24.42	1.78	20.29	21.20	32.30
摩尔分数	50.24	1.83	18.24	12.75	16.94

图 4-29 为采用非水电解分离法从添加 TiN 纳米粉 55SiMnMo 铸态钢中提取的

非金属夹杂物的形貌及能谱分析。从能谱分析看夹杂物由 TiN 组成，仅含有极少量 S 元素。从形貌来看，TiN 夹杂物呈立方形（图 4-29（b）），尺寸约 2.5μm，几个立方形烧结链接在一起形成（图 4-29（a）），尺寸约 8μm。

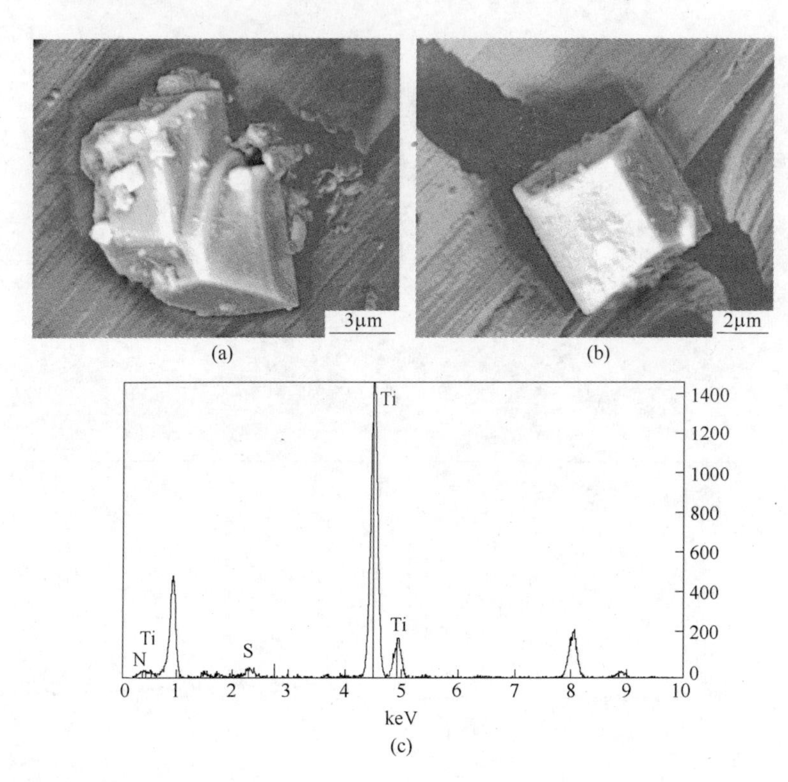

图 4-29 添加 TiN 纳米粉 55SiMnMo 钢铸态试样中提取的夹杂物形貌及能谱分析图
（a）TiN 夹杂物；（b）TiN 夹杂物；（c）能谱图

4.6 纳米粒子在钢中的存在状态

4.6.1 纳米 Al_2O_3 的存在状态

上节分析了未加和添加纳米 Al_2O_3 钢中的夹杂物及其变化情况，有部分 Al_2O_3 纳米粉与夹杂物发生了作用。本节将进一步讨论 Al_2O_3 是如何作用的、在夹杂物中的存在状态如何以及有几种存在方式等。

4.6.1.1 独立方式存在

图 4-30 ~ 图 4-33 分别为添加 Al_2O_3 纳米粉 35 钢中独立形态的 Al_2O_3 分析[24]。图 4-30 是从添加 Al_2O_3 纳米粉 35 钢铸锭试样中提取的细小非金属夹杂物的场发射 SEM 貌像及能谱分析。大多夹杂物尺寸在 100 ~ 800nm 之间，个别尺寸

大于1μm。应提出的是，从照片判断，这些纳米、亚微米级夹杂物产生了一定程度的团聚，但从颗粒间的连接情况判断，这种团聚是夹杂物从钢中提取出来以后在电解液中产生的软团聚。能谱分析表明，夹杂物主要由Al、O元素组成，根据表4-16由原子质量比计算原子个数比得出：Al/O =(49.95/27)/(50.05/16) = 1.77/3，接近Al_2O_3的组成。

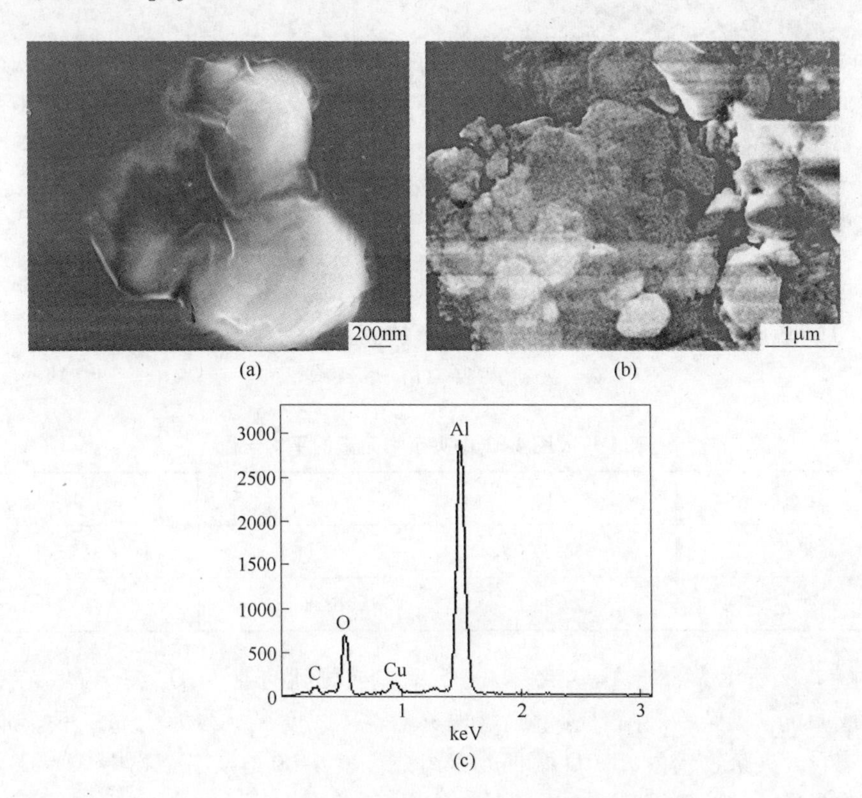

图4-30 从添加Al_2O_3纳米粉35钢铸锭中提取的细小夹杂物形貌及能谱分析图

(a),(b)夹杂物形貌；(c) 夹杂物能谱图

表4-16 细小夹杂物元素平均组成 (%)

元素	Al	O
质量分数	49.95	50.05
摩尔分数	37.18	62.82

图4-31~图4-33是添加Al_2O_3纳米粉35钢的金相面中Al_2O_3夹杂（部分复合了少量其他元素）的场发射SEM分析。

图4-31所示为一个金相面中含Al夹杂物的形貌和能谱分析，夹杂物线度尺寸为4μm左右，块状，与钢基体之间有一定的裂纹，可能是锻压或磨样过程造

成。能谱显示夹杂物主要由 Al、O 和少量 Mg 元素组成，根据表 4-17 元素平均含量推断，夹杂物以 Al_2O_3 为主，含有少量 $MgAl_2O_4$。

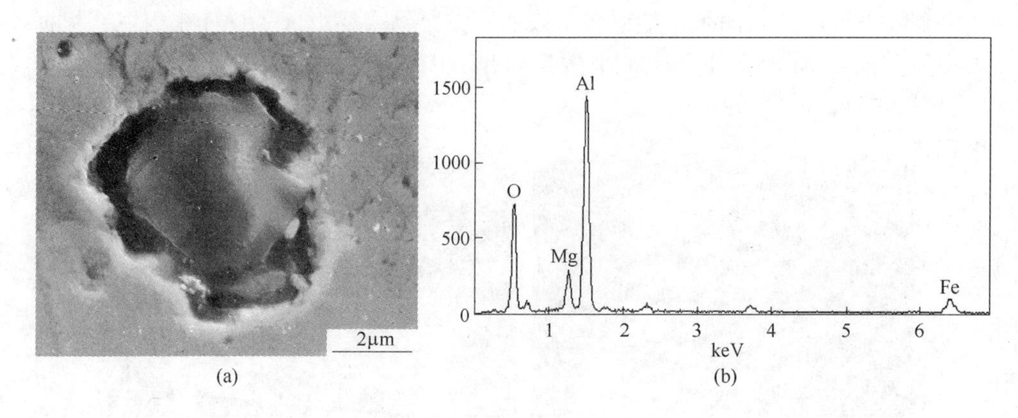

图 4-31　添加 Al_2O_3 纳米粉 35 钢锻后空冷试样金相面含 Al 夹杂物形貌及能谱分析图（一）
（a）夹杂物形貌；（b）夹杂物能谱图

表 4-17　图 4-31 中夹杂物元素的平均含量　（%）

元　素	Al	O	Mg
质量分数	36.70	57.05	6.26
摩尔分数	26.24	68.80	4.97

图 4-32 所示为添加 Al_2O_3 纳米粉 35 钢中检测到的纯 Al_2O_3 夹杂物，在金相面上成凹坑，夹杂物周围有少量脱落现象。整体线度尺寸约为 2μm，不规则状。从能谱看，夹杂物仅由 Al、O 两种元素组成。表 4-18 是该夹杂物中 Al、O 元素的平均含量，按照含量计算夹杂物的组成是 Al_2O_3。

表 4-18　图 4-32 夹杂物中元素平均含量　（%）

元　素	Al	O
质量分数	24.29	75.71
摩尔分数	15.98	84.02

图 4-33 为添加 Al_2O_3 纳米粉 35 钢金相面中一个以 Al_2O_3 为主要成分的夹杂物，含有少量的 Ca、S 元素，夹杂物呈尖锐的多边形，线度尺寸约 2μm。综合形貌及能谱分析，这类细小的夹杂物应是外加的纳米 Al_2O_3 颗粒小规模团聚形成。

图 4-34（a）是添加 Al_2O_3 纳米粉 55SiMnMo 钢铸态金相试样中 Al_2O_3 小夹杂形貌像，夹杂物呈不规则状，线度尺寸在 1.5μm 以下。从夹杂物内部看，夹杂物里面还存在小颗粒相（大小为 300～500nm），凹坑中有夹杂物脱落现象。图

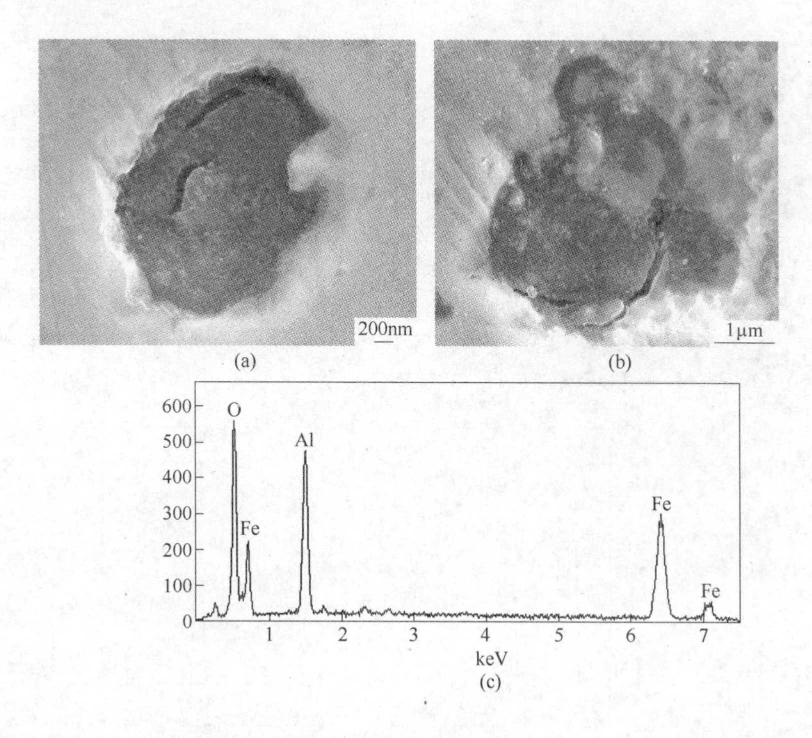

图 4-32 添加 Al_2O_3 纳米粉 35 钢锻后空冷试样金相面上纯 Al_2O_3 夹杂物形貌及能谱分析图
（a），（b）夹杂物形貌；（c）夹杂物能谱图

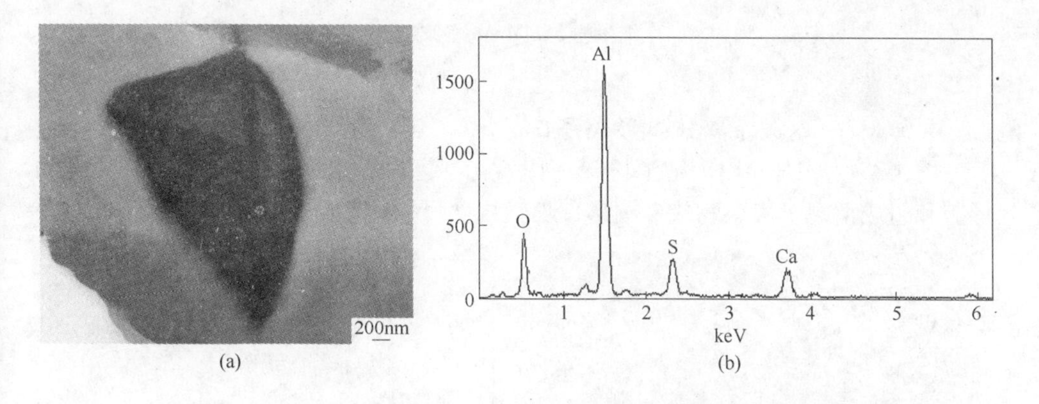

图 4-33 添加 Al_2O_3 纳米粉 35 钢锻后空冷试样金相面含 Al 夹杂物形貌及能谱分析图（二）
（a）夹杂物形貌；（b）夹杂物能谱图

4-34(b)、(c)分别为夹杂物的中心灰色小颗粒部分和周围黑色区域部分的能谱分析，可以看出这两部分都是以 Al、O 为主要成分，复合极少量 Si、Mg 元素。综合来看，该夹杂物是由几个纳米 Al_2O_3 颗粒小规模堆积在一起，复合少量其他元素形成的。

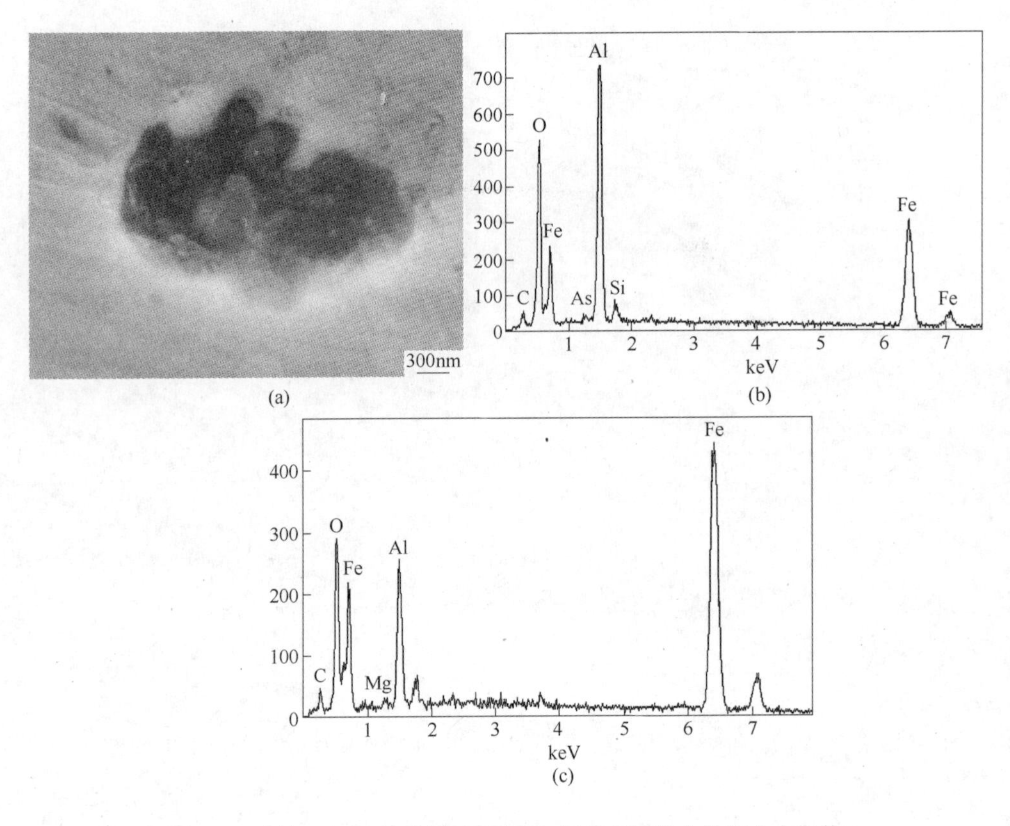

图 4-34 添加 Al_2O_3 纳米粉 55SiMnMo 钢铸态试样中的细小夹杂物

（a）形貌；（b）中心区能谱图；（c）周围区域能谱图

4.6.1.2 以夹杂物核心形式存在

图 4-35 为添加 Al_2O_3 纳米粉 35 钢中一个典型以 Al_2O_3 为核心的复合夹杂物形貌和组成情况。夹杂物成椭圆形，长轴线度尺寸约 5μm，短轴线度约 3μm。在

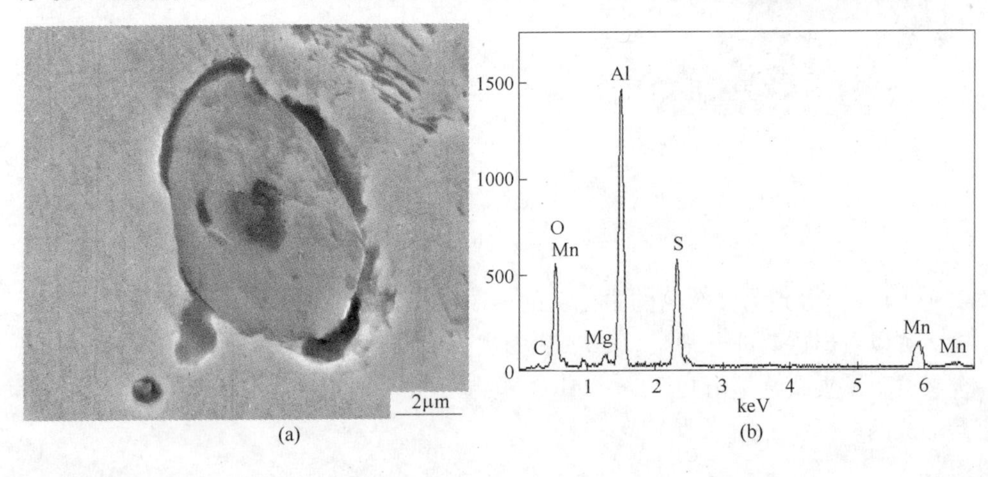

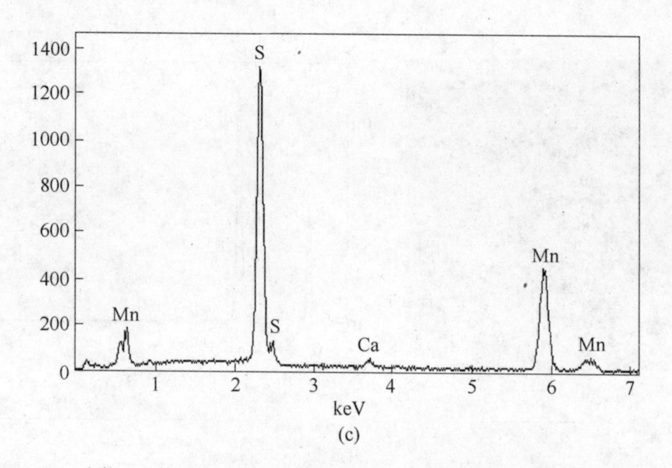

图 4-35 添加 Al_2O_3 纳米粉 35 钢锻后空冷试样金相面含 Al_2O_3 复合夹杂物

（a）形貌；（b）中心区能谱图；（c）周围区域能谱图

夹杂物中心区域主要含 Al、O 和少量 Mn、S、Mg 元素，这个区域为 500nm ~ 1μm。围绕中心的外围区域主要由 Mn、S 和 Ca 组成。中心区与周围区没有明显的相界面分开。

图 4-36 ~ 图 4-38 为添加纳米 Al_2O_3 的 55SiMnMo 钢中成为夹杂物核心形式的

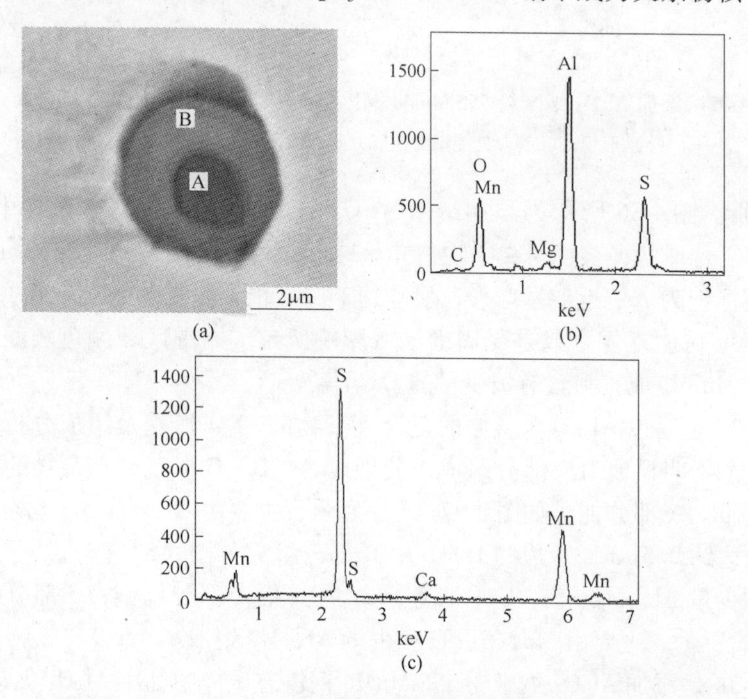

图 4-36 添加纳米 $Al_2O_3$55SiMnMo 钢铸态样中以 Al_2O_3 为核心的复合夹杂物

（a）形貌；（b）A 处能谱图；（c）B 处能谱图

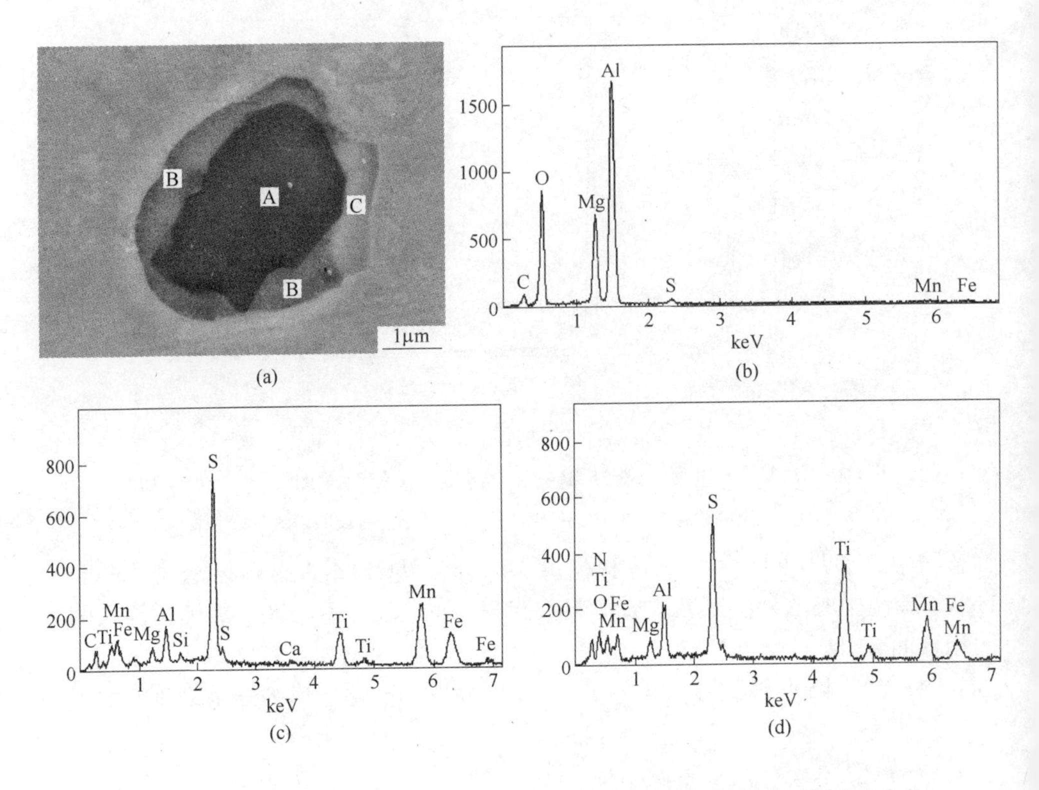

图 4-37 添加 Al_2O_3 纳米粉 55SiMnMo 钢铸态样中以 Al_2O_3 为核心的复合夹杂物

（a）形貌；（b）A 处能谱图；（c）B 处能谱图；（d）C 处能谱图

Al_2O_3 分析。图 4-36 所示为添加纳米 Al_2O_3 的 55SiMnMo 钢铸态试样中以 Al_2O_3 为核心的复合球状夹杂物。夹杂物整体呈球形，线度尺寸大约为 2. 5μm。中心黑色区域（标记为 A）近似呈球形，尺寸约 1μm，能谱显示为 Al_2O_3 组成，其中少量的 S、Mn 可能是复合或是受周围区域影响所致。周围区域颜色较浅，能谱显示主要由 MnS 组成，另含有极少量的 Ca 元素。

图 4-37 也是以 Al_2O_3 为核心的复合夹杂物的 SEM 形貌及组成分析。从形貌上看，夹杂物明显地由三部分组成，分别以 A、B、C 标记，夹杂物的整体线度尺寸约 3μm。A 部分能谱如图 4-37（b）所示，主要由 Al、O、Mg 元素组成，线度尺寸长边约 2. 5μm，短边约 1. 5μm；B 部分组成如图 4-37（c）所示，主要由 Mn、S 和少量 Al、Mg、Si、Ca、Ti 组成，包围在 A 部分周围；C 部分组成如图 4-35（d）所示，主要由 Mn、S、Ti 和少量 Al、Mg 组成。

图 4-38 是添加 Al_2O_3 纳米粉 55SiMnMo 钢铸态试样中细小 Al_2O_3 夹杂物分析。从形貌图 4-38（a）和（b）来看，夹杂物分别呈方形和近似圆形，图（a）中方形夹杂物的线度尺寸大小约为 1500nm，图（b）中近圆形夹杂物的线度尺寸大小

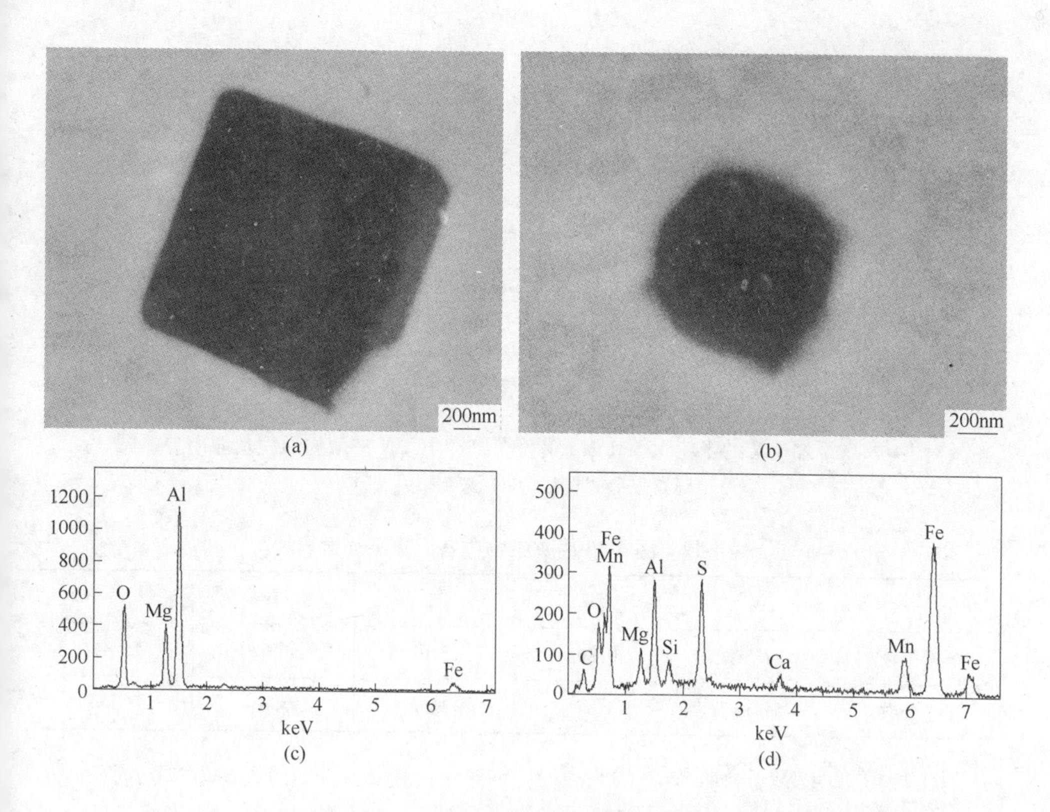

图 4-38 添加 Al_2O_3 纳米粉 55SiMnMo 钢铸态试样中的细小 Al_2O_3 夹杂物
（a），（b）形貌；（c）中心区能谱图；（d）边缘处能谱图

约为 500nm。图 4-38（c）和（d）分别为两种夹杂物的中心和边缘部分的能谱分析情况。可见，夹杂物中心部分是以 Al、Mg、O 组成，边缘部分以 Mn、S、Al、Mg、O 和少量 Si、Ca 组成，越接近夹杂物边缘外围，Mn、S 元素含量越高，Al、O、Mg 元素含量降低。从整体上看，夹杂物应是 Al_2O_3 表面部分包覆生长 MnS 形成的 Al_2O_3-MnS 复合夹杂物，处于铁素体晶内和晶界处。

从以上的分析可知，Al_2O_3 主要以两种方式存在：（1）单独存在（几个纳米颗粒团聚），可能复合少量其他元素；（2）成为夹杂物的复合核心形式存在，一般较易成为 MnS 夹杂物的核心。

4.6.2 纳米 TiN 的存在状态

图 4-39 是添加 TiN 纳米粉 55SiMnMo 钢铸态金相试样中含 TiN 细小夹杂物的分析情况。从形貌看，夹杂物呈六边形，线度尺寸约 1.5μm。能谱分析夹杂物由 TiN 和 MnS 复合组成，夹杂物中没有明显的相界面。图 4-39 中夹杂物中各元素平均含量见表 4-19。

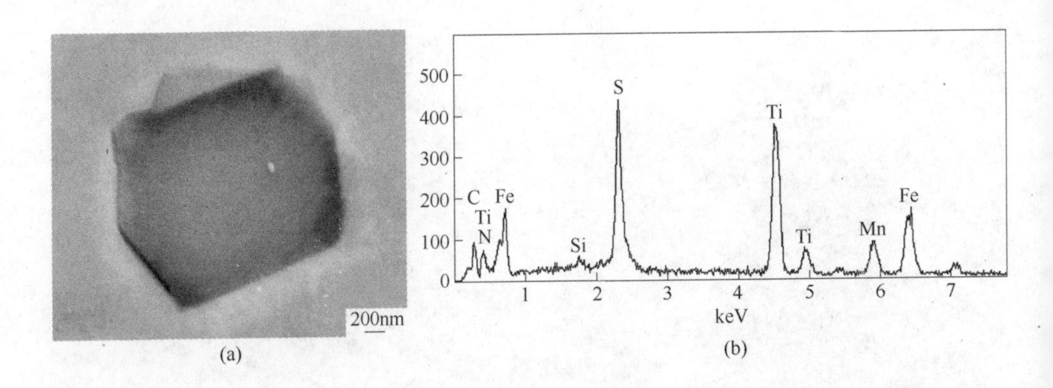

(a) (b)

图 4-39 添加 TiN 纳米粉 55SiMnMo 钢铸态试样中 TiN 夹杂物形貌及能谱分析图
(a) 夹杂物形貌；(b) 夹杂物能谱图

表 4-19 图 4-39 中夹杂物中各元素平均含量 (%)

元 素	N	Si	S	Ti	Mn
质量分数	27.33	0.86	15.61	40.71	15.49
摩尔分数	54.19	0.85	13.52	23.61	7.83

图 4-40 是 TiN 复合夹杂物的形貌及能谱分析情况。图中 A 标记所示夹杂物为 TiN 组成，线度尺寸为 500 ~ 800nm。B 标记所示夹杂物由 Ti、N、O、Al、Si、S 元素组成，夹杂物呈三角形和斜四边形，其线度尺寸分别大约为 1.5μm 和 2μm。图 4-41 也是一类 TiN 复合夹杂物的 SEM 形貌和能谱分析情况。夹杂物呈三角形，其边长的线度尺寸大约为 1μm，夹杂物主要由 Ti、N、Al、Mg、S 组成。图 4-42 为方形 TiN 夹杂物的 SEM 形貌和能谱分析，TiN 的边长线度尺寸约为 2μm。

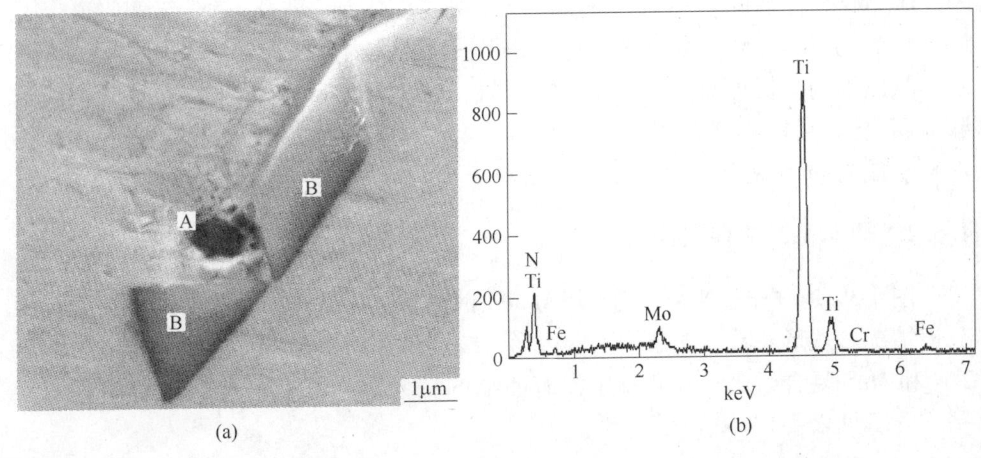

(a) (b)

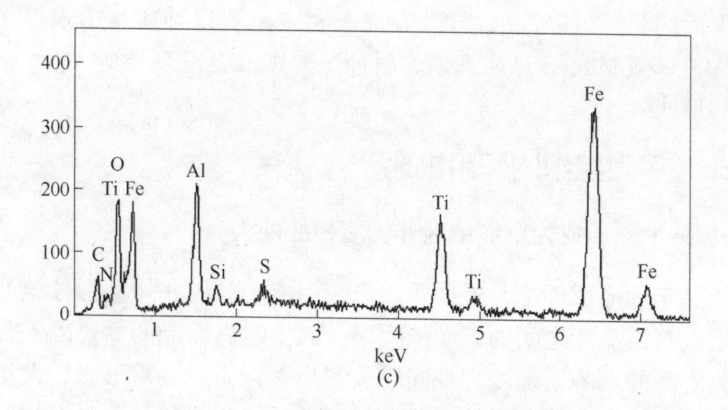

图 4-40 TiN 复合夹杂物形貌及能谱分析图

(a) 夹杂物形貌；(b) A 标记夹杂物能谱图；(c) B 标记夹杂物能谱图

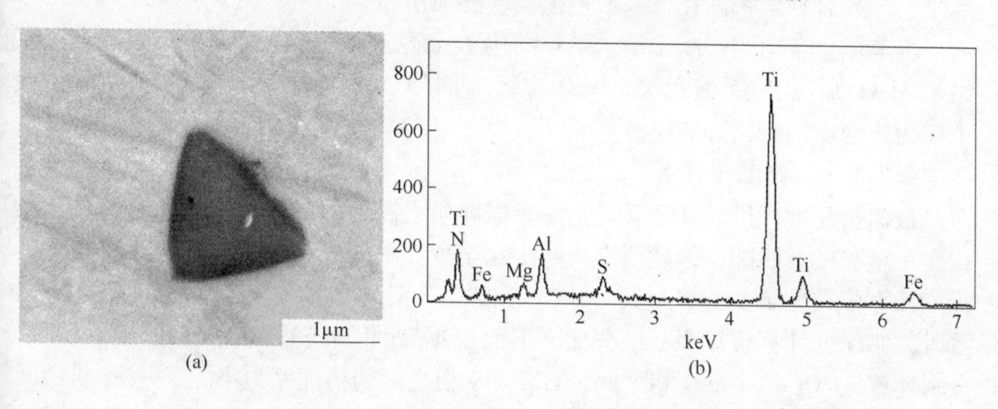

图 4-41 TiN 复合夹杂物形貌及能谱分析图

(a) 夹杂物形貌；(b) 夹杂物能谱图

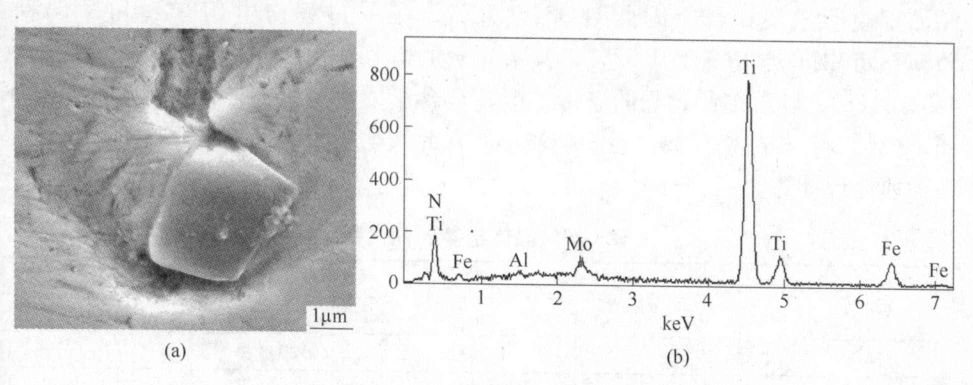

图 4-42 方形 TiN 夹杂物颗粒形貌和能谱分析图

(a) 夹杂物形貌；(b) 夹杂物能谱图

总结上面的分析可以得出，TiN 在夹杂物中主要以纯 TiN 形式存在的，仅复合少量与 Al、O 或 Mn、S 杂质元素，目前试验中没有发现类似 Al_2O_3 作为明显的夹杂物核心形式。

4.7 纳米粒子对组织的作用机理

4.7.1 外加纳米粒子成为钢液结晶非均质核心能力

根据结晶学的形核理论，外来质点作为钢液结晶的非均质形核核心的能力大小取决于质点与结晶相之间的界面能大小。而影响界面能的主要因素包括基底质点与结晶相之间的点阵错配度、基底质点的化学性质、表面形态、大小以及基底与结晶相之间的静电位等。当外来质点与新相晶核之间的界面张力越小，外来质点与新相晶核之间的晶格结构越相似（即错配度越小），则两者之间的界面能就越小，即越有利于钢液在外来质点上发生异质形核。

本节综合考虑错配度、纳米颗粒的化学性质、表面形态及大小等因素来探讨纳米 Al_2O_3 质点在 35 钢和 55SiMnMo 钢、纳米 TiN 质点在 55SiMnMo 钢结晶过程中成为非均质形核核心的能力。

4.7.1.1 错配度计算

根据错配度理论，在异质点上形核需要质点和即将形核的初生晶胞的晶格结构在一定程度上匹配，即异质点与初生相至少在某一方向上错配度较小。点阵错配度计算公式见第 3.1 节中式（3-7）和式（3-8）。当质点和结晶相均属立方晶系时，错配度计算可按照一维公式。下面根据 35 钢和 55SiMnMo 钢的凝固特点，分别计算 Al_2O_3 与 δ 及 γ 相之间、TiN 与 γ 相之间的错配度大小。

35 钢结晶首先析出 δ 相，随着温度降低，液相与 δ 相发生包晶转变形成奥氏体，由于 35 钢含碳量高于包晶点，因此包晶完成后仍有液相存在，此时的液相结晶直接形成奥氏体。因此对 35 钢来说，结晶过程初生相有 δ 和 γ 两种。55SiMnMo 钢 C 含量高于 0.53%，其结晶初生相为 γ 相。各相的晶体学参数见表 4-20。当然，随着结晶过程的进行，钢液 C 含量发生变化，导致平衡结晶温度不同，会影响各相晶格常数，但影响较小，在此按初生相的平衡凝固点温度下的晶格参数进行计算。

表 4-20 晶体学参数[121,156,157] （nm）

物 质	晶 系	晶格常数		
		a_0	a_{1538}	a_{1495}
δ-Fe	立方	0.2932	0.2938	—
γ-Fe	立方	0.3575	—	0.3686
Al_2O_3	六方	0.4759	0.4814	0.4812
TiN	立方	0.4246	0.4308	0.4308

Al_2O_3 低指数面为（0001），δ、γ 相的三个低指数面分别为（110）、（100）和（111）。将晶格常数代入式（3-8）中，计算错配度结果见表 4-21 和表 4-22。

表 4-21 Al_2O_3 与 δ-Fe（BCC）之间的错配度计算

	$[uvw]_{sub}$	$[uvw]_{metal}$	$d_{[uvw]\,sub}$	$d_{[uvw]\,metal}$	θ	$\delta_{(hkl)metal}^{(hkl)sub}$
	$[\bar{1}2\bar{1}0]_{Al_2O_3}$	$[001]_{\delta\text{-Fe}}$	0.4814	0.2938	0	
$(0001)_{Al_2O_3}//(110)_{\delta\text{-Fe}}$	$[\bar{2}110]_{Al_2O_3}$	$[1\bar{1}1]_{\delta\text{-Fe}}$	0.4814	0.2544	5.3	84.6%
	$[\bar{1}010]_{Al_2O_3}$	$[1\bar{1}0]_{\delta\text{-Fe}}$	0.8338	0.4155	0	
	$[\bar{1}2\bar{1}0]_{Al_2O_3}$	$[010]_{\delta\text{-Fe}}$	0.4814	0.2938	0	
$(0001)_{Al_2O_3}//(100)_{\delta\text{-Fe}}$	$[\bar{2}110]_{Al_2O_3}$	$[011]_{\delta\text{-Fe}}$	0.4814	0.4155	15	86.5%
	$[\bar{1}010]_{Al_2O_3}$	$[001]_{\delta\text{-Fe}}$	0.8338	0.2938	0	
	$[\bar{1}2\,\bar{1}0]_{Al_2O_3}$	$[\bar{1}10]_{\delta\text{-Fe}}$	0.4814	0.4155	0	
$(0001)_{Al_2O_3}//(111)_{\delta\text{-Fe}}$	$[\bar{1}100]_{Al_2O_3}$	$[\bar{1}21]_{\delta\text{-Fe}}$	0.8338	07197	0	15.9%
	$[\bar{2}110]_{Al_2O_3}$	$[011]_{\delta\text{-Fe}}$	0.4814	0.4155	0	

表 4-22 Al_2O_3 与 γ-Fe(FCC)之间的点阵错配度计算

	$[uvw]_{sub}$	$[uvw]_{metal}$	$d_{[uvw]\,sub}$	$d_{[uvw]\,metal}$	θ	$\delta_{(hkl)metal}^{(hkl)sub}$
	$[\bar{1}2\bar{1}0]_{Al_2O_3}$	$[100]_{\gamma\text{-Fe}}$	0.4814	0.3686	0	
$(0001)_{Al_2O_3}//(110)_{\gamma\text{-Fe}}$	$[\bar{2}110]_{Al_2O_3}$	$[\bar{1}12]_{\gamma\text{-Fe}}$	0.4814	0.4515	5.26	16.9%
	$[\bar{1}010]_{Al_2O_3}$	$[\bar{1}10]_{\gamma\text{-Fe}}$	0.8338	0.2606	30	
	$[\bar{1}2\,\bar{1}0]_{Al_2O_3}$	$[010]_{\gamma\text{-Fe}}$	0.4814	0.3686	0	
$(0001)_{Al_2O_3}//(100)_{\gamma\text{-Fe}}$	$[\bar{2}110]_{Al_2O_3}$	$[031]_{\gamma\text{-Fe}}$	0.4814	0.5828	11.56	14.3%
	$[\bar{1}010]_{Al_2O_3}$	$[011]_{\gamma\text{-Fe}}$	0.8338	0.2606	15	
	$[\bar{1}2\,\bar{1}0]_{Al_2O_3}$	$[\bar{1}01]_{\gamma\text{-Fe}}$	0.4814	0.2606	0	
$(0001)_{Al_2O_3}//(111)_{\gamma\text{-Fe}}$	$[\bar{1}100]_{Al_2O_3}$	$[\bar{2}11]_{\gamma\text{-Fe}}$	0.8338	0.4515	0	30.5%
	$[\bar{2}110]_{Al_2O_3}$	$[\bar{1}10]_{\gamma\text{-Fe}}$	0.4814	0.2606	0	

TiN 为面心立方结构，与 γ-Fe 同属立方晶系，按照一维错配度公式计算即可：

$$\delta = \frac{a_{sub} - a_{metal}}{a_{metal}} = \frac{0.4308 - 0.3686}{0.3686} \times 100\% = 16.9\% \tag{4-5}$$

从计算结果看，Al_2O_3 与 δ 相之间的最小错配度为 15.9%，与 γ 相之间的最小错配度为 14.3%。TiN 与 γ-Fe 之间的点阵错配度为 16.9%。Bramfitt[25] 的研究认为，非均质形核时 $\delta < 6\%$ 的核心最为有效，$\delta = 6\% \sim 12\%$ 的核心中等有效，而 $\delta > 12\%$ 的核心无效。因此，从晶格错配度考虑，Al_2O_3 对 δ 和 γ 相结晶、TiN 对 γ 相结晶过程起不到很好的异质核心作用。根据文献［26］，TiN 对 δ-Fe 相的形核核心作用十分显著，它们之间的错配度为3.9%左右。因此TiN适合于作为中、低碳钢中δ-Fe相形核的非均质核心。

4.7.1.2 纳米颗粒的大小、化学性质及表面形态

错配度理论仅考虑了形核剂与结晶相之间的晶体结构因素，没有考虑到基底质点的化学性质、表面形态、大小以及基底与结晶相之间的静电位等因素对界面能的影响，因此存在许多不足之处，不能准确表征异质质点的非均质形核能力。

与常规粉体比较，纳米级粉体由于粒径细小（1～100nm），因而表现出不同的特殊性质，可能对钢液结晶过程产生与常规粒子不同的作用：

（1）纳米粒子的尺度更加接近钢液结晶初始晶胞尺度，有直接成为钢液结晶时核心的可能性，可以在纳米质点上直接结晶长大。

（2）从表面微观形态来讲，纳米粒子由于细小，表面结构性缺陷多，提高了其作为核心的形核效能，因为更小体积的晶胚就可能达到临界晶核半径而稳定长大。

（3）外加的纳米Al_2O_3、TiN粒子在钢液中有较高的化学稳定性，因而相对钢液是一种具有很强惰性的介质，具有较高的界面能，为非均质形核提供所需能量，促进形核发生。

（4）添加纳米粉钢中固态质点比未添加纳米粉钢中显然增多，因而提高了结晶的形核率，这是纳米粉能起到细化组织作用的一个关键因素。

以上简要地分析了纳米粒子作为结晶异质核心的特殊性能，关于纳米粒子的形核能力还需要做大量的基础研究工作，经典结晶学理论不一定完全适用于纳米级异质基底。

所以，综合考虑点阵错配理论和纳米粒子作为异质形核核心的特殊性质，尽管外加的纳米Al_2O_3与δ、γ相晶格不匹配，但对钢液结晶过程也起到一定程度的非均质核心作用。同样，外加纳米TiN即使γ相晶格不匹配，但也可能存在一定的结晶核心作用。上文观察到添加纳米粉Al_2O_3、TiN的55SiMnMo钢的铸态微观组织有一定程度的细化，可能就是纳米级粒子的特殊性质所致。

4.7.2 外加纳米粒子在钢热加工过程中的作用

钢的铸态组织观察以及外加纳米粒子作为钢液结晶的异质核心能力分析已知，外加纳米粒子在钢液凝固结晶过程中起到了一定程度的细化作用，但细化效果不明显，而添加纳米粉钢的锻后空冷态的力学性能有很大提高。所以，应进一步分析纳米粒子对钢的热加工过程可能起到的钉扎晶界作用以及粒子的沉淀强化等方面的作用。

4.7.2.1 纳米粒子的分布

第4.6节已分析了纳米粉的存在状态，已知钢中有独立存在的和成为夹杂物

核心的细小粒子。图 4-43 为添加纳米 Al_2O_3 的 35 钢锻后组织以及基体中分布的细小 Al_2O_3、Al_2O_3-MnS 复合夹杂物形貌及能谱分析图。从图中可以看出，夹杂物尺寸在 2 ~ 4μm，能谱显示夹杂物主要有两种成分类型：一是纯 Al_2O_3 粒子，一是在 Al_2O_3 上生长了 MnS 形成的复合夹杂物。

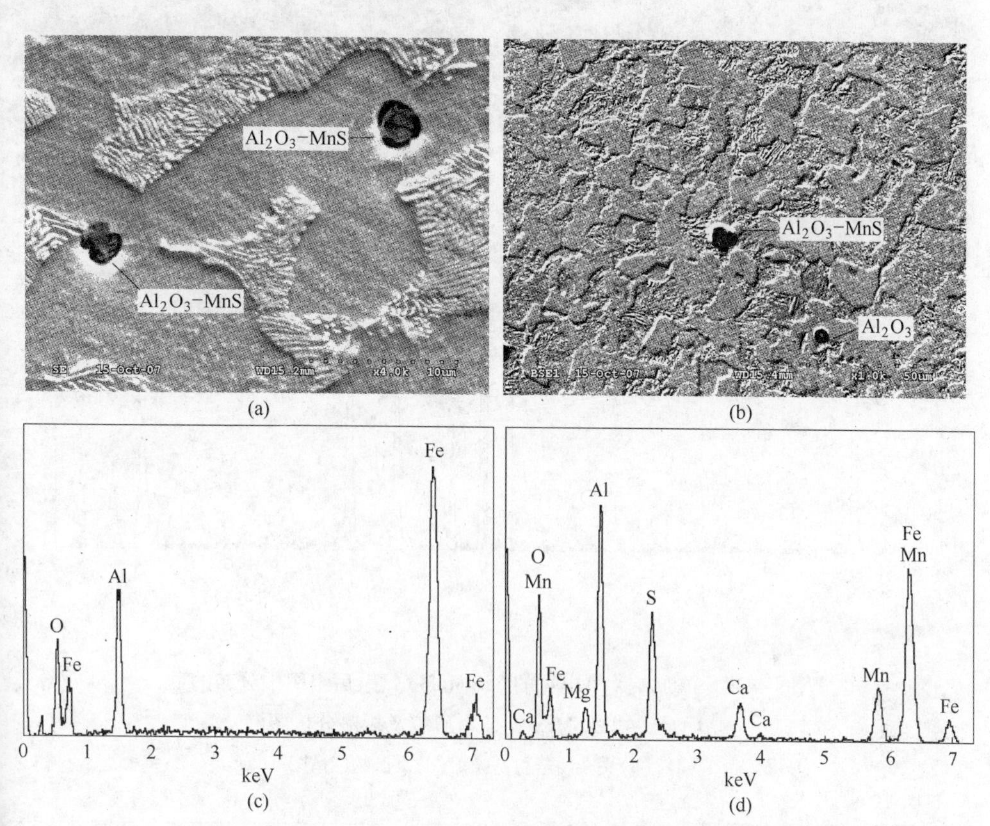

图 4-43　添加纳米 Al_2O_3 的 35 钢锻后铁素体晶内分布的 Al_2O_3、Al_2O_3-MnS 夹杂物形貌及能谱分析图
(a),(b)夹杂物形貌；(c),(d)夹杂物能谱图

图 4-44 为添加纳米 Al_2O_3 的 55SiMnMo 钢锻后组织以及基体中分布的细小 Al_2O_3、Al_2O_3-MnS 复合夹杂物形貌及能谱分析图。可以看到，与图 4-43 中情况类似，夹杂物也主要存在纯 Al_2O_3 和 Al_2O_3 上生长 MnS 形成的复合夹杂物两类，夹杂物尺寸十分细小，为 2μm 左右。

图 4-45 为添加纳米 TiN 的 55SiMnMo 钢锻后组织以及基体中分布的细小 TiN 夹杂物形貌及能谱分析图。夹杂物尺寸细小，为 1 ~ 2μm，主要以纯 TiN 相存在。

夹杂物在基体中的晶内、晶界均有存在。在晶界处分布有单独存在的纯 Al_2O_3 和 TiN 微小夹杂，在晶内有细小的 Al_2O_3-MnS 复合夹杂物。

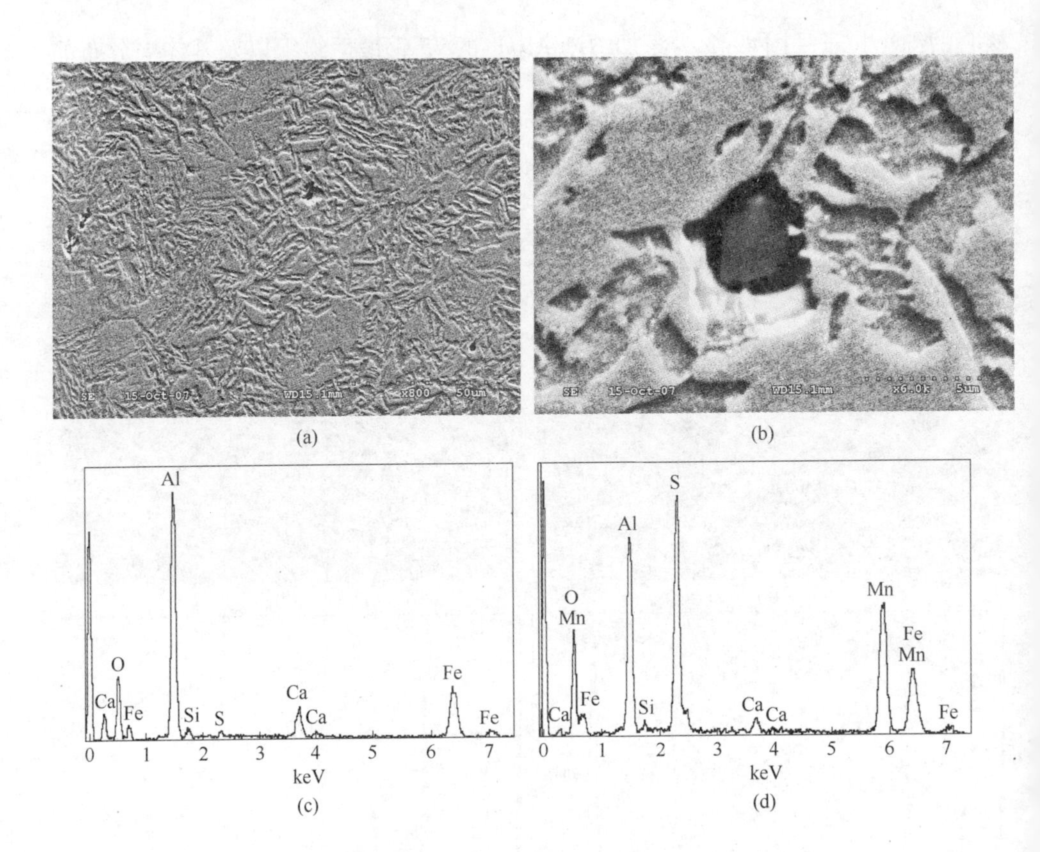

图 4-44　添加纳米 Al_2O_3 的 55SiMnMo 钢锻后组织中分布的 Al_2O_3、Al_2O_3-MnS 夹杂物形貌及能谱分析图

(a),(b)夹杂物形貌；(c),(d)夹杂物能谱图

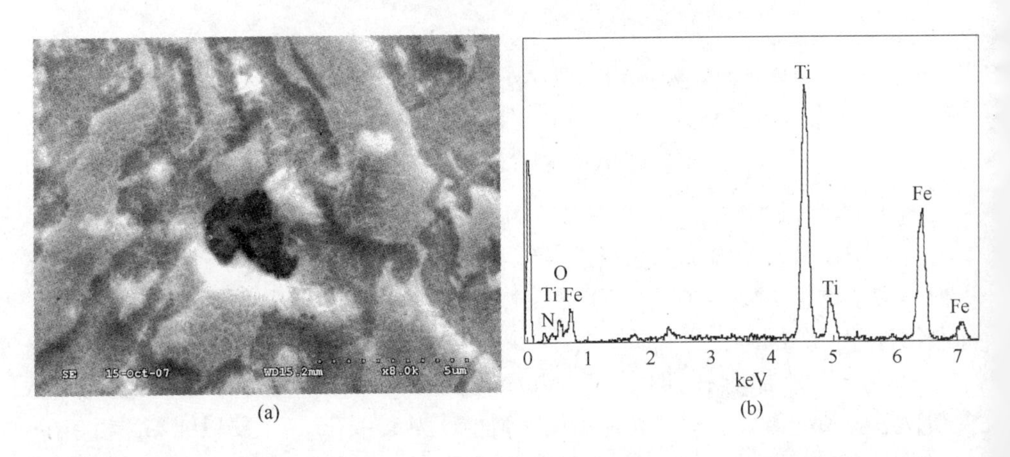

图 4-45　添加纳米 TiN 的 55SiMnMo 钢锻后组织中分布的 TiN 夹杂物形貌及能谱分析图

(a) 夹杂物形貌；(b) 夹杂物能谱图

4.7.2.2 钉扎晶界

分布在奥氏体晶界处的粒子，在热加工过程中（奥氏体区）能起到钉扎晶界而阻碍晶粒长大的作用，但只能保证已有晶粒尺寸不进一步粗化或减缓粗化速度。因为粒子在晶界分布，使界面能降低，而晶粒长大过程中，晶界发生移动，界面能增加，因此粒子就相当于施加了一个阻碍晶界移动的钉扎力。这样，在一定的形核率下，晶粒就会细化，而且在钉扎力作用下，晶界会改变它的平面状态而发生局部松弛。晶粒尺寸与钉扎粒子尺寸有如下关系式[27]：

$$D_c = \frac{\pi d}{6f}\left(\frac{3}{2} - \frac{2}{Z}\right) \tag{4-6}$$

式中 D_c——晶粒长大受阻碍的尺寸阈值；

d——第二相粒子直径；

f——粒子体积分数；

Z——晶粒不均匀因子。

4.7.2.3 沉淀强化

纳米粒子除了起到钉扎晶界阻碍晶粒长大、细化热加工组织的作用，还可能起到沉淀强化作用。根据 Gladman 等的理论，采用 Ashby-Orowan 修正模型[21]有下式：

$$\sigma_P = \frac{10\mu b}{5.72\pi^{3/2} r}\varphi^{1/2}\ln\left(\frac{r}{b}\right) \tag{4-7}$$

式中 σ_P——沉淀强化产生的屈服强度；

μ——剪切系数（对于铁素体，$\mu = 80.26 \times 10^3$ MPa）；

b——柏氏矢量；

r——粒子半径；

φ——沉淀粒子体积分数。

可以根据式（4-7）对外加纳米粒子的沉淀强化对钢强度提高的贡献进行定量分析。

工业试验中，添加 Al_2O_3 和 TiN 纳米粉的 55SiMnMo 钢的屈服强度分别提高 17.8% 和 10%，屈服强度提高的部分贡献应来自于外加纳米粒子的沉淀强化。沉淀强化一般会使钢强度得到提高，而塑韧性下降，下降的塑韧性可以通过晶粒细化来弥补。

4.7.2.4 细小 Al_2O_3-MnS 夹杂物的晶内铁素体形核作用

对于分布在铁素体晶粒内的 Al_2O_3-MnS 复合夹杂物，可能会产生晶内铁素体形核的作用（IGF）。已有氧化物冶金研究表明[28,29]，在氧化物上生长的 MnS 夹杂物能够起到晶内铁素体形核作用，当 MnS 在 Ti_2O_3 上析出时，吸收了附近区域的 Mn 元素，造成贫 Mn 区，有利于促进针状铁素体形核。同理，在这种情况下对于本试验钢，MnS 在 Al_2O_3 外围表面析出并长大，吸收了附近区域的 Mn，此时与 MnS 接触区域形成贫 Mn 区，有利于铁素体形核。当然，这种形核能力不如 Ti_2O_3 或 TiN 周围析出 MnS 形成贫 Mn 区的形核能力强，因为形核受到 Al_2O_3 晶格不匹配程度影响。

另外，纳米粒子在钢热加工奥氏体发生冷却转变时，由于奥氏体中存在大量的未溶粒子，提高了新生相的形核率，加速了奥氏体的转变，对组织起到一定的改变作用，从而提高钢的性能。

通过前面的分析可知，无论是35 钢或是55SiMnMo 钢中，Al_2O_3 在钢中通常有两种存在状态：（1）独立存在或少量颗粒之间团聚，其尺寸一般为几百纳米到4μm 之间。独立存在的 Al_2O_3 颗粒，与夹杂物没有发生作用，其作用主要表现在对组织的影响。（2）作为夹杂物的核心方式存在，此时 Al_2O_3 核心一般为几百纳米到2μm 之间，而以 Al_2O_3 为核心的夹杂物尺寸为2～5μm。

对成为夹杂物核心的 Al_2O_3 颗粒来讲，其作用细小化了夹杂物的尺寸，减少了钢中夹杂物的总量。上面分析已知，Al_2O_3 颗粒一般容易成为 MnS 夹杂物的形核核心，这样一方面细化了 MnS 夹杂物的尺寸，另一方面也改善了 MnS 形态，减少甚至消除了条带状 MnS 夹杂。

从热力学上看，Al_2O_3 能够成为 MnS 夹杂物的形核核心，主要在于 Al_2O_3 是固态质点，为析出温度较低的硫化物提供了形核场所，又由于外加纳米粒子数量较大，从而进一步提高了 MnS 的形核率。根据 MnS 溶度积可知，其析出温度较低，一般在铸坯凝固过程中形成。因此，当其依附 Al_2O_3 质点析出后，长大过程就是新相界面向母相迁移的过程，其速度取决于相变的驱动力和原子迁移过程。按照 C. Zener 等的扩散控制生长理论，对于等温生长过程，球形粒子的三维生长速度 v 有以下近似关系[1]：

$$v = \alpha_{\lambda}(D/t)^{1/2} \tag{4-8}$$

在 t 时刻，沉淀粒子的半径 r 为：

$$r \approx (Dt)^{1/2} \tag{4-9}$$

式中 D——元素扩散系数；

α_{λ}——与沉淀相几何形状、生长维数以及母相过饱和度有关的参数。

在凝固过程中，MnS 长大过程受到形核地点附近 Mn、S 浓度以及它们的扩散能力等条件的影响。在 δ 相中，Mn 的扩散系数 $D_{Mn}^{\delta}=0.76\exp(-53640/RT)$，S 的扩散系数 $D_{S}^{\delta}=4.56\exp(-51300/RT)$。在 γ 相中，Mn 扩散系数 $D_{Mn}^{\gamma}=0.055\exp(-59600/RT)$，S 的扩散系数 $D_{S}^{\delta}=2.4\exp(-53400/RT)$[30]。可以看出，随着钢温度不断降低，Mn、S 的扩散系数快速减小。因此，MnS 在 Al_2O_3 表面长大速度较小，从而最终以纳米 Al_2O_3 为核心的 Al_2O_3-MnS 复合夹杂物尺寸较小。

因此，从形核率和长大速度两个方面看，外加纳米 Al_2O_3 质点有利于钢中硫化物等低熔点夹杂物的形核，细化夹杂物的尺寸，改善夹杂物的形态，从而减轻夹杂物对钢的性能的破坏作用。

由于纳米 TiN 粒子在钢液中能存固态质点形式存在，因此也可以成为低熔点夹杂物的形成核心，目前试验中还没有观察到以 TiN 为核心的夹杂物。

4.8 小结

目前，钢铁冶金新技术的发展主要以化学冶金为基础，如纯净钢技术、微合金化技术等。这些技术主要通过化学反应提高钢的纯净度或同时使第二相析出，达到提高钢性能的目的。本章阐述了钢液外加纳米颗粒的工业试验结果和分析。通过往钢液中外加高熔点化合物纳米粉的方法来增加钢液中的固态质点，使钢中夹杂物弥散化，并使钢的组织得到改善，从而提高钢的性能。但是，纳米粉种类很多，钢的种类很多，不同钢种对其性能有不同的要求，纳米粉的加入工艺和最佳加入量均有待优化。通过工业试验研究，得出以下几点认识：

（1）添加纳米粉的钢的力学性能有较大提高。添加0.02% Al_2O_3 纳米粉的35钢抗拉和屈服强度指标比国标分别提高了46.0%和22.6%、冲击韧性提高了85.5%，伸长率提高了50%。添加0.02% Al_2O_3 纳米粉的55SiMnMo钢的屈服强度比未加纳米粉钢提高了17.8%、冲击韧性提高了93.8%，伸长率提高了60.0%。添加TiN的55SiMnMo钢的屈服强度有10%的提高。

（2）铸态组织观察显示，添加纳米粉钢的铸态组织有一定程度的细化。

（3）添加 Al_2O_3 纳米粉35钢和55SiMnMo钢中的夹杂物尺寸均得到一定程度的细化，钢中夹杂物个数增加。另外，部分夹杂物的形状发生球形化转变。添加纳米TiN的55SiMnMo钢中的非金属夹杂物也有一定程度的细化。

（4）纳米 Al_2O_3 在钢中有两种存在方式：一是独立存在，部分复合少量的杂质元素；二是成为夹杂物的核心，其中主要是作为MnS夹杂物的核心。纳米TiN在钢中主要以独立方式存在，仅复合少量杂质元素，没有明显成为夹杂物核心。

（5）对于铸态组织，点阵错配度计算得出 Al_2O_3 与初生相 γ 或 δ、TiN与初生相 γ 晶格不匹配，但由于纳米级颗粒的独特表面形态以及高活性，对钢液结晶过程起到了一定的异质核心作用。在热加工过程中，独立形式存在的粒子对钢起到一定的沉淀强化和阻碍晶粒长大作用。另外，以 Al_2O_3 为核心的 Al_2O_3-MnS复合夹杂物可能起到一定的晶内铁素体形核（IGF）作用。

（6）由于外加纳米 Al_2O_3 呈固态质点形式存在，所以为低熔点、高溶度积夹杂物形核提供了有利的非均质形核地点，从而易形成以 Al_2O_3 为核心的复合夹杂物。另外，由于外加纳米粒子数量较大，从而进一步提高了MnS的形核率。不但细化了硫化物夹杂尺寸，同时改善了硫化物夹杂的形态。

参考文献

[1] 傅杰，朱剑，迪林，等．微合金钢中 TiN 的析出规律研究[J]．金属学报，2000，36(8)：801～804.

[2] 傅杰，周德光，李晶，等．低碳超级钢中氧硫氮的控制及其对钢组织性能的影响[J]．云南大学学报（自然科学版），2002，A24(1)：158～162.

[3] 李正邦．超洁净钢和零非金属夹杂钢[J]．特殊钢，2004，25(4)：24～27.

[4] Byun J S，Shim J H，Cho Y W，et al. Non-metallic inclusion and intragranular nucleation of ferrite in Ti-killed C-Mn steel[J]. Acta Materialia，2003，51：1593～1606.

[5] Masayoshi Hasegawa，Kazuhiko Takeshita. Strengthening of steel by the method of spraying oxide particles into molten steel stream[J]. Metallurgical Transactions，1978，B9：383～388.

[6] Gregg J M，Bhadeshia H K D H. Solid-state nucleation of acicular ferrite on minerals added to molten steel[J]. Acta Mater，1997，45(2)：739～748.

[7] 雷毅，刘志义，李海．低碳型钢中添加 ZrC 粒子获得超细晶粒的研究[J]．钢铁，2002，37(8)：58～60.

[8] 雷毅，刘志义，李海．低碳钢中添加 ZrO_2 粒子获得超细晶粒的研究[J]．兵器材料科学与工程，2004，27(2)：3～8.

[9] 雷毅，李海，刘志义．20Mn2 钢晶粒超细化及性能[J]．焊接学报，2003，24(3)：17～20.

[10] 雷毅，李海，刘志义．20Mn2 钢中添加 ZrC 粒子获得超细晶粒的研究[J]．兵器材料科学与工程，2003，26(3)：21～24.

[11] 雷毅，刘志义，李海．超塑性预处理在 20Mn2 钢晶粒超细化及强韧化中的应用[J]．钢铁，2003，38(6)：46～49.

[12] 黄志永．新型 55SiMnMo 中空钢的研制[J]．特钢技术，1995，4：37～40.

[13] 胡铭，秦燕．瑞典中空钢材的研究现状[J]．凿岩机械气动工具，1994，2：63～68.

[14] GB 228—1987，《金属拉伸试验方法》.

[15] GB 6397—1986，《金属拉伸试验试样》.

[16] GB 2975—1982，《钢材力学及工艺性能试验取样规定》.

[17] GB/T 229—1994，《金属夏比缺口冲击试验方法》.

[18] GB/T 12778—1991，《金属夏比冲击断口测定方法》.

[19] E. 利弗森．材料的特征检测（第 2 部分）[M]．北京：科学出版社，1998.

[20] 李正民，虞伟钧，许秀玲，等．微粒大小及分布的电镜图像分析测定法[J]．中国粉体技术，2000，6(3)：32～34.

[21] 王艳，刘淑新．图像分析在测量钢中非金属夹杂物[J]．物理测试，2002，(4)：31～36.

[22] 吴继敏．应用图像分析法评价花岗岩结构特征[J]．河海大学学报，1998，26(4)：1～6.

[23] 王国承，谢君阳，鲍宇飞，等．添加纳米 TiN 颗粒对 55SiMnMo 钢性能的影响[J]．炼钢，2010，26(5)：60～64.

[24] 王国承，黄浪，谢君阳，等．添加 Al_2O_3 纳米粉对中空钢 55SiMnMo 力学性能与夹杂物的影响[J]．特殊钢，2008，29(1)：19～21.

[25] Bramfitt B L. The effect of carbide and nitride addition on the heterogeneous nucleation behavior

of liquid iron[J]. Metallurgical Transactions，1970，7(1):1987～1995.

[26] 黄诚. Fe-C熔体凝固过程非均质形核基础研究[D]. 北京：北京科技大学，2004.

[27] 康永林，傅杰，柳得橹，等. 薄板坯连铸连轧钢的组织性能控制[M]. 北京：冶金工业出版社，2006.

[28] 黄维刚，郑燕康. 晶内析出铁素体非调质钢[J]. 机械工程材料，1995，19(2):5～8.

[29] Shim J H，Oh Y J，Suh J Y，et al. Ferrite nucleation potency of non-metallic inclusions in medium carbon steels[J]. Acta mater. 2001，49：2115～2122.

[30] Ueshima Y，Mizoguchi S，Matsumiya T，et al. Analysis of solute distribution in dendrites of carbon steel with δ/γ transformation during solidification[J]. Metallurgical Transactions B，1986，17B(4):845～859.

5　钢中第二相的无损伤分析

5.1　金相研究方法及其随机性

钢中夹杂物对钢的性能有着重要的影响，是洁净钢评定的最重要的因素之一。只有正确全面地分析钢中的夹杂物，才能更清晰地明确夹杂物的来源和生成机制，从而确定相应减少和控制钢中夹杂物的方法。随着冶金技术的发展，钢的纯净度不断提高；同时，钢的微合金化也越来越受到重视。在这种情况下，对钢中夹杂物和第二相析出物粒子的研究提出了新的要求。在常规脱氧钢中，夹杂物含量一般为0.005%～0.01%，夹杂物尺寸大多在1～100μm之间。采用真空熔炼法生产的钢中，夹杂物极限含量可达0.003%以下。随着钢的纯净度的不断提高，钢中夹杂物数量越来越少，夹杂物尺寸也越来越小，亚显微夹杂，尤其是纳米夹杂的作用引起了人们的重视[1～5]。

钢中第二相的检测方法可分为宏观和微观两类。宏观方法包括X射线或γ射线检查、磁粉检查、超声波探测以及硫印法。微观方法主要包括金相法、分离法，也是目前实验室研究常用的分析方法。另外，原位统计分析方法在近年取得较大进展[6～7]。张立峰等对钢中夹杂物的分析方法做了详细的总结[8～10]。

以往研究钢中夹杂物的方法多采用金相试样法。即把试样制成金相样后，在光学显微镜下研究夹杂物的形貌、大小、数量和分布以及夹杂物的物理化学特性。有些研究工作是在金相试样的基础上，用电子光学手段对夹杂物进行微区分析；用这种方法可以获得更多的信息。金相试样法研究钢中夹杂物的前提是必须在金相面上暴露并寻找到夹杂物。由于钢中的夹杂物在三维基体中的分布是随机的，在任意磨抛的金相面上夹杂物的出现也带有随机性。此外，由于夹杂物在空间的取向不同，同一种夹杂物在金相面上也可能呈现不同的形貌。因此用金相试样法往往不容易得出全面而正确的结论。

为了研究钢中夹杂物的总量或者对夹杂物的物相组成进行X射线结构分析，钢中夹杂物也常采用分离法，将钢中的夹杂物/第二相从基体中分离开来研究。分离法主要包括化学溶蚀法和电解法。分离法的优点是能够研究夹杂物的全貌，得到比较全面的信息，但是不能得到夹杂物在钢中原位分布的信息，无法研究夹杂物与组织作用的界面情况。因此，采用将金相法与分离法相结合的研究方法才能比较全面地得到夹杂物等第二相的准确完整信息。电解法是最为常见的一种从基体中通过各种电解技术萃取分离夹杂物/第二相的方法。

金相试样法的优点是简单、直观、快速。但由于夹杂物在钢中的含量很少，其分布又具有随机性，因此，用金相试样法很容易出现遗漏检测的失误。为了说明金相试样法所存在的问题，本工作建立了一个夹杂物的模型，并对模型统计数据进行了分析[1]。在建立夹杂物模型时假设金相试样中有10种不同类型的夹杂物，夹杂物质量占试样总质量的0.2%。取试样基体的密度为7.8g/cm^3，试样的体积为5mm×5mm×1mm。10种夹杂物中，夹杂物直径为30μm的5种，夹杂物直径为10μm的5种。小尺寸夹杂物的数量为大尺寸夹杂物数量的2倍，大小两类夹杂物每种数量相同，并且均匀分布在基体中。由上述假设可以得出：5种直径为30μm的夹杂物总数为515，每种103个；5种直径为10μm的夹杂物总数为1030个，每种206个。将试样和夹杂物同时放大100倍，所得模型局部示意图，如图5-1所示。

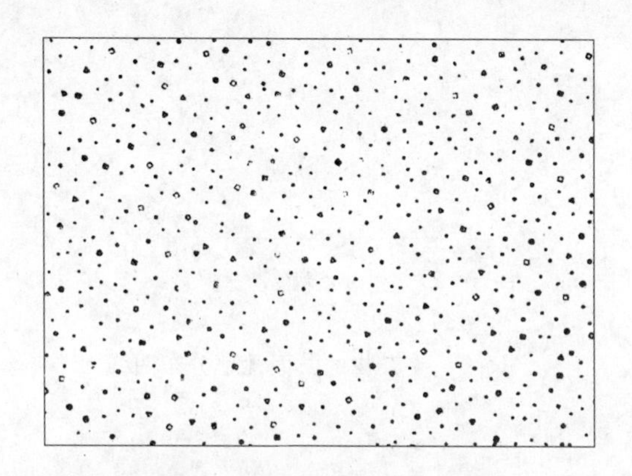

图5-1　夹杂物模型局部示意图

图5-1中，不同种类的夹杂物以不同符号表示。平面模型上任意一条直线代表随意切的一个金相面，直线所遇到的夹杂物即该金相面上所能观察到的夹杂物。在模型上画100条直线即切100个金相面，对每个金相面上所能观察到的夹杂物的数量和种类进行统计，统计结果见表5-1。由统计数据作图5-2，可以得出，不同种类夹杂物共面的几率分布遵从正态分布规律。即在同一金相面上，同时观察到10种或少数几种夹杂物的可能性都很小，大多数情况下在同一金相面上能观察到4~6种夹杂物。观察到8种以上夹杂物的几率只有10%。在100个被统计的金相面上，只有一个金相面上能同时观察到模型中的10种夹杂物。在这100个金相面上，共出现了908个夹杂物。这就是说，只有在逐个研究了908个夹杂物后，才有可能研究到试样中实际存在的10种夹杂物。由模型统计不难看出，如果钢中夹杂物的尺寸进一步减小，在金相面上同时观察到所有夹杂物的几率也将进一步减小。由于试样中夹杂物是无规律分布的，夹杂物在任一金相面上的出现都具有随机性，因此，很难证明必须切磨多少个金相面才能观察到试样

中所有种类的夹杂物。由上所述，金相试样法有其不可克服的缺点，以金相试样法为基础研究钢中的夹杂物必将把金相法的弱点传递给联合测试的其他方法中。用金相试样法研究钢中的夹杂物是很不准确的。

表 5-1 模型中夹杂物的统计结果

同一金相面上夹杂物的种类数	1	2	3	4	5	6	7	8	9	10
夹杂物种类数相同的金相面数	3	4	5	12	22	26	17	7	2	1
夹杂物共面的几率/%	3	4	6	12	22	26	17	7	2	1

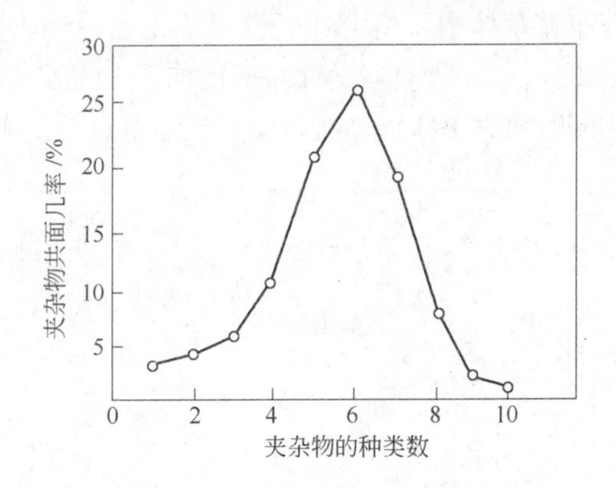

图 5-2 夹杂物的共面几率分布曲线

5.2 化学溶蚀

化学溶蚀较多的是采用酸溶法。酸溶法即通过盐酸或硫酸将钢样全部溶解，有时为了提高溶解效率，在加热的情况下进行，而钢中难以溶于稀盐酸或稀硫酸的夹杂物得以保留下来，然后再通过过滤分离等步骤便可将夹杂物颗粒收集起来[11]，可用于 XRD 或扫描电镜等观察。

酸溶法研究钢中某些夹杂物的试验基于美国标准检验方法 ASTME194-90（American standard test method）。此方法可分离出铁基中不溶于盐酸的夹杂物，在铝钛脱氧钢中，在稀盐酸中不溶或溶解量较小的夹杂物通常包括：Al_2O_3、SiO_2、TiO_2、Ti_2O_3、Ti_3O_5、Cr_2O_3、$CaO \cdot 6Al_2O_3$、$MgO \cdot Al_2O_3$（镁铝尖晶石），$MnO \cdot Al_2O_3$（锰铝尖晶石），氮化物（如 NbN、TiN），碳化物（如 NbC/TiC）和硅酸盐等。Narita[12] 总结了采用酸溶法定量提取 SiO_2、Al_2O_3、Cr_2O_3、TiO_2 和 $CaO \cdot 6Al_2O_3$ 等夹杂物的方法。而硫化物，如 MnS 以及 AlN、铁碳第二相析出物等则极易溶于稀盐酸。钢样在盐酸中溶解的原理为：$Fe + 2HCl = FeCl_2 + H_2\uparrow$。这个方法的优点是操作简单，能够观察到夹杂物的三维形貌；缺点是比较耗时间，而且检测的试样体积也较小，关键是只适用于几种夹杂物类型，局限性大。

5.3 大样电解法

电解法是实验室研究非金属夹杂物等第二相的常用方法，可分为水溶液电解和有机溶液电解两类。水溶液电解法所用的电解液为酸性溶液，电解分离条件对夹杂物稳定性的影响多数没有经过严格的论证，或者很难进行严格的论证。

钢的常见的水溶液电解法是大样电解法，又称为 Slime 法，所采用的电解液大多为以铁或铜的硫酸盐或氯化物的酸性水溶液[13]，如 $4\% \ FeCl_2 + 6\% \ FeSO_4 + 5\% \ ZnCl_2 + 0.3\% \ HCl$。其优点是检测的试样量大，能够很好地收集钢中不规则分布的大尺寸夹杂物（一般为 50μm 以上夹杂物）；缺点是耗时长，会破坏钢中的不稳定夹杂物，如碱性氧化物、硫化物、稀土氧化物或氧硫化物和各种含不稳定夹杂物的复合夹杂物等；另外由于时间长，一些小尺寸夹杂物也会被溶解；此外由于电解后的反复淘洗，一些簇状夹杂物容易被打碎。所以，大样电解法目前在钢铁企业生产中应用比较多，而随着高品质钢对夹杂物要求的不断提高以及进行钢中各种细小析出相的研究时，大样电解法存在一定的不足。

5.4 有机溶液电解法及其应用

5.4.1 有机溶液电解法基本原理与技术

有机溶液电解法是一种采用有机混合溶液作为电解液对钢及金属材料进行电解腐蚀，从而分离提取其中第二相或夹杂物的方法。大部分有机电解液对第二相带有一定的选择性，对于特定的钢种以及第二相应选取特定的有机溶液，可以做到无损伤地从基体中萃取分离。文献[14,15]列出了一些常用有机电解液。Ryo INOUE、Shigeru Ueda、Rika Kimura 等[16,17]研究了用 2% TEA-Ba 电解液（2V/V% triethanolamine-1w/V% etramethylammoniumchloride-methanol containing 0.05-0.20 w/V% Ba）可以无损伤地提取钢中的含 MgO 夹杂物。

电解分离的主要过程为：试样电解→超声波清洗阳极→淘洗→磁分离→洗涤→烘干→称重。图 5-3 所示为夹杂物/第二相粒子的电解分离流程。

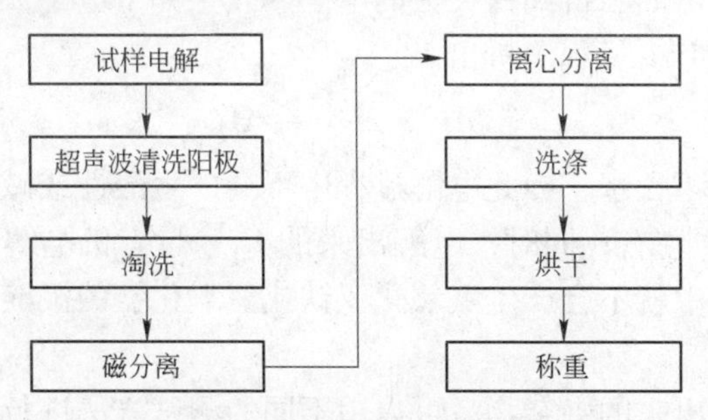

图 5-3 夹杂物/第二相的电解分离流程

有机溶液电解法的试样尺寸一般为直径10mm、长度100mm的圆棒，在试样端部车削凹槽，以利于电解时吊装，加工示意图如图5-4所示。相比于大样电解法，有机溶液电解法可称为小样电解法。本试验采用以无水甲醇为溶剂的电解液进行电解。方克明[18]采用同位素示踪法证明，以无水甲醇为溶剂的电解液可以把钢中的夹杂物/第二相粒子等从钢基体中无损伤地分离出来。电解在图5-5所示的装置中进行，以试样为阳极、不锈钢片或铜片为阴极。正常情况下，电解过程中要求阳极电流密度不高于100mA/cm²，控制电解液的温度为－5～＋5℃，整个过程采用氩气通入电解槽内进行鼓泡搅拌。

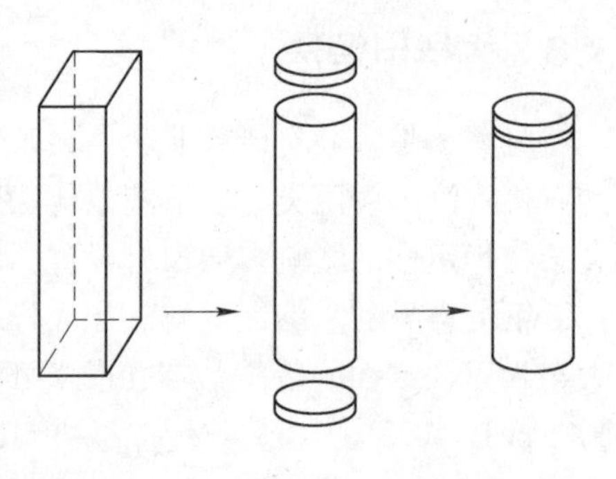

图5-4　电解试样加工示意图

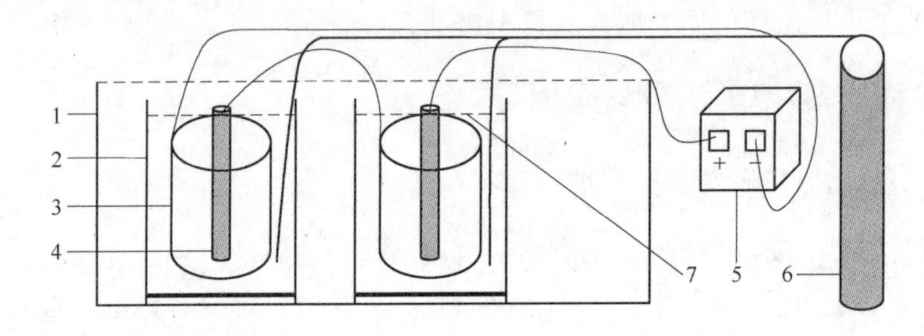

图5-5　电解装置图

1—低温容器；2—电解槽；3—阴极；4—阳极；5—电源；6—Ar气瓶；7—阳极支架

电解过程发生的反应有：

阳极，铁失去电子溶解至电解液中：

$$Fe = Fe^{2+} + 2e \quad (5\text{-}1)$$

阴极，主要是氢离子得到铁失去的电子，发生如下电子反应，电解过程中通常可观察到阴极上有少量气泡析出。

$$2H^{+} + 2e = H_2 \quad (5\text{-}2)$$

由于电解液中不含水，因此电解过程中不会产生酸性或碱性离子，电解液的pH值可以保持在8左右；同时，电解出来的Fe^{2+}与有机电解液中的发生配合反应，这样在电解槽中就不会产生氢氧化亚铁或氢氧化铁的沉淀物，有利于后续的夹杂物分离过程。

对于电解分离出来的夹杂物，可以用不同的测试方法进行研究。用称重法可以研究钢中夹杂物的总量，通过分析炼钢过程中夹杂物总量的变化情况，为指导生产提供有效的数据。对夹杂物进行 X 射线分析可以获得夹杂物的物相组成等信息。把夹杂物制成扫描电镜或透射电镜试样，可以研究夹杂物的形貌、大小以及微结构等信息。

本节举例说明了采用以下 3 种方法进行样品处理的夹杂物或第二相粒子的电镜观察结果：（1）将电解收集到的夹杂物直接放在导电胶带上采用 SEM 观察；（2）将第二相粒子包埋在金属 Cu（或 Ni）中，磨抛试样的一面暴露第二相，用 SEM 观察内部组成；（3）将第二相单层包埋在金属中，制备成薄膜试样，或将提取分离的纳米级第二相粒子经超声分散后直接捞在微栅上，采用 TEM 及 HREM 分析。

总之，与大样电解法相比，有机溶液小样电解法有以下几点不同：

（1）电解试样大小和电解时间不同。大样电解试样一般重几公斤，电解时间为 10 天以上；而小样电解试样一般为几十至几百克，电解时间根据研究者是做定量分析还是做定性分析不等，定量分析通常需要电解 30 ~ 40h，定性分析只需要 8 ~ 15h 之内。

（2）电解液不同。大样电解一般以硫酸铜或硫酸铁的水溶液作为电解液，而小样电解是以无水甲醇为溶剂的有机溶液作为电解液。所以，大样电解过程中通常会产生酸性离子导致电解液呈酸性，对试样中暴露出来的夹杂物或第二相粒子有一定的化学破坏作用，而小样电解过程中电解液 pH 值保持在 8 左右，基本上对钢中的所有类型的夹杂物或第二相不产生化学破坏作用。例如，钢中的硫化锰等硫化物相、稀土氧化物或氧硫化物等在大样电解过程中十分不稳定。

（3）两种工艺不同导致收集的夹杂物或第二相粒子不同。根据工艺要求，大样电解通常只收集从基体中分离出来的尺寸大于 50μm 的夹杂物或第二相颗粒；而小样电解法完全可以收集从基体中分离出来的全部尺寸的夹杂物或第二相颗粒。

综上，大样电解法在分析钢中的大尺寸和化学稳定性高的夹杂物时，电解效率较高，例如研究钢中的部分来自耐火材料或保护渣的外来夹杂物时可用大样电解法。与大样电解法相比，小样电解法在获得夹杂物的全部种类、数量、尺寸和形貌完整性等方面具有准确度高的优势，特别是随着钢铁生产技术水平和钢铁产品质量的提高，对于夹杂物要求严格的高级别钢来说，小样电解法可能会发挥更好的作用。

5.4.2 夹杂物整体表面形貌

图 5-6 所示为采用有机溶液电解法从 A 钢厂以铝脱氧为主的普碳钢连铸坯中提取的夹杂物的扫描电镜分析情况。可以看出，钢中的各种尺寸、种类和形状的夹杂物均可以收集到，且收集到的夹杂物颗粒没有受到任何的损伤或破坏，保持了其在钢基体中的原始形貌。例如图中显示的球形夹杂物，有些表面十分光滑，

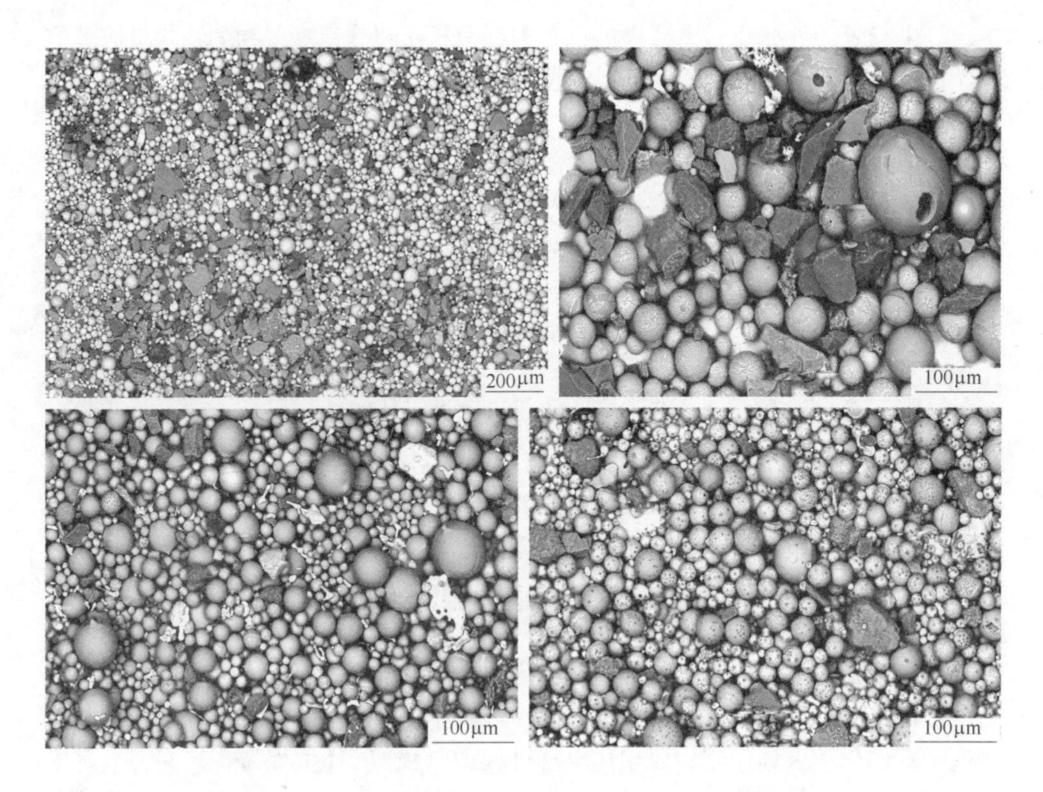

图 5-6 A 钢厂普碳钢连铸坯中提取分离的夹杂物颗粒

而有些表面存在斑点或凹坑，发生这些现象即可能与脱氧以及后续工艺过程操作有关。因此，采用有机溶液电解法有利于研究者准确地了解钢中夹杂物演变到最终状态时的原始信息，对正确判断夹杂物的来源与形成的工艺机理有帮助。

图 5-7 ~ 图 5-9 分别为对 A 钢厂的连铸坯中表面光滑和表面有白色斑点的球

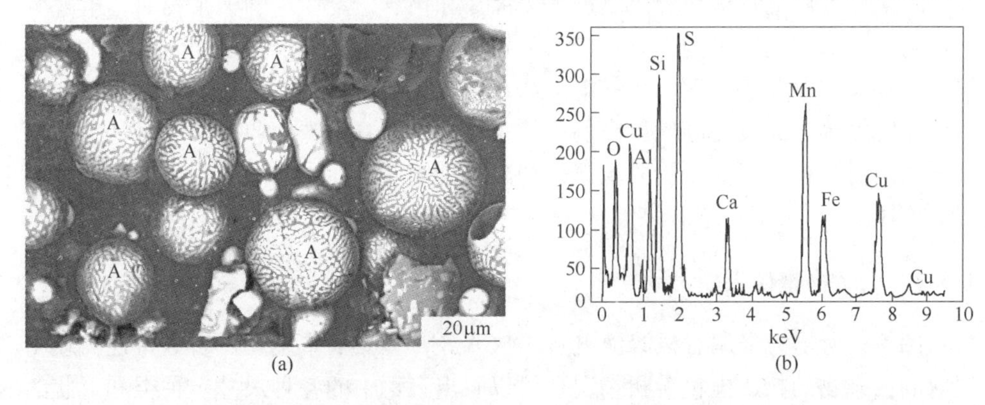

图 5-7 A 钢厂连铸坯中 AMS-MnS 夹杂物形貌及能谱分析图
(a) 夹杂物形貌；(b) 夹杂物能谱图

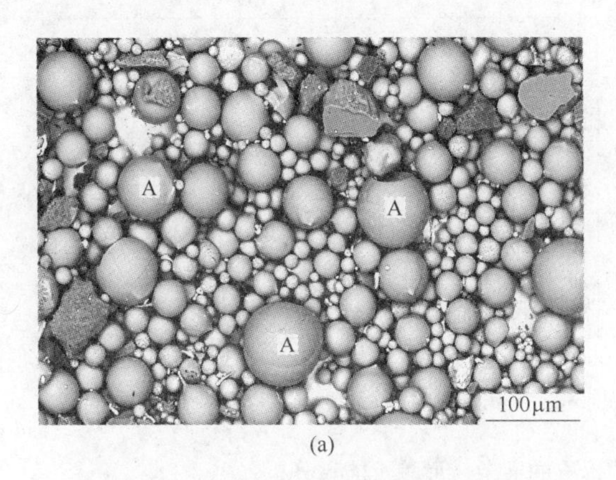

(a)

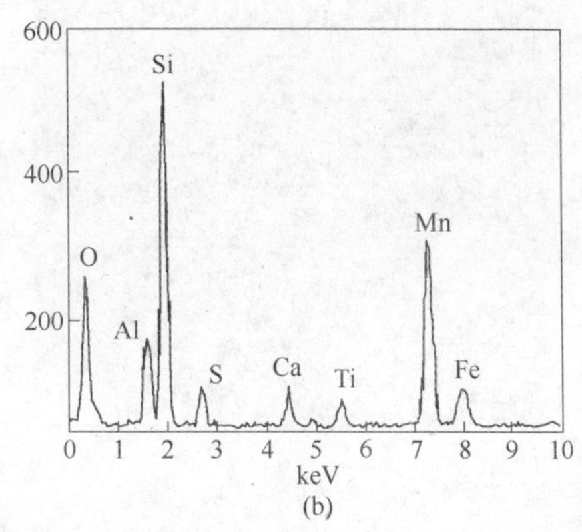

(b)

图 5-8　A 钢厂连铸坯中 AMS 夹杂物形貌及能谱分析图
（a）夹杂物形貌；（b）夹杂物能谱图

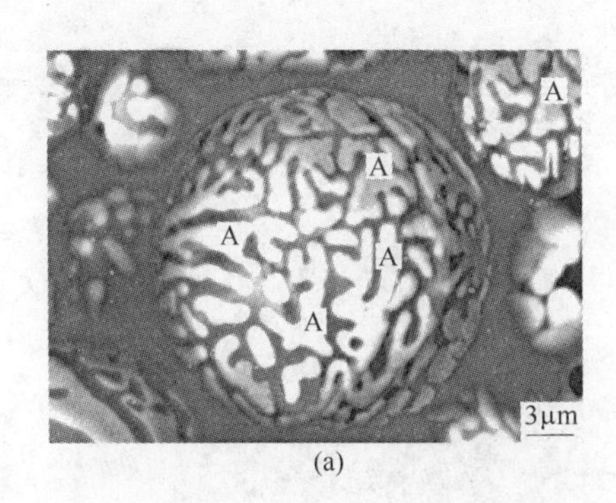

(a)

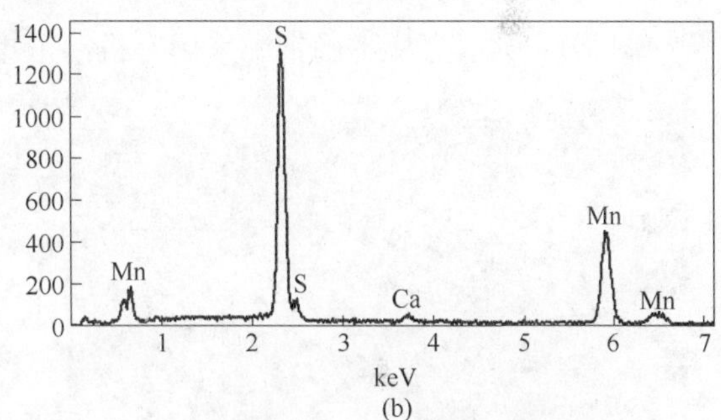

(b)

图 5-9　A 钢厂连铸坯中一个典型的 AMS-MnS 夹杂物形貌及能谱分析图
（a）夹杂物形貌；（b）夹杂物能谱图

形夹杂物进行详细的扫描电镜分析结果。从 EDS 分析可以看到，表面光滑的球形夹杂物成分的 S 元素含量很低，而表面有白色斑点的球形夹杂物表面成分的 S 元素含量较高，白色斑点基本上是以 MnS 为主要成分的析出物，溶入了少量的 Al、Si、Mn 和 O 原子。由此可见，这两类球形夹杂物的形成机理肯定不同，在此不详细分析这两类夹杂物的形成机理，详情可见笔者发表在钢铁研究学报（英文版）的论文[19]。

图 5-10 是从 B 钢厂冷轧板中提取的夹杂物和非磁性第二相粒子的扫描电镜分析情况。可以看出，在该冷轧板中也存在不少尺寸大于 100～200μm 以上的夹杂物，而大部分是尺寸较为细小的夹杂物。从 EDS 能谱分析可以判断出，这些大型的不规则的夹杂物颗粒很可能是来自于保护渣卷入或耐火材料侵蚀造成。

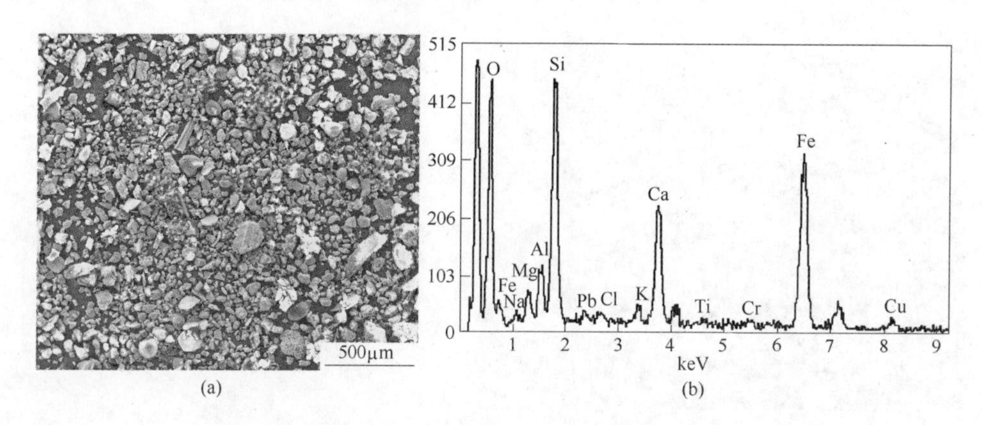

图 5-10　B 钢厂冷轧板中提取的夹杂物形貌及能谱分析图

（a）夹杂物形貌；（b）夹杂物能谱图

5.4.3　夹杂物的内部二维形貌

图 5-11 所示为从不同钢中采用有机溶液电解法提取的夹杂物颗粒[20~22]，包

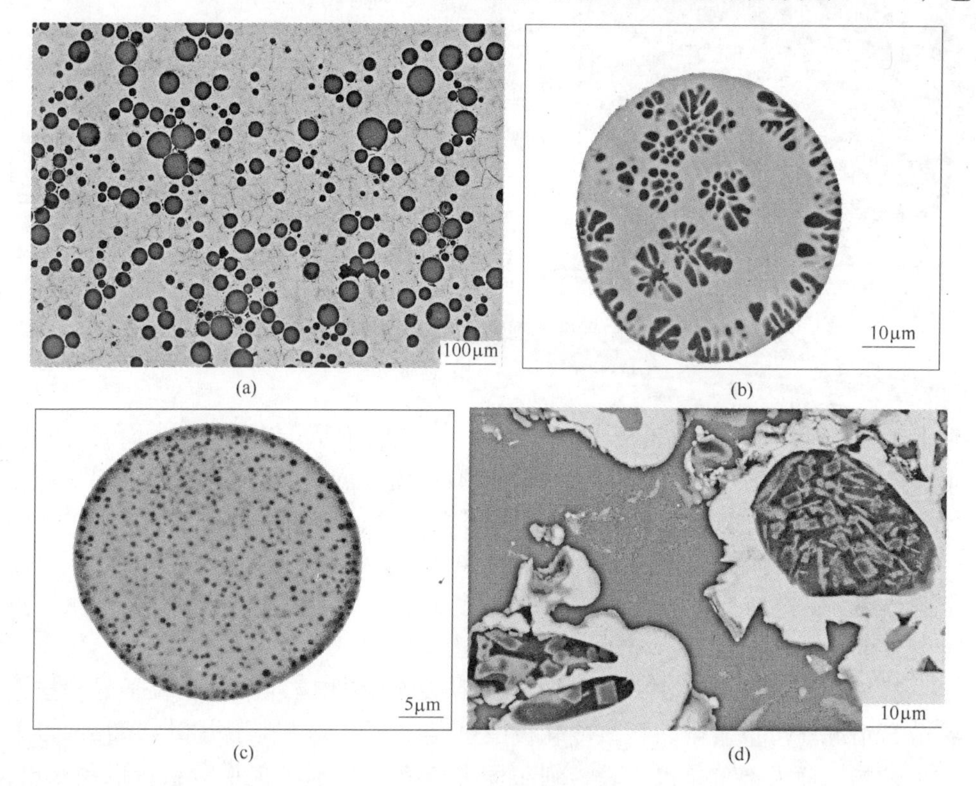

图 5-11　夹杂物内部形貌的扫描电镜照片

（a）多个球形夹杂物共面；（b）梅花形；（c）均匀密集分布的黑色斑点；（d）内部含细小的夹杂物颗粒

埋在金属 Cu（或 Ni）中，磨抛试样的一面至暴露出横截面后的扫描电镜分析情况。可以看出，同为球形夹杂物，不但如上节所示表面有不同的析出物，而且内部形貌和成分也为不尽相同，有些夹杂物内部是均匀的成分，而有些夹杂物内部出现严重的偏析现象（图 5-11(b)、(c)），并且有些夹杂物内部包裹了大量的细小颗粒状夹杂物（图 5-11(d)）。

图 5-12 和图 5-13 为 A 钢厂中两类球形夹杂物的内部形貌分析情况。图 5-11(d) 为图 5-12（a）中表面有白色斑点状夹杂物的内部切面分析。可以看出，夹杂物内部呈明显的三个区域分布，A 标志区域为夹杂物的核心部分成分，主要为氧化硅成分；B 标志的区域为氧化硅和氧化锰的复合成分区域，完全包裹了 A 区域；C 区域为表面的 MnS 析出内嵌至夹杂物中形成的区域。由此可见，表面带斑点的球形夹杂物生长机制有一定的时间递进性，而非简单地融合而成的低熔点夹杂物，并且表面的 MnS 很可能是在夹杂物形成后，在连铸冷却过程中从夹杂物内部高 S 和 Mn 含量区域析出形成的，综合可以推断该类夹杂物为 Al_2O_3-SiO_2-MnO-MnS 复合夹杂物。

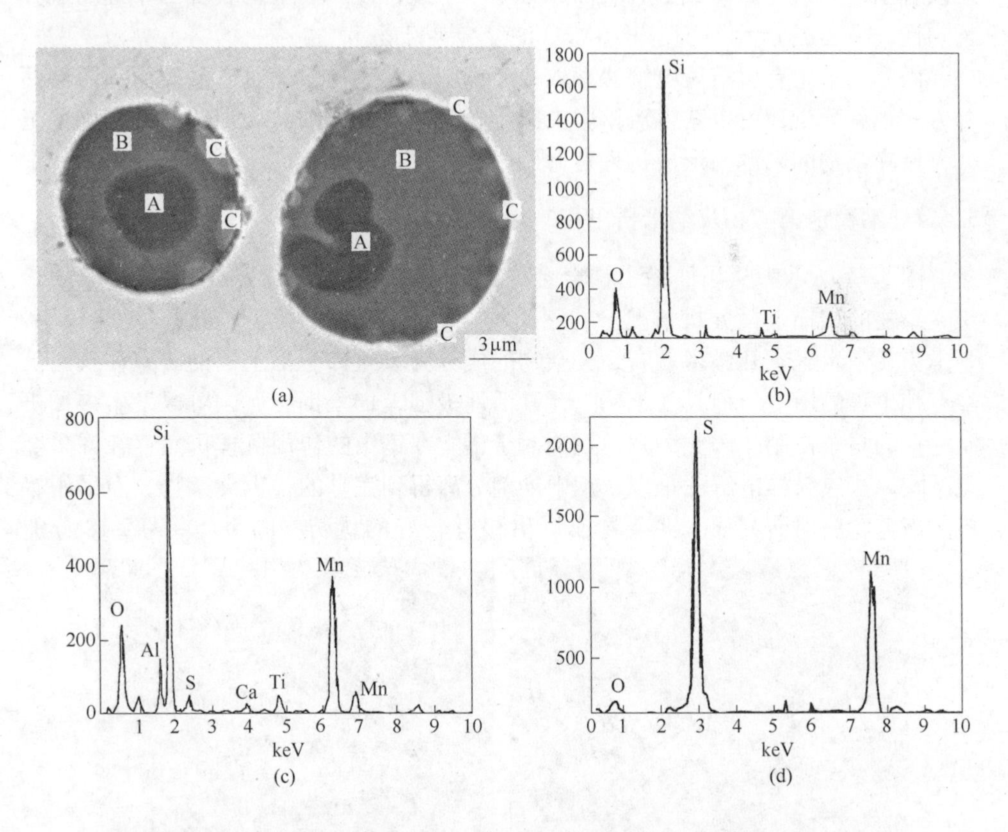

图 5-12 A 钢厂连铸坯中一个典型的 AMS-MnS 夹杂物内部分析

（a）内部形貌；（b）A 区域成分的 EDS 分析；（c）B 区域成分的 EDS 分析；（d）C 区域成分的 EDS 分析

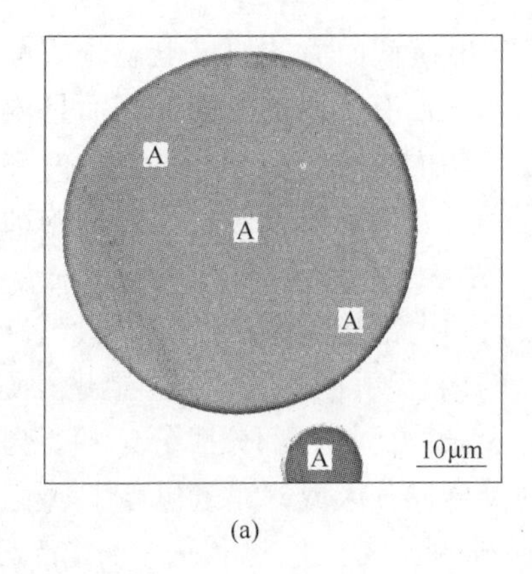

(a)

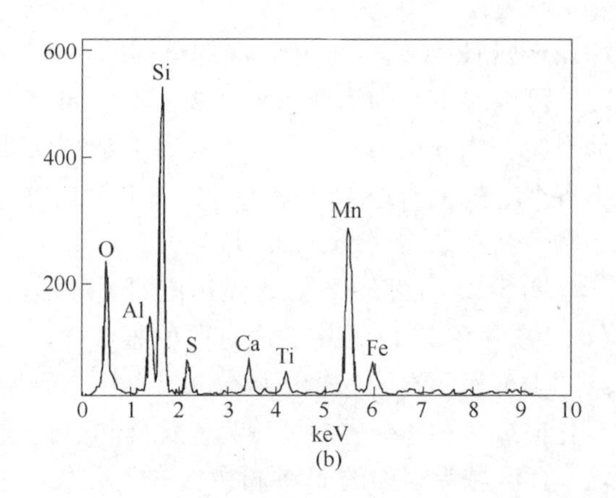

(b)

图 5-13　A 钢厂连铸坯中一个典型的 AMS 夹杂物内部分析

（a）内部形貌；（b）A 区域成分的 EDS 分析

图 5-13（b）为图 5-13（a）中表面光滑的球形夹杂物的内部切面分析情况。可以看出，夹杂物内部成分和表面成分基本一致，该类夹杂物表现出很好的成分均匀性，主要成分为 Al_2O_3-SiO_2-MnO 的复合夹杂物。

因此，采用有机溶液电解法萃取分离钢中的夹杂物，然后通过表面和内部两种方式观察分析，可以获得对钢中夹杂物较为全面和详细的认识，对结合炼钢工艺分析夹杂物的来源与形成机理有帮助。

5.4.4　不稳定第二相及纳米析出相

图 5-14 所示为从添加稀土铈合金终脱氧钢中采用有机溶液电解法提取的稀土夹杂物的扫描电镜分析情况。如图所示，稀土夹杂物形状不规则，尺寸较小，基本为几微米至十几微米左右，夹杂物的成分为氧化铈。稀土钢的研究在我国已经有几十年的历史，但是由于稀土元素活性极强，加入钢中后，可以发生多种机制并存的复杂作用。因此，知道目前对于稀土在钢中的作用机理仍然存在许多疑点。酸蚀法或大样电解法难以从钢中准确分离得到完整的稀土夹杂物，而采用有机溶液电解法对研究稀土夹杂物或析出相有较好的优势。图 5-15 ~ 图 5-18 分别

(a)

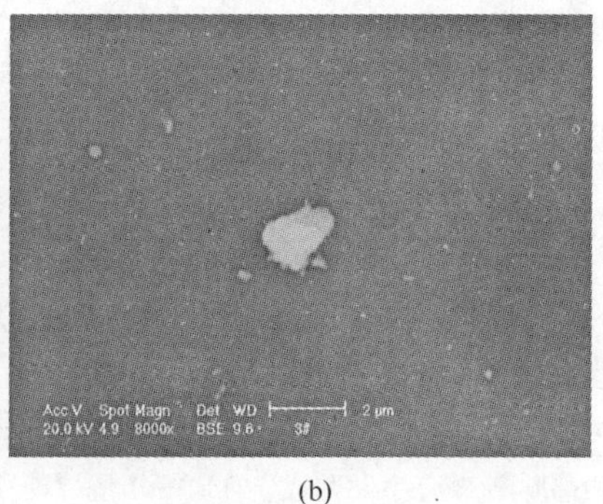

(b)

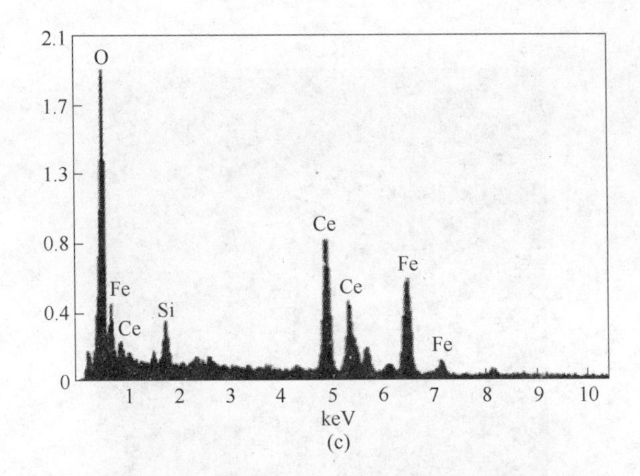

图 5-14 稀土脱氧和微合金化钢中提取的含稀土铈元素的氧化物

(a),(b) 夹杂物 TEM 形貌;(c) 夹杂物 EDS 分析

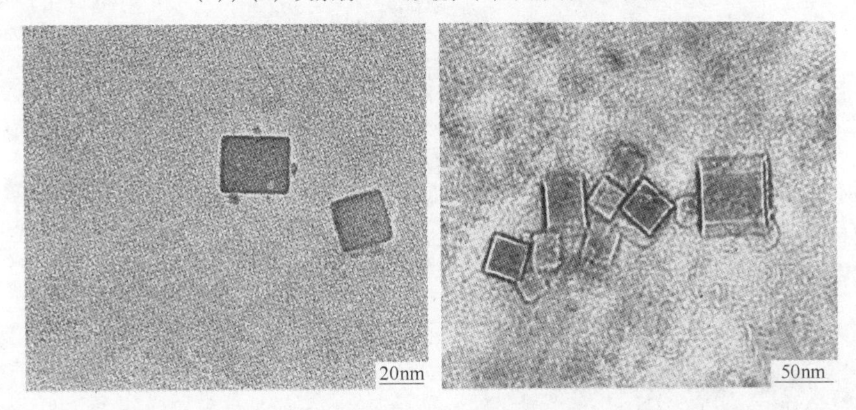

图 5-15 从薄板坯钢中提取的 TiN 纳米析出相

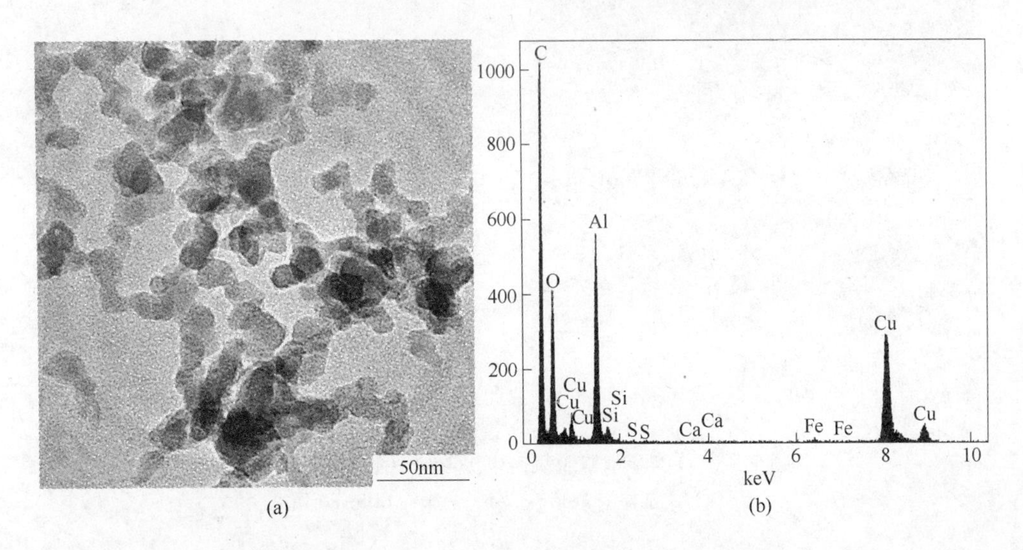

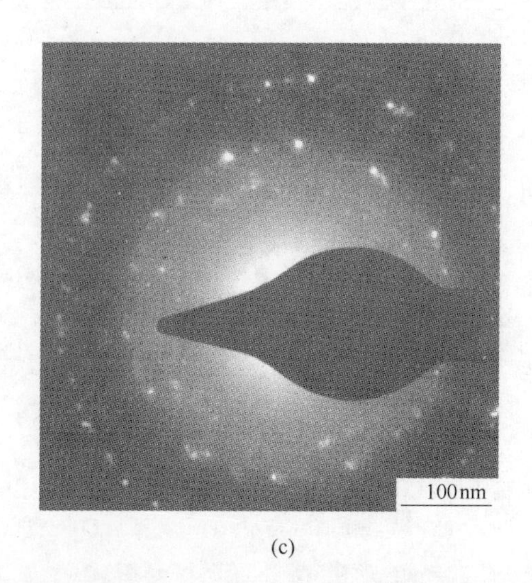

(c)

图 5-16 从实验室外加纳米氧化铝颗粒的固体钢样中提取的纳米氧化铝

(a) Al_2O_3 纳米夹杂物 TEM 形貌；(b) 夹杂物 EDS 分析；(c) 夹杂物衍射花样

为用有机溶液电解法从薄板坯钢中提取的氮化钛纳米级析出相和从实验室制备的钢样品中提取的纳米级氧化铝、镁铝尖晶石夹杂物颗粒的扫描电镜分析情况。

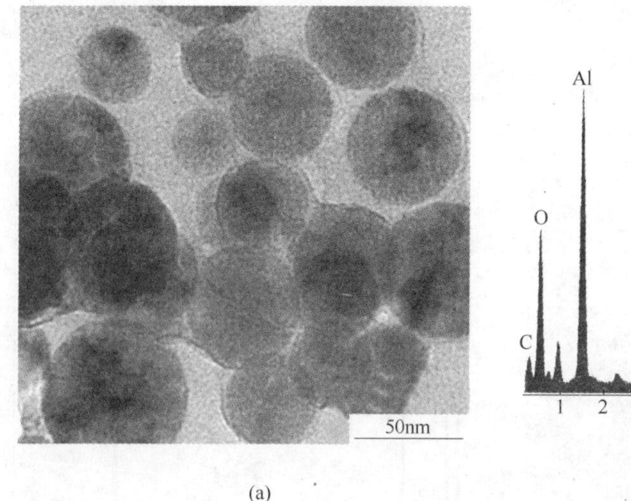

(a)

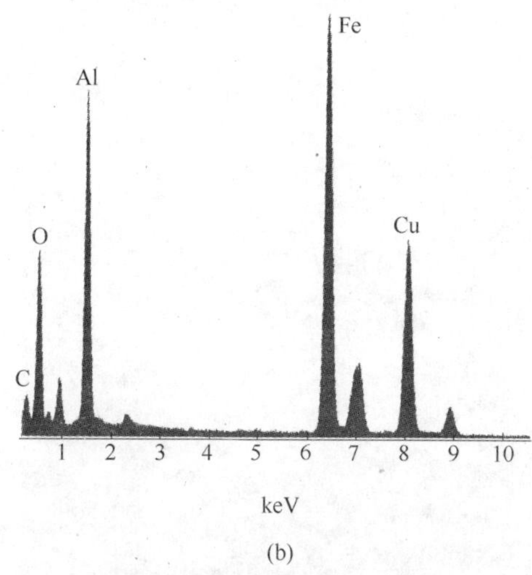

(b)

图 5-17 从实验室铝脱氧钢中提取的纳米氧化铝夹杂物

(a) 夹杂物 TEM 形貌；(b) 夹杂物 EDS 分析图

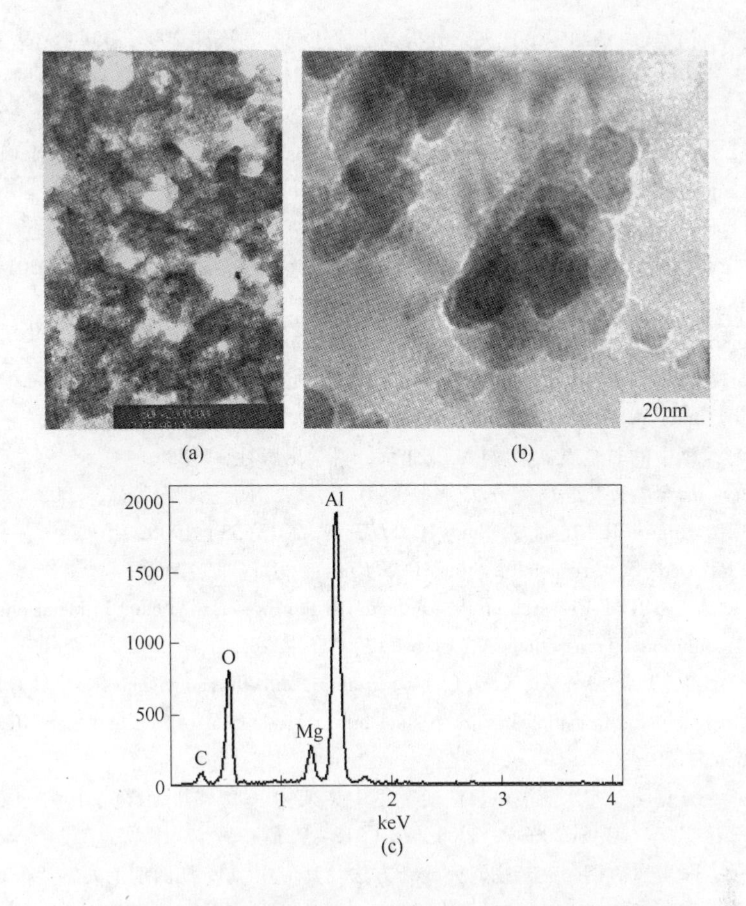

图 5-18 从实验室镁铝复合脱氧钢中提取的镁铝尖晶石颗粒
(a)，(b) 夹杂物 TEM 形貌；(c) 夹杂物 EDS 分析图

参 考 文 献

[1] 方克明，熊仲明，张鑫. 冶金物理化学论文集[M]. 北京：冶金工业出版社，1997.

[2] 傅杰，康永林，柳得橹. CSP 工艺生产低碳钢中纳米碳化物及其对钢的强化作用[J]. 北京科技大学学报，2003，25(4):328 ~ 331.

[3] D. L. Liu，Y. L. Wang，X. D. Huo. Electron microscopic study on nano-scaled precipitation in low carbon steel[J]. Journal of Chinese Electron Microscopy Society，2002，21(3):283 ~ 286.

[4] 康永林，于浩，王克鲁，CSP 低碳钢薄板组织演变及强化机理研究[J]. 钢铁，2003，38(8):20 ~ 26.

[5] Gadellaa I R F，Kreijger D I P J，Cornelissen D I M C M. Metallurgical aspects of thin slab casting and rolling of low carbon steel[C]. 2nd Europ. Conf. Continuous Casting(METEC94). Volume 1，dusseldrof，1994：382 ~ 389.

[6] 陈名浩，沈汝美．洁净钢氧化夹杂分析方法评述[J]．钢铁，2000，35(4):69 ~ 73.

[7] 王海舟．材料组成特性的统计表征——原位统计分布分析[J]．理化检验-化学分册，2006，42(1):1 ~ 5.

[8] Zhang L F. Indirect methods of detecting and evaluating inclusions in steel—A review[J]. Journal of Iron and Steel Research, International, 2006, 13(4):1.

[9] Zhang L F, Thomas B G. *ISIJ Int.*, 2003(43):271.

[10] 张立峰，杨文，张学伟，等．钢中夹杂物的系统分析技术[J]．钢铁，2014，49(2):1 ~ 8.

[11] Kawamura K, Watanabe S, Uchida T. *Tetsu-to-Hagané*, 1971(57):94.

[12] Narita K. *Tetsu-to-Hagané*, 1974(60):1820.

[13] Ishii T, Ihida M. *Tetsu-to-Hagané*, 1974(60):1957.

[14] 李代锺．钢中的非金属夹杂物[M]．北京：科学出版社，1983.

[15] 王常珍．冶金物理化学研究方法[M]. 3 版．北京：冶金工业出版社，2002.

[16] Inoue R, Kimura R, Ueda S, Suito H. *ISIJ Int.*, 2013(53):1906.

[17] Inoue R, Ueda S, Ariyama T, Suito H. *ISIJ Int.*, 2011(41):2050.

[18] Fang K M, Ni R M. Research on determination of the rare-earth content in metal phases of steel [J]. Metallurgical Transactions A, 1986, 17: 315 ~ 323.

[19] Wang G C, Li S L, Ai X G. Characterization and thermodynamics of Al_2O_3-MnO-SiO_2 (- MnS) inclusion formation in carbon steel billet[J]. Journal of Iron and Steel Research, International, 2014.

[20] 王国承，方克明．非水溶液电解法研究钢中夹杂物[C]//国际冶金及材料分析测试学术报告会论文集（ICASI'2008），2008，28：918 ~ 921.

[21] 王国承，邓庚凤．钢中夹杂物研究的新方法及其应用[J]．江西理工大学学报，2008，29(5):51 ~ 54.

[22] Wang Guocheng, Fang Keming. Extraction and 3-dimension morphology characterization of metastable secondary phase in steel [J]. Advanced Materials Research, 2012, 581 ~ 582: 1031 ~ 1035.

[23] 王国承，张立恒，佟志芳，等．HP295 钢中含铈夹杂物形成的实验及热力学研究[J]．中国稀土学报，2013，31(2):161 ~ 167.

冶金工业出版社部分图书推荐